汇川耕地

邵代兴　周开芳　王　静　主编

中国农业出版社

北　京

图书在版编目（CIP）数据

汇川耕地 / 邵代兴，周开芳，王静主编. —北京：
中国农业出版社，2020.3
ISBN 978 - 7 - 109 - 25346 - 9

Ⅰ.①汇…　Ⅱ.①邵…②周…③王…　Ⅲ.①耕作土
壤－土壤肥力－土壤调查－贵州②耕作土壤－土壤评价－
贵州　Ⅳ.①S159.273.4②S158

中国版本图书馆 CIP 数据核字（2019）第 049846 号

中国农业出版社出版
地址：北京市朝阳区麦子店街 18 号楼
邮编：100125
责任编辑：杨晓改　杨桂华
版式设计：韩小丽　责任校对：沙凯霖
印刷：中农印务有限公司
版次：2020 年 3 月第 1 版
印次：2020 年 3 月北京第 1 次印刷
发行：新华书店北京发行所
开本：787mm×1092mm　1/16
印张：13.75　插页：12
字数：350 千字
定价：96.00 元

农业是安天下的产业，是国民经济的基础。耕地是农业生产的重要资源，是农业生产发展、人类获取粮食和农产品不可缺少的生产资料，也是农民生产、生活最基本的保障。随着社会的发展和农业生产水平的不断提高，常规农业生产一直处于高投入、高风险、低产出阶段，耕地长期高强度、超负荷利用，耕地特性尤其是耕地土壤养分和耕地质量正在逐渐发生变化。如耕地养分含量不平衡、有机质含量减少、地力等级高的耕地面积减少、耕作层变浅、土壤重金属和农药残留及除草剂含量时有超标、土壤结构和质地变差、土壤微生物减少和生态环境失衡，致使耕地基础地力下降，综合生产能力不高。

耕地资源是有限的，保护和利用好耕地是我国的基本国策。国家领导高度重视耕地利用保护工作，习近平总书记明确提出"耕地是最为宝贵的资源，我国人多地少，决定了必须把关系十几亿人吃饭大事的耕地保护好，决不能有闪失""耕地红线不仅是数量上的，也是质量上的"。李克强总理也强调"要坚持数量与质量并重，严格实行特殊保护，扎紧耕地保护的'篱笆'，筑牢国家粮食安全的基础"。中央明确要求构建新形势下国家粮食安全战略，鲜明地提出守住"谷物基本自给、口粮绝对安全"的战略底线，守住这个战略底线，前提是保证耕地数量的稳定，重点是实现耕地质量的提升。因此，研究耕地、了解耕地、科学合理利用耕地、管理和保护好耕地是贯彻落实党中央、国务院重大部署的要求。

贵州省遵义市汇川区从 2009 年开始实施农业部、财政部测土配方施肥项目，按照测土、配方、配肥、供应、施肥指导五个核心环节，开展了野外调查、采样测试、田间试验、配方设计、配肥加工、示范推广、宣传培训、数据库建设、耕地地力评价、效果评价、技术研发十一项具体工作，摸清了耕地土壤的类型、养分、立地条件和土体性状，对耕地地力进行了评价和对各等级耕地进行分析描述，分析了耕地利用中存在的不足，提出耕地利用保护措施，提炼了耕地施肥技术以及现代信息技术在耕地施肥中的应用。经过收集整理分析汇总大量数据资料，编写了《汇川耕地》一书。该书以科学严谨、求真务实的态度，从专业的角度，对汇川区耕地资源状况、耕地地力、耕地利用与改良、耕地科学施肥等进行了全面细致地阐述。这是一本工具书，更是一本难得的农业知识读本，对从事农业生产、土地资源管理等人员具有较好的参考价值。

汇川区人民政府党组成员

汇川区人民政府副区长

2019 年 1 月

　　"万物土中生"，耕地是人类赖以生存的重要资源，耕地资源的数量和质量对粮食安全、农业生产的发展、人们生活水平的提高和国民经济的发展都有巨大的影响，甚至直接关系到社会的可持续发展。党和政府历来高度重视耕地资源的利用和保护，1949 年之后，开展过两次土壤普查工作。贵州省遵义市汇川区 2004 年 6 月正式成立，2016 年 3 月，又有 5 个镇划入汇川区，因此汇川区还未系统完整地开展过土壤资源的调研与评价。为摸清汇川区现阶段耕地资源状况，用科学量化的指标评价汇川区耕地地力、耕地数量和质量状况、耕地利用与改良、作物科学施肥、耕地土壤属性等，以合理利用耕地资源，科学规划农业产业布局和调整农业产业结构，保障农产品安全，推进山地高效特色农业可持续发展。

　　2009 年，汇川区开始实施农业部、财政部测土配方施肥项目。通过项目实施，对耕地立地条件、土体构型、排灌条件、种植制度等进行全面调查；采集、检测土壤样品 3 079 个，其中稻田 1 683 个，旱地 1 396 个；检测 pH、有机质、全氮、碱解氮、有效磷、速效钾、缓效钾、有效铁、有效锰、有效铜、有效锌、水溶性硼、有效硫等指标 13 692 项次；完成 162 个植株样全氮、全磷、全钾 3 项指标测试分析 486 项次；进行了大量的田间试验，摸清了土壤供肥能力，主要作物单位养分吸收量、肥料利用率等大量的数据；通过收集汇总数据和图件资料，建立了汇川区耕地资源管理信息系统，形成了汇川区耕地地力等级图、耕地土壤图、耕地土壤养分图等数字化成果图件。

　　在深入挖掘土壤普查历史资料、实地调查、大量试验总结、大量数据归纳汇总等基础上，我们编写了《汇川耕地》一书。本书共九章。第一章：自然条件及农业生产概况；第二章：耕地土壤；第三章：耕地立地条件与土体性状；第四章：耕地土壤养分；第五章：耕地地力评价；第六章：耕地地力等级划分及其特征；第七章：耕地利用与改良；第八章：耕地施肥管理；第九章：耕地施肥信息技术开发与应用。

本书是一本基础资料工具书和专业参考书，谨供各级有关部门领导、农业技术人员、土肥专业人员、教学人员、农村基层实际工作者参考。

本书在编写过程中，得到贵州省农业农村厅、贵州省农业科学院、贵州大学、遵义市农业农村局等单位专家的悉心指导，在此表示衷心的感谢。

由于编者水平有限，书中不妥或错误之处在所难免，敬请广大读者批评指正。

编　者

2019 年 1 月

目录

MULU

第一章
自然条件及农业生产概况

第一节　自然与经济概况

一、地理位置与行政区划

1. 地理位置

汇川区位于贵州省北部，遵义市中部，地跨北纬 27°38′09″~28°08′07″，东经106°46′36″~107°10′21″，东与新蒲新区毗邻，南与红花岗区、播州区接壤，北与桐梓县相连，西与仁怀市相接，汇川区国土面积 1 514.63km²。地处大娄山南麓、乌江北岸，境内最高海拔 1 849.3m，最低海拔 485m。处于重庆市"一小时经济圈"和黔中产业带的结合部，是黔北综合经济区的核心区，也是渝南与黔北经济文化的重要交汇区域，是遵义市政治、经济、文化中心和交通枢纽。

2. 行政区划

2004 年 6 月 18 日正式挂牌成立汇川区。2016 年，原遵义县（播州区）毛石镇、山盆镇、芝麻镇、松林镇、沙湾镇共 5 个镇划入汇川区，现辖 8 个镇（毛石镇、山盆镇、芝麻镇、松林镇、沙湾镇、团泽镇、板桥镇、泗渡镇）6 个街道办事处（高坪街道办事处、董公寺街道办事处、高桥街道办事处、上海路街道办事处、洗马路街道办事处、大连路街道办事处），135 个行政村（居委会），汇川区行政区划见彩图 1。汇川区是贵州省最年轻的县级行政区，也是贵州省列 30 经济强县（区）之一。2015 年末，全区总户数 18.28 万户，总人口 53.63 万人。

二、土地资源概况

2016 年，汇川区行政区划调整后，国土面积 1 514.63km²，耕地面积 40 811.18hm²，占国土面积的 26.94%。耕地中水田面积 10 977.82hm²，占汇川区耕地面积的 26.90%；旱地面积 29 833.36hm²，占汇川区耕地面积的 73.10%。汇川区耕地总的情况是田少土多，尤其是 2016 年划入的毛石镇、山盆镇、芝麻镇、松林镇、沙湾镇，地面切割强烈，耕地平坦地势较少，山地多，坡度≥6°的耕地面积 38 258.95hm²，占汇川区耕地面积的 93.75%，水土流失严重，耕作条件和质量不好。汇川区耕地利用率较高，根据 2015 年统计分析，农作物播种面积 67 063hm²，复种指数 1.64。稻田主要耕种制度为水稻、水稻-油菜、水稻-蔬菜、蔬菜-蔬菜，旱地主要耕种制度为玉米（红薯、豆类）、玉米（红薯、豆类）-蔬菜、蔬菜-蔬菜、玉米（红薯、豆类）-油菜、烤烟-蔬菜、辣椒-蔬菜、玉米-马铃薯等。

三、自然条件

1. 地形地貌

汇川区位于贵州省北部,处于我国西部高原山地第二级阶梯向东部丘陵平原第三级阶梯过渡地带。由于地质构造复杂,碳酸盐岩广泛分布,岩溶发育,地貌成因不同,以及形态上的明显差异,其地貌类型多种多样,主要包括盆地、丘陵、山地、台地及复合地貌等。大娄山西北坡是贵州高原向四川盆地过渡的斜坡地带,河谷深切,山高坡陡,地势起伏较大,海拔高度在485~1 849.3m,仙人山为全区最高海拔1 849.3m,逐渐降至观音寺河与桐梓河汇合处的485m,为全区境内最低海拔处。大娄山南部为黔中山原丘陵盆地,河谷开阔,地势平缓,海拔在800~1 200m。

2. 气候

汇川区气候属中亚热带季风湿润气候,四季分明,冬无严寒,夏无酷暑、气候温和,雨量充沛,无霜期长。春季天气回暖较早,但不稳定,冷空气活动频繁,常出现低温,局部地区有冰雹大风;盛夏多伏旱,秋季多绵雨,入冬后气温降低,降雨量减少。

根据气象资料统计,年平均气温15.2℃。最冷月1月,平均气温4.2℃;最热月7月,平均气温25.3℃。年总积温5 549℃,极端最高气温38.7℃,极端最低气温−7.1℃,全年无霜期平均280.8d。年降雨量1 049.05mm,年平均降水天数($\geqslant$0.1mm)为184.6d,年均日照时数为1 160.5h,年平均相对湿度80%。主要灾害性天气有干旱、倒春寒、暴雨、冰雹、秋风、凝冻等。

3. 水文

汇川区内年平均降水量1 086mm,多年平均径流量7.65亿 m³。区内众多支流分别汇集成高坪河、喇叭河、仁江河、洛江河、乐民河、混子河及观音寺河等,这些河又汇入湘江河、桐梓河一级支流,境内河流总长519km,分布全区各地,形成网状水系。境内河流分属长江流域乌江水系和赤水河水系,其中乌江水系境内流域面积804.3km²,主要河流有湘江河、偏岩河、仁江河、高坪河等,河流多是上中游地势平缓、河谷开阔、水流缓慢,分布有大小不等的坝子,灌溉较为方便,耕地多为水田,发育为不同亚类的水稻土;下游水低耕地高,灌溉较困难,耕地多为旱作土。赤水河水系流域面积710.3km²,主要有桐梓河、观音寺河、混子河等;河流多穿行于深山峡谷之中,河床陡、水流急,在河流弯道或河谷稍宽地段,分布有零星水田,坡塝地段,农田用水困难,耕地多为旱作土。虽然年降水丰富,但分布不均,主要分布在5—6月。春旱和伏旱频繁发生,制约汇川区农业生产的发展。

4. 植被

汇川区植被属中亚热带落叶阔叶林与针叶林混交。主要树种有马尾松、杉木、青杠、枫香、柏、乌柏。经济林木有茶、梨、李子、杨梅、葡萄、核桃。中药材主要有杜仲、天麻、金银花、黄连、天南星等名贵中药材。

四、经济概况

汇川区辖8个镇6个街道办事处,2015年全区总人口53.63万人。其中,农业人口 24.72 万人，非农业人口 28.91 万人。2015 年生产总值 243.01 亿元。其中，第一产业完成增加值 11.76 亿元，占生产总值的 4.84%；第二产业完成增加值 116.75 亿元，占生产总值的 48.04%；第三产业完成 114.50 亿元，占生产总值的 47.12%，全区人均地区生产总值 53 202 元。全区固定资产投资 271 亿元，消费品零售总额 103.28 亿元，财政收入 54.07 亿元，城镇、农村常住居民人均可支配收入达到 27 468 元、11 261 元。

第二节 农业生产概况

一、农业生产概况

汇川区辖 8 个镇 6 个街道办事处，其中涉及农业的有毛石镇、山盆镇、芝麻镇、松林镇、沙湾镇、团泽镇、板桥镇、泗渡镇、高坪街道办事处、董公寺街道办事处、高桥街道办事处共 11 个镇（街道办事处）。汇川区自成立以来其农业在一靠政策、二靠科技、三靠投入方针的指引下，加快农业转型升级步伐，坚持以发展城郊型、科技型、效益型、带动型农业为定位，以增加农民收入为核心，以建设现代农业综合园区为抓手，着力打造生态蔬菜、精品水果、健康畜牧等优势产业品牌；"农旅一体化""果旅一体化"步伐加快，引进培育了劳仑丰、台湾力禾等农业龙头企业 32 家，建成泗渡镇观坝省级现代高效农业示范园、沙湾镇沙湾生态优质烟叶示范基地等 41 个现代农业园区和"农业＋旅游"基地。全区农业增加值从 2010 年的 4.6 亿元增加到 2015 年的 11.76 亿元，年均增长 5.7%。

二、农业生产现状

（一）种植业生产现状

2015 年，汇川区农作物播种面积 67 063hm²。其中，种植粮食作物 37 374hm²，全年粮食总产量 175 729t。其中水稻 8 451hm²，总产量 54 767t，平均单产 6 480.5kg/hm²；玉米 7 513hm²，总产量 42 023t，平均单产 5 593.4kg/hm²；薯类 14 639hm²，总产量 55 390t，平均单产 3 783.7kg/hm²。油菜种植面积 7 405hm²，油菜产量 15 475t，平均单产 2 089.8kg/hm²。种植蔬菜 14 555hm²，总产量 242 800t，平均单产 16 681.6kg/hm²。果园面积 6 738hm²。其中，挂果面积 2 826hm²，水果产量 70 353t，平均单产 24 894.9kg/hm²。烤烟种植面积 3 290hm²，烤烟产量 6 157t，平均单产 1 871.4kg/hm²。

（二）畜牧产业稳步发展

2015 年，汇川区生猪存栏 22.66 万头，生猪出栏 37.02 万头；牛存栏 4.99 万头，牛出栏 1.28 万头；羊存栏 3.69 万头，羊出栏 37.02 万头；家禽存栏 157.31 万只，出栏 133.73 万只。实现肉类产量 5.41 万 t，禽蛋产量 0.63 万 t，畜牧业产值达 11.75 亿元。目前，全区有规模养殖场及养殖大户 443 个，养殖小区 37 个。

（三）农业生产条件现状

1. 农业灌溉现状

根据国土部门调查数据，汇川区耕地面积 40 811.18hm²，常住人口人均耕地面积 0.08hm²。全区到 2015 年底，已建蓄水工程 305 处，其中小（2）型以上蓄水工程共计 28 处。引提水工程 852 处，有效灌溉面积 6 933.4hm²，其中水田 4 586.7hm²，旱地 2 346.7hm²。实际灌溉面积 5 786.7hm²，其中水田 3 586.7hm²，旱地 2 200hm²。

2. 耕地排灌条件

调查数据（表 1-1、表 1-2）显示，汇川区达到保灌的耕地面积仅有 1 374.97hm²，只占汇川区耕地面积的 3.37%；有灌溉条件的耕地面积 3 732.68hm²，占汇川区耕地面积的 9.15%。在汇川区耕地中，有面积为 4 515.76hm² 的耕地具有将来可发展灌溉的条件，占汇川区耕地面积的 11.06%；不需要灌溉的耕地面积有 40.60hm²，只占汇川区耕地面积的 0.10%，全部为水田，主要是烂泥田和冷浸田，这些田主要分布在阴山夹沟和冷泉水头、水库坝脚，地势低洼的积水处，因常年积水，不需要灌溉。汇川区无灌溉能力的耕地面积最大，面积为 31 147.17hm²，占汇川区耕地面积的 76.32%，多数为旱地，大多分布在坡度大、水源条件差和农田基础设施不完善的地方，因此灌溉难度大。

表 1-1　汇川区灌溉能力耕地统计情况表

灌溉能力	面积（hm²）	比例（%）
保灌	1 374.97	3.37
能灌	3 732.68	9.15
可灌	4 515.76	11.06
无灌	31 147.17	76.32
不需	40.60	0.10
合计	40 811.18	100.00

表 1-2　汇川区耕地排水能力统计情况表

排水能力	面积（hm²）	比例（%）
较强	15 547.16	38.10
强	11 167.54	27.36
中	13 060.71	32.00
弱	49.56	0.12
较弱	986.21	2.42
合计	40 811.18	100.00

汇川区排水能力较强的耕地面积为 15 547.16hm²，占汇川区耕地面积的 38.10%；排

水能力强的耕地面积为 11 167.54hm²，占汇川区耕地面积的 27.36％。汇川区排水能力在中等以上的耕地面积为 39 775.41hm²，占汇川区耕地面积的 97.46％。排水能力弱的耕地面积只有 49.56hm²，仅占汇川区耕地面积的 0.12％；排水能力较弱的耕地面积为 986.21hm²，占汇川区耕地面积的 2.42％。排水能力弱的耕地分布在板桥镇、高坪街道办事处和董公寺街道办事处，面积分别为 8.97hm²、8.40hm²、32.19hm²。排水能力较弱的耕地分布在毛石镇、山盆镇、芝麻镇、松林镇镇和沙湾镇，面积分别为 63.07hm²、344.19hm²、244.20hm²、256.60hm²、78.16hm²。汇川区海拔高差大，主要为山地、丘陵地貌，耕地排水能力较强。排水能力弱和较弱的主要是冷浸田土属和烂泥田土属，冷烂田土属类耕地地下水位高，长期有冷水浸入，并且处于阴山夹沟和冷泉水头、水库坝脚，地势低洼的积水处，常年积水，加上排水设施不完善，所以排水困难。以上数据说明汇川区耕地排灌设施薄弱，大部分耕地灌不进和部分耕地排不出的问题十分突出，需要修建大量山塘水库、水池、沟渠等基础设施以解决汇川区耕地的灌排问题。

3. 农业基础设施建设

为了充分改善农业生产条件，"十二五"期间，汇川区积极争取中央、省、市各类涉农项目，同时整合财政、交通、水利、国土等部门资源、资金用于农业产业发展和农业基础设施建设，尽最大努力改善农业基础设施条件。"十二五"期间，硬化通村公路 20.3km、通组公路 32.55km、产业公路 8.4km；新建田间便道 105km、排灌沟渠 68km；安装变压器 1 000 kVA；建成各种温室大棚 20 万 m²，喷滴灌 10 多万 m²，农用物资仓储冷藏相关设施 20 余处；在泗渡镇投资 1 000 万元建成全省最大的工厂化育苗基地，投资 90 万元配套建设了植保田间观测场及应急设施，投资 50 万元新建了人工气象站；改善了农业发展基础设施条件。

（四）农业产业化初见成效

自 2004 年汇川建区以来，始终坚持"以三大产业为导向培育龙头企业，跳出汇川抓龙头企业发展"的思路，依托现有的三大主导产业，在农产品生产、加工、制药等方面培育了一批龙头企业。目前，汇川区现有市级以上龙头企业 35 家。其中，国家级龙头企业 2 家、省级龙头企业 7 家、市级龙头企业 26 家。龙头企业建立自有基地 303.67hm²，带动面积 4 541.50hm²，带动农户 16 741 户（其中，种植 15 842 户、养殖 899 户），带动农户户均增收 2 783 元。汇川区市级以上龙头企业固定资产达 43 226.4 万元，产值累计 25 999.77万元，销售收入累计 23 521.89 万元。

耕地土壤是农业生产的基本物质基础，为农作物的生长提供必要的营养元素和物理支撑，是人类生存最基本、最广泛、最重要的自然资源。耕地土壤的科学开发、利用和保护能保证土壤中的物质及能量保持动态平衡，促进耕地的可持续发展，确保农业生产的稳定发展，不断提供人类生产和生活日益增长的物质需求；如果不科学地利用和保护耕地土壤，打破土壤中物质和能量运动的动态平衡，耕地土壤资源将发生退化、枯竭，导致耕地数量减少、质量降低，引起土壤生态系统的恶化，从而影响农业生产和社会经济的发展。通过对汇川区耕地土壤资源数量、分布规律、类型、理化性质进行调查、分析和评价，为科学合理利用、改良、保护耕地土壤提供依据，科学指导农业产业布局区划和合理施肥，确保节约集约合理高效地利用现有耕地土壤资源和促进耕地土壤资源的可持续发展，促进粮食增产、农民增收和山地高效现代农业的健康发展并推进农业供给侧结构性改革。

第一节 概 况

根据 2011 年统计数据，汇川区耕地土壤面积 40 811.18hm²，占国土面积的 26.94％。耕地土壤共分为 4 个土纲、4 个亚纲、6 个土类、16 个亚类、38 个土属、109 个土种。耕地土壤类型、面积、比例见表 2-1 和彩图 2，耕地土壤基本理化性质见表 2-2。

表 2-1 耕地土壤类型、面积、比例

土类类型	面积（hm²）	比例（％）
石灰土	13 577.78	33.27
黄壤	12 067.49	29.57
水稻土	10 977.82	26.90
紫色土	3 006.48	7.37
粗骨土	1 160.36	2.84
潮 土	21.25	0.05
合计	40 811.18	100.00

表 2-2 耕地土壤基本理化性质

指标	土体厚度 (cm)	抗旱能力 (d)	坡度级 (级)	海拔 (m)	有效积温 (℃)
变幅	20～100	7～30	1～5	500～1 682	4 000～6 000
平均值	63.13	17.41	3.98	1 056	4 445
指标	降雨量 (mm)	耕层厚度 (cm)	pH	有机质 (g/kg)	全氮 (g/kg)
变幅	1 000～1 200	13～30	4.1～8.99	2.10～88.5	0.53～4.74
平均值	1 049	18.90	6.83	32.42	1.87
指标	碱解氮 (mg/kg)	有效磷 (mg/kg)	缓效钾 (mg/kg)	速效钾 (mg/kg)	
变幅	20～460	1.6～78.4	24～872	20～498	
平均值	161.20	23.07	212.59	135.86	

第二节 分布规律

土壤是各种成土因素综合作用的产物，在成土条件下产生一定的土壤类型，各类土壤都有与之相适应的空间位置和组合情况，并呈现有规律的变化。土壤的分布表现为广域的水平分布规律和垂直分布规律，又与地方性的成土因素如母质、地形、水文以及成土年龄等相适应，表现为区域分布规律。在耕作、施肥、灌溉等影响下，耕地土壤分布受人为活动影响比较大。汇川区具有中亚热带湿润气候特征，同时还具有不同海拔的高原面和复杂的地貌类型，加之一定的生物气候条件、成土母质及人类生产活动的影响，具有一定的水平地带性和垂直地带性分布规律。

一、水平分布规律

汇川区国土面积 1 514.63km²，所跨经纬度范围不大，耕地土壤的水平分布主要受地形条件以及由地形条件引起的水、气、热条件所制，耕地土壤水平分布情况见表 2-3。

石灰土分布于石灰岩、白云质灰岩、燧石灰岩的区域，汇川区各镇（街道办事处）都有不同面积的分布，主要分布在西北部镇，以山盆镇面积最大，董公寺街道办事处面积最小。水稻土各镇（街道办事处）都有不同面积的分布，主要分布在城郊、东部地区和水源条件好的低丘地区，以团泽镇、高坪街道办事处和泗渡镇面积较大，占汇川区水稻土面积的 52.86%；高桥街道办事处和芝麻镇分布面积较少，高桥街道办事处仅有 73.50hm²。黄壤主要分布在汇川区中部区域，在团泽镇、高坪街道办事处和毛石镇分布面积较大，占全区黄壤面积的 46.57%；董公寺街道办事处、高桥街道办事处面积较少。紫色土除毛石镇外，其余各镇（街道办事处）都有分布，主要分布在西部和东北的镇，山盆镇、芝麻

表 2 - 3　汇川区耕地土壤水平分布情况

镇（街道办事处）	石灰土 面积（hm²）	石灰土 比例（%）	水稻土 面积（hm²）	水稻土 比例（%）	黄壤 面积（hm²）	黄壤 比例（%）	紫色土 面积（hm²）	紫色土 比例（%）	粗骨土 面积（hm²）	粗骨土 比例（%）	潮土 面积（hm²）	潮土 比例（%）
毛石镇	995.06	7.33	784.45	7.14	1 805.43	14.96	—	—	2.91	0.25	—	—
山盆镇	2 690.2	19.81	1 240.68	11.30	1 334.31	11.06	748.56	24.90	8.67	0.75	—	—
芝麻镇	1 625.35	11.97	145.72	1.33	572.03	4.74	412.34	13.72	76.11	6.56	—	—
松林镇	1 264.76	9.32	686.85	6.26	1 411.82	11.70	219.15	7.29	140.9	12.14	0.9	4.24
沙湾镇	1 438.36	10.59	936.63	8.53	1 171.69	9.71	317.85	10.57	107.74	9.28	—	—
团泽镇	1 313.43	9.67	2 394.28	21.81	2 162.83	17.92	62.28	2.07	66.46	5.73	—	—
板桥镇	1 084.3	7.99	780.91	7.11	630.66	5.23	388.76	12.93	41.41	3.57	—	—
泗渡镇	1 399.12	10.30	1 297.21	11.82	738.52	6.12	399.47	13.29	131.55	11.34	7.27	34.21
高坪街道办事处	1 423.07	10.48	2 111.07	19.23	1 651.98	13.69	243.77	8.11	251.67	21.69	10.81	50.87
董公寺街道办事处	96.19	0.71	526.52	4.80	422.29	3.50	22.21	0.74	288.06	24.82	2.27	10.68
高桥街道办事处	247.94	1.83	73.5	0.67	165.93	1.37	192.09	6.39	44.88	3.87	—	—
合计	13 577.78	100.00	10 977.82	100.00	12 067.49	100.00	3 006.48	100.00	1 160.36	100.00	21.25	100.00

表 2 - 4　汇川区耕地土壤垂直分布情况

土类	总面积	<600m		600(含)~800m		800(含)~1 000m		1 000(含)~1 200m		1 200(含)~1 400m		≥1 400m	
		面积(hm²)	比例(%)	面积(hm²)	比例(%)	面积(hm²)	比例(%)	面积(hm²)	比例(%)	面积(hm²)	比例(%)	面积(hm²)	比例(%)
石灰土	13 577.78	41.28	0.30	611.34	4.50	4 582.9	33.75	6 139.31	45.22	2 023.82	14.91	179.13	1.32
黄壤	12 067.49	13.71	0.11	463.19	3.84	3 756.95	31.13	5 497.79	45.56	2 181.52	18.08	154.33	1.28
水稻土	10 977.82	65.26	0.60	299.19	2.73	7 321.22	66.69	2 884.04	26.27	403.18	3.67	4.94	0.04
紫色土	3 006.48	37.57	1.25	64.99	2.16	913.29	30.38	1 373.01	45.67	612.58	20.37	5.04	0.17
粗骨土	1 160.36	0	0	12.53	1.08	584.28	50.35	427.07	36.81	123.43	10.64	13.05	1.12
潮土	21.25	0	0	0	0	21.25	100.00	0	0.00	0	0	0	0
合计	40 811.18	157.82	0.39	1 451.24	3.55	17 179.899	42.10	16 321.21	39.99	5 344.53	13.10	356.49	0.87

镇、泗渡镇和板桥镇分别占全区紫色土面积的 24.90％、13.71％、13.29％、12.93％。粗骨土全区各镇（街道办事处）都有小面积分布，毛石镇和山盆镇面积较少，仅占全区粗骨土面积的 1％；董公寺街道办事处、高坪街道办事处、泗渡镇和松林镇面积较大，董公寺街道办事处、高坪街道办事处和泗渡镇 3 个镇（街道办事处）占全区粗骨土面积的 57.85％。潮土主要分布在河流两侧，面积较小，分布的镇和面积分别为：高坪街道办事处 10.81hm²、泗渡镇 7.27hm²、董公寺街道办事处 2.27hm²、松林镇 0.9hm²。

二、垂直分布规律

土壤垂直分布规律是由于随海拔高度的变化，气温相应的升高或者降低，降雨量的不同，自然植被也随之变化，土壤的形成、分布也发生相应的变化。土壤垂直分布类型虽然与水平地带性土壤相似，但由于山地小气候的水热条件、植被群落、地形及因地形条件差异所引起的水分运动特性不同，形成的山地土壤与相应的水平地带性土壤在发育特征和利用上也有差异。汇川区耕地土壤分布海拔为 500～1 682m，以 800（含）～1 000m 和 1 000（含）～1 200m 面积最大，分别占 42.10％ 和 39.99％，海拔最低处是石灰土，最高处是黄壤，耕地土壤垂直分布情况见表 2-4。海拔＜600m 的耕地面积较少，共计 157.82hm²。土类分别为水稻土、石灰土、紫色土和黄壤，面积分别为 65.26hm²、41.28hm²、37.57hm²、13.71hm²。海拔在 600（含）～800m 的主要是石灰土、黄壤和水稻土，面积分别为 611.34hm²、463.19hm²、299.19hm²。海拔在 800（含）～1 000m 的以水稻土面积最大，面积为 7 321.22hm²；其次是石灰土，面积为 4 582.90hm²。面积最小的是潮土，都分布在 800（含）～1 000m。海拔 1 000（含）～1 200m 的以石灰土面积最大，其次是黄壤，面积分别为 6 139.31hm² 和 5 497.79hm²。海拔 1 200（含）～1 400m 的以黄壤面积最大，其次是石灰土，面积分别为 2 181.52hm² 和 2 023.82hm²。海拔≥1 400m，除潮土外，各土类都有分布，但是面积较小，石灰土、黄壤、粗骨土、紫色土和水稻土的面积分别为 179.13hm²、154.33hm²、13.05hm²、5.04hm²、4.94hm²。

石灰土、黄壤、紫色土，主要分布在 1 000（含）～1 200m，其次是 800（含）～1 000m，＜600m 和≥1 400m 分布面积较少。水稻土和粗骨土主要分布在 800（含）～1 000m，其次是 1 000（含）～1 200m，≥1 400m 面积很少，＜600m 粗骨土没有分布。

第三节　分　类

土壤分类是根据土壤在自然和人为因素的共同作用下，依据土壤的形成条件、发生发展规律，对种类繁多的土壤按照分类原则和依据进行归纳。土壤分类的目的在于阐明土壤在成土因素综合作用下形成规律，指出各种土壤发生演变的主要和次要过程，揭示成土条件、成土过程和土壤属性之间的必然联系，为认识和利用耕地土壤提供依据。本次汇川区耕地土壤的分类以全国第二次土壤普查分类系统为依据，结合汇川区耕地土壤的实际情况进行分类。

一、分类原则和依据

汇川区耕地土壤按照土壤分类的发生学原则、统一性原则和系统性原则，在发生学原理的指导下，以土壤属性（比较稳定的土壤剖面形态和理化性质）作为土壤分类的依据。分类采用土纲、亚纲、土类、亚类、土属、土种的分类制。

（一）土纲

土纲是最高土壤分类级别，根据主要成土过程产生的或影响主要成土过程的性质划分。汇川区耕地土壤分为半水成土、初育土、铁铝土和人为土4个土纲。

（二）亚纲

亚纲是土纲的辅助级别，主要是根据影响现代成土过程的控制因素所反映的性质划分。汇川区耕地土壤分为淡半水成土、石质初育土、湿暖铁铝土和人为水成土4个亚纲。

（三）土类

土类是土壤分类的高级基本单元，根据成土条件、成土过程和由此发生的土壤属性三者的统一和综合进行划分的。在一定的气候、植被、母质、地形和人为活动等因素作用下形成的，具有独特的成土过程和土壤属性；同一土类具有相同的成土条件及主导成土过程，剖面构型特征大体一致，物质的转化移动，有机质的合成分解方式基本相同。不同的土壤类型由于成土过程和发育特点不同，所形成的土壤属性和生产性能以及改良、利用均有本质的不同。汇川区耕地土壤分为石灰土、黄壤、水稻土、紫色土、粗骨土和潮土6个土类。

（四）亚类

亚类是土类范围的续分，根据主导成土过程以外的次要成土过程或者同一土类不同的发育阶段分类。同一亚类土壤农业利用改良方向一致，不同亚类土壤在基本属性和生产性能上有一定差异。汇川区耕地土壤有黄色石灰土、黑色石灰土、典型黄壤、黄壤性土、漂洗黄壤、淹育水稻土、渗育水稻土、潴育水稻土、潜育水稻土、漂洗水稻土、石灰性紫色土、酸性紫色土、中性紫色土、钙质粗骨土、酸性粗骨土和典型潮土16个亚类。

（五）土属

土属是分类系统中承上启下的分类单元，既是亚类的续分，又是土种的归纳。主要根据成土母质、水文等地方因素以及土壤的残留特征来划分，汇川区耕地土壤共划分38个土属。

（六）土种

土种是基层分类单元，在土属范围内根据反映发育程度或熟化程度的性状来划分，同一土种具有类似的土体构型和剖面构型，不仅指发生层次的排列，也包括发育程度的类似，同时景观特征、地形部位及水热条件相同。不同土种之间只有量的差异，而无质的区别。同一土种生产性和生产潜力相似，而且具有一定的稳定性，在短期内不会发生改变，汇川区共划分109个土种。

二、分类系统

按照土壤分类的原则和依据，结合遵义市实际，将汇川区耕地土壤划分为 4 个土纲、4 个亚纲、6 个土类、16 个亚类、38 个土属、109 个土种（石灰土土类 13 个土种、黄壤土土类 22 个土种、水稻土土类 52 个土种、紫色土土类 9 个土种、粗骨土土类 11 个土种、潮土土类 2 个土种），见表 2-5。

表 2-5 汇川区耕地土壤分类表

土纲	亚纲	土类	亚类	土属	土种
初育土	石质初育土	石灰土	黄色石灰土	黄色石灰土	胶泥土
					死胶泥土
					大土泥土
					大眼泥土
				黏土次生黄色石灰土	小粉土
					小土泥土
					小土泥土
				砂泥质黄色石灰土	粉油砂土
					灰砂泥土
					灰汤泥土
					灰油砂土
					盐砂土
			黑色石灰土	石灰岩黑色石灰土	岩泥土
铁铝土	湿暖铁铝土	黄壤	典型黄壤	四系黏土黄壤	生黄泥土
					黄油泥土
					黄泥土
				硅铁质黄壤	豆面黄泥土
					豆面泥土
				硅质黄壤	黄油砂土
					黄砂泥土
				硅铝质黄壤	黄泡土
					黄泡油泥土
				铁铝质黄壤	大眼黄泥土
					黄胶泥土
					小粉黄土
					灰砂黄泥土
					灰汤黄泥土
					灰油砂黄泥土
					浅灰砂黄泥土

（续）

土纲	亚纲	土类	亚类	土属	土种
铁铝土	湿暖铁铝土	黄壤	黄壤性土	砾质黄泥土	粗扁砂泥土
					豆瓣泥土
					煤泥土
				砾质黄泡泥土	砾质黄泡泥土
			漂洗黄壤	漂洗灰砂泥土	漂洗灰砂泥土
					漂洗盐砂泥土
人为土	人为水成土	水稻土	淹育型水稻土	淹育潮砂田	潮砂田
				淹育黄泥田	扁砂田
					豆面黄泥田
					死黄泥田
					黄泡田
					豆瓣黄泥田
				淹育大土泥田	大粉砂田
					大土黄泥田
					粉砂田
					死胶泥田
					小土黄泥田
				淹育紫泥田	浅紫泥田
					浅紫胶泥田
			渗育型水稻土	潮泥田	潮砂泥田
					黄潮泥田
				黄泥田	扁砂泥田
					豆面泥田
					黄泥田
					黄泡泥田
					黄砂泥田
					煤泥田
					黏底砂泥田
				大土泥田	大粉砂泥田
					大土泥田
					粉砂泥田
					黄胶泥田
					黏底粉砂泥田
				紫泥田	血泥田
					紫胶泥田
					紫泥田

（续）

土纲	亚纲	土类	亚类	土属	土种
人为土	人为水成土	水稻土	潴育型水稻土	潴育潮泥田	潮油泥田
				潴育黄泥田	扁油砂泥田
					大眼黄泥田
					暗豆面泥田
					黄油砂泥田
					小粉油泥田
				潴育大眼泥田	大眼泥田
					粉油泥田
					油泥田
					灰油泥田
				潴育紫油泥田	紫油泥田
			潜育型水稻土	烂泥田	浅脚烂泥田
				冷浸田	冷扁砂田
					青豆面泥田
					青粉泥田
				鸭屎泥田	干鸭屎泥田
			漂洗型水稻土	白砂泥田	熟白砂泥田
					轻白砂泥田
					中白砂泥田
					重白砂泥田
				白鳝泥田	灰豆面泥田
					灰土泥田
初育土	石质初育土	紫色土	钙质紫色土	钙质紫泥土	钙质羊肝土
					钙质紫泥土
			中性紫色土	中性紫泥土	中性羊肝土
					中性紫胶泥土
					中性紫泥土
					中性紫油泥土
			酸性紫色土	酸性紫泥土	酸性死胶泥土
					酸性紫泥土
					酸性紫油泥土

（续）

土纲	亚纲	土类	亚类	土属	土种
初育土	土质初育土	粗骨土	酸性粗骨土	硅铁质黄壤性粗骨土	粗豆瓣黄泥土
					煤矸土
				硅质黄壤性粗骨土	砾石黄砂土
				铁铝质黄壤性粗骨土	砾质灰汤黄泥土
					砾质小粉黄土
					砾质小粉土
				硅铝质黄壤性粗骨土	粗扁砂土
					砾质黄泡土
			钙质粗骨土	钙质粗骨土	扁砂泥石灰土
					扁砂泥土
					扁砂土石灰土
半水成土	淡半水成土	潮土	潮土	潮砂土	潮砂土
					潮砂泥土

第四节 土壤类型特征

一、石灰土

石灰土是汇川区面积最大的土壤类型，面积 13 577.78hm²，占耕地土壤面积的 33.27％，占旱耕地面积的 45.51％。汇川区各镇（街道办事处）都有不同面积分布，石灰土分布区域、面积、比例见表 2-6。

表 2-6 石灰土分布区域、面积和比例

镇 （街道办事处）	面积 （hm²）	占汇川区石灰土 面积比例（％）	占行政区耕地 面积比例（％）
毛石镇	995.06	7.33	27.73
山盆镇	2 690.20	19.81	44.67
芝麻镇	1 625.35	11.97	57.40
松林镇	1 264.76	9.32	33.96
沙湾镇	1 438.36	10.59	36.21
团泽镇	1 313.43	9.67	21.89
板桥镇	1 084.30	7.99	37.06
泗渡镇	1 399.12	10.30	35.21
高坪街道办事处	1 423.07	10.48	25.00
董公寺街道办事处	96.19	0.71	7.09
高桥街道办事处	247.94	1.83	34.23
合计	13 577.78	100.00	33.27

石灰土为岩成土，成土母质为寒武系、三叠系、二叠系、奥陶系的石灰岩、白云质灰岩和泥灰岩风化坡积残积物。石灰岩的发育受母岩和地形的影响极大，石灰岩地区山体庞大，山峰重叠或孤峰独立，基岩裸露，植被覆盖差。石灰岩抗风化能力强，主要以溶蚀作用为主，风化物多残留于石芽、裂隙之中，因此群众称为"石旮旯土"。白云质灰岩地区，由于母岩易崩解碎裂，在风化残积物中常含有大量母岩碎块，因此形成的土多为砾质土。泥灰岩地区，由于母质风化成土较快，所形成的土壤土层一般较厚，但是土壤质地偏黏，土体中黏粒的移动明显。石灰土由于母岩含钙、镁丰富，加上所处的地形部位多为岩溶丘陵或岩溶山地，因此在土壤形成过程中，富含碳酸钙的岩溶水不断加入土体中，延缓了土壤中盐基成分的淋溶和富铝化的进程，从而使石灰土长期处于初育阶段，土体厚薄不一，剖面构型一般为A-C、A-AC-C、A-B-C、A-AH-R、A-AP-AC-R，石灰土呈中性至微碱性，pH 7.08～8.99，平均值7.71；有机质2.10～81.30g/kg，平均值32.24g/kg；全氮0.54～4.74g/kg，平均值1.87g/kg；碱解氮20.00～389.00mg/kg，平均值156.60mg/kg；有效磷4.20～78.40mg/kg，平均值22.33mg/kg；缓效钾25.00～675.00mg/kg，平均值200.90mg/kg；速效钾20.00～497.00mg/kg，平均值140.49mg/kg。

根据局部自然成土条件的变化引起成土过程的差异，将石灰土土类分为黄色石灰土和黑色石灰土2个亚类。

（一）黄色石灰土

黄色石灰土在汇川区广泛分布，面积12 205.42hm²，占汇川区石灰土面积的89.89%，占汇川区耕地土壤面积的29.91%。汇川区各镇（街道办事处）都有不同面积分布，分布区域、面积、比例见表2-7。

表2-7　黄色石灰土分布区域、面积和比例

镇（街道办事处）	面积（hm²）	比例（%）
毛石镇	984.35	8.06
山盆镇	2 500.94	20.49
芝麻镇	1 240.01	10.16
松林镇	1 136.13	9.31
沙湾镇	1 337.21	10.96
团泽镇	974.09	7.98
板桥镇	1 084.3	8.88
泗渡镇	1 399.11	11.46
高坪街道办事处	1 345.79	11.03
董公寺街道办事处	27.98	0.23
高桥街道办事处	175.51	1.44
合计	12 205.42	100.00

黄色石灰土土层厚薄不一，在坡顶、山脊和离母岩近的地段，土层通常较薄，而在山地鞍部、山腰、坡脚地带土层通常较厚。土壤层次发育明显，剖面构型为 A－B－C、A－C、A－AP－AC－R、A－AC－C。土壤质地因成土母质的不同而存在差异，一般质地偏黏，表土一般呈黄灰色，心土层为黄色，土壤 pH 一般偏碱性，pH 7.08～8.99，平均值7.71；有机质 2.10～81.30g/kg，平均值 32.15g/kg；全氮 0.54～4.74g/kg，平均值1.85g/kg；碱解氮 20.00～389.00mg/kg，平均值 156.12mg/kg；有效磷 4.20～78.40mg/kg，平均值22.55mg/kg；缓效钾 25.00～675.00mg/kg，平均值200.65mg/kg；速效钾 20.00～497.00mg/kg，平均值 140.40mg/kg。

根据成土母质和土壤性质的差异，将黄色石灰土亚类分为黄色石灰土、黏土次生黄色石灰土、砂泥质黄色石灰土 3 个土属。

1. 黄色石灰土

汇川区该土属面积 3 525.75hm²，占汇川区黄色石灰土亚类的 28.89%。成土母质为石灰岩、泥灰岩坡残积物，质地中壤至重黏，分布区域和面积为：毛石镇 24.68hm²、山盆镇 995.59hm²、芝麻镇 838.93hm²、松林镇 185.09hm²、沙湾镇 147.17hm²、团泽镇159.48hm²、板桥镇 263.94hm²、泗渡镇 677.72hm²、高坪街道办事处 142.34hm²、董公寺街道办事处 6.39hm²、高桥街道办事处 84.42hm²。黄色石灰土土属根据土壤属性和肥力高低分为大眼泥土、大土泥土、胶泥土和死胶泥土 4 个土种，面积分别为 0.98hm²、1 705.92hm²、1 149.23hm²、669.61hm²。

黄色石灰土土属地处温暖湿润的气候环境和较为平缓的地形条件，土壤矿物风化蚀变作用强烈，土壤中的氧化铁水化度较高，心土层呈现明显黄色；土壤保水保肥能力强，宜种范围广，其中大眼泥土熟化程度高，肥力好；土层厚度随母质来源不同和地形部位不同而厚薄不一，一般 60～100cm，平均 70.11cm；质地偏黏，尤其是泥灰岩发育的土壤质地偏黏，耕性差，如死胶泥土；土壤 pH 7.50～8.99，平均值 7.69；有机质 9.10～78.30g/kg，平均值31.83g/kg；全氮 0.78～3.82g/kg，平均值 1.89g/kg；碱解氮 39.00～389.00mg/kg，平均值 177.10mg/kg；有效磷 5.70～78.20mg/kg，平均值 20.23mg/kg；缓效钾 34.00～546.00mg/kg，平均值 179.42mg/kg；速效钾 20.00～344.00mg/kg，平均值 118.69mg/kg。

2. 黏土次生黄色石灰土

汇川区该土属面积 491.78hm²，占汇川区黄色石灰土亚类的 4.03%。成土母质为老风化壳，白云岩、白云灰岩坡积残积物。分布区域和面积为：毛石镇 74.04hm²、松林镇78.24hm²、沙湾镇 132.58hm²、团泽镇 20.88hm²、板桥镇 31.33hm²、泗渡镇 1.17hm²、高坪街道办事处 135.83hm²、董公寺街道办事处 8.51hm²、高桥街道办事处 9.20hm²。黏土次生黄色石灰土土属根据土壤属性分为小粉土、小土黄泥土、小土泥土 3 个土种，面积分别为 484.58hm²、2.43hm²、4.77hm²。

黏土次生黄色石灰土成土母质主要是老风化壳，多分布在坝地边缘和低中山坡麓交界地段。由于受石灰岩风化坡积物的覆盖或富含碳酸钙的地表水流的下渗或侧渗水的长期影响，游离碳酸钙被吸收保留于土壤上层，土壤经复盐基作用而呈微碱性。黏土次生黄色石灰土地处丘陵缓坡，一般土层深厚，最厚达到 10m，平均值 70.22cm；土壤发生层次明显，剖面构型为 A－B－C 或 A－AC－C；表土层浅黄色，质地中壤、重壤和轻黏，块状结构；分布海拔 800.84～1 393.73m，平均海拔 1 072.67m；土壤 pH 7.08～8.99，平均值 7.76；有机质 2.10～70.50g/kg，平均值 28.01g/kg；全氮 0.73～2.83g/kg，平均值 1.68g/kg；碱解氮 30.00～254.00mg/kg，平均值 129.75mg/kg；有效磷 4.20～62.27mg/kg，平均值 25.63mg/kg；缓效钾 67.00～527.00mg/kg，平均值 227.93mg/kg；速效钾 62.00～290.00mg/kg，平均值 138.65mg/kg。

黏土次生黄色石灰土一般所处地势平缓，离村寨近，耕种时间长，土壤熟化度高，肥力好。质地虽然偏黏，但结构性好，保水保肥能力强，宜种性广。

3. 砂泥质黄色石灰土

汇川区该土属面积 8 187.89hm²，占汇川区黄色石灰土亚类的 67.08%。成土母质为白云岩、白云灰岩坡积残积物。分布区域和面积为：毛石镇 885.62hm²、山盆镇 1 505.35hm²、芝麻镇 401.08hm²、松林镇 872.81hm²、沙湾镇 1 057.45hm²、团泽镇 793.73hm²、板桥镇 789.03hm²、泗渡镇 720.22hm²、高坪街道办事处 1 067.63hm²、董公寺街道办事处 13.08hm²、高桥街道办事处 81.89hm²。砂泥质黄色石灰土土属根据土壤属性分为粉油砂土、灰砂泥土、灰汤泥土、灰油砂土、盐砂土 5 个土种，面积分别为 162.46hm²、3 620.40hm²、7.78hm²、30.22hm²、4 367.03hm²。

砂泥质黄色石灰土土属土层厚薄不一，平均 49.46cm；土壤发生层次明显，剖面构型为 A－C 或者 A－AC－C。表土层灰黄色或者灰褐色，质地沙壤至中壤，屑粒状或者碎块状结构，土体中常常含有半分化母岩碎屑；土壤 pH 7.50～8.98，平均值 7.71；有机质 2.60～81.30g/kg，平均值 32.67g/kg；全氮 0.54～7.74g/kg，平均值 1.86g/kg；碱解氮 20.00～389.00mg/kg，平均值 151.92mg/kg；有效磷 4.20～78.40mg/kg，平均值 23.00mg/kg；缓效钾 25.00～675.00mg/kg，平均值 204.85mg/kg；速效钾 37.00～497.00mg/kg，平均值 147.70mg/kg。

砂泥质黄色石灰土多为坡地，土层不厚，耕层浅，土体疏松，易受冲刷，跑水跑肥，易旱，作物长势差，产量不高。

（二）黑色石灰土

黑色石灰土是石灰岩风化母质发育而成的土壤，石灰岩分布的地区，均有黑色石灰土。汇川区黑色石灰土面积 1 372.36hm²，占汇川区石灰土面积的 10.11%，占汇川区耕地土壤面积的 3.36%。黑色石灰土亚类只有石灰岩黑色石灰土 1 个土属、岩泥土 1 个土种。黑色石灰土与黄色石灰土呈复区交错分布，全区除板桥镇和泗渡镇外，各镇（街道办事处）都有分布，汇川区各镇（街道办事处）黑色石灰土亚类面积、比例见表 2－8。

表 2－8　黑色石灰土分布区域、面积和比例

镇（街道办事处）	面积（hm²）	比例（%）
毛石镇	10.72	0.78
山盆镇	189.26	13.79
芝麻镇	385.34	28.08

（续）

镇（街道办事处）	面积（hm²）	比例（%）
松林镇	128.63	9.37
沙湾镇	101.15	7.37
团泽镇	339.34	24.73
高坪街道办事处	77.27	5.63
董公寺街道办事处	68.21	4.97
高桥街道办事处	72.44	5.28
合计	1 372.36	100.00

黑色石灰土多分布于地势陡峻的石灰岩山地中上部，在温暖湿润的环境和较良好的植被条件下，大量的枯枝落叶和杂草残体经微生物等形成腐殖质，积累在土壤中，因此土壤有机质含量一般都比较高，土壤结构好。黑色石灰土所处地形部位比较陡峭，土壤容易遭受侵蚀，同时母岩母质风化作用比较弱，所以土层一般不厚，土壤发生层次不明显，剖面构型为 A－AH－R，土体厚平均 40.00cm；岩石裸露，土体中含有未风化的石块，多为石旮旯土，土被连续性差，耕种不方便，土层薄，耐旱性差，质地黏重，但是土壤结构较好，自然肥力一般较高，pH 7.50～8.65，平均值 7.72；有机质 15.00～58.62g/kg，平均值 33.36g/kg；全氮 1.24～2.88g/kg，平均值 2.00g/kg；碱解氮 55.00～268.00mg/kg，平均值 162.06mg/kg；有效磷 7.30～62.00mg/kg，平均值 19.90mg/kg；缓效钾 48.00～577.00mg/kg，平均值 203.82mg/kg；速效钾 20.00～454.00mg/kg，平均值 141.54mg/kg。

由于所处地形陡峭，黑色石灰土地区一般水土流失严重，对于坡度大、土层薄的地方应该退耕还林还草；坡度小、土层厚、耕种方便、土被连续的地方可以与经济林木实行林粮间作。

二、黄壤

黄壤是汇川区分布广、面积较大的土壤类型之一，总面积 12 067.49hm²，占汇川区耕地面积的 29.57%，占汇川区旱耕地土壤面积的 40.45%。分布于 540～1 091m 的山地、剥夷面、丘陵缓坡和河谷盆地，各镇（街道办事处）黄壤分布面积、比例见表 2-9。

表 2-9　各镇（街道办事处）黄壤分布区域、面积和比例

镇（街道办事处）	面积（hm²）	比例（%）
毛石镇	1 805.42	14.96
山盆镇	1 334.31	11.06
芝麻镇	572.03	4.74

（续）

镇（街道办事处）	面积（hm²）	比例（%）
松林镇	1 411.83	11.7
沙湾镇	1 171.68	9.71
团泽镇	2 162.84	17.92
板桥镇	630.66	5.23
泗渡镇	738.52	6.12
高坪街道办事处	1 651.98	13.69
董公寺街道办事处	422.29	3.5
高桥街道办事处	165.93	1.37
合计	12 067.49	100.00

　　黄壤的形成与所处的地理环境及相应的生物气候条件有关，温暖湿润的亚热带高原季风气候具有冬无严寒、夏无酷暑、雨量充沛的特点。冬季1月最冷，月平均温度4.2℃，盛夏7月最热，月平均温度25.3℃；雨量丰富，年降雨量平均达到1 049.05mm，年平均降水天数（≥0.1mm）为184.6d，年均日照时数为1 160.5h，年平均相对湿度80%。雨热同季，充足的水分和温暖的气候条件是黄壤形成的重要因素。

　　植被主要为中亚热带落叶阔叶林与针叶林混交，代表树种有马尾松、杉木、青杠、枫香、柏、乌桕；经济林木有茶、梨、李子、杨梅、葡萄、核桃；林下多苔藓类、竹类，生长繁茂。目前，原生植被保存尚少，多数地区的植被都遭到破坏，代表次生植被有马尾松、杉木和蕨类等。

　　黄壤的成土母质以页岩、砂岩、砂页岩、板岩和泥岩风化物为主，其次为石灰岩或者白云岩、老风化壳风化物。其中，由砂页岩、砂岩、页岩、板岩、泥岩类风化母质发育的黄壤为6 202.89hm²，占该土类面积的51.40%；石灰岩或者白云岩风化发育的黄壤为5 588.63hm²，占该土类面积的46.31%；老风化壳发育的黄壤275.97hm²，占该土类面积的2.29%。由于黄壤的成土母质复杂，不同母质对土壤的形成和属性影响明显，发育于砂页岩母质上的黄壤为壤土，容易遭受侵蚀，风化程度不高；发育于砂岩母质上的黄壤，质地偏沙，通透性强，淋溶作用明显；发育于老风化壳上的黄壤土层深厚，矿物风化度高，矿质养分含量低，质地黏重，透水性差，但所处地势平缓，大多数为质量好的耕地。温暖湿润的生物气候条件，使黄壤在形成过程中具有明显的富铝化过程和水化过程。湿润的生物气候条件也有利于土壤有机质的积累和转化，土壤有机质含量在3.80～88.40g/kg，平均值32.57g/kg，土壤pH受母岩的影响，一般为酸性，pH在4.57～7.50，平均值5.99；全氮0.53～4.33g/kg，平均值1.84g/kg；碱解氮20.00～460.00mg/kg，平均值163.40mg/kg；有效磷2.30～72.60mg/kg，平均值24.01mg/kg；缓效钾41.00～682.00mg/kg，平均值233.06mg/kg；速效钾23.00～485.00mg/kg，平均值

134.10mg/kg。

根据黄壤的形成过程及土壤发育程度，将黄壤划分为典型黄壤、黄壤性土和漂洗黄壤3个亚类。

（一）典型黄壤亚类

汇川区典型黄壤亚类面积为 7 785.83hm²，占汇川区黄壤土类面积的 64.52%。海拔分布为 543.26～1 682.49m，平均海拔 1 057.26m。成土母质为砂岩、泥岩、页岩、板岩、砂页岩、石灰岩、白云岩和老风化壳，典型黄壤发育明显。剖面构型为 A－B－C，土壤质地、厚度因成土母质和地形部位的不同而不同。

根据成土母质的不同，将典型黄壤分为四系黏土黄壤、硅铁质黄壤、硅质黄壤、硅铝质黄壤、铁铝质黄壤 5 个土属。

1. 四系黏土黄壤

四系黏土黄壤成土母质为老风化壳，分布海拔在 801.25～1 682.49m。面积302.70hm²，占汇川区典型黄壤亚类面积的 3.89%。分布区域和面积为：毛石镇6.66hm²、芝麻镇 15.85hm²、松林镇 5.93hm²、沙湾镇 90.29hm²、团泽镇 64.24hm²、板桥镇 28.88hm²、泗渡镇 85.17hm²、董公寺街道办事处 2.32hm²、高桥街道办事处3.36hm²。四系黏土黄壤土属根据土壤属性分为生黄泥土、黄泥土、黄油泥土 3 个土种，面积分别为 6.80hm²、218.49hm²、77.41hm²。

四系黏土黄壤多分布于丘陵缓坡，一般土层深厚，最厚达到 10m，平均值 99.36cm；土壤发生层次明显，剖面构型为 A－B－C、A－BC－C、A－P－B－C。表土层一般为灰黄色，质地偏黏，块状结构。土壤 pH 5.30～7.20，平均值 6.08；有机质 19.81～52.40g/kg，平均值 35.89g/kg；全氮 1.26～2.68g/kg，平均值 1.85g/kg；碱解氮 81.00～244.00mg/kg，平均值 175.20mg/kg；有效磷 13.50～53.00mg/kg，平均值 26.17mg/kg；缓效钾140.00～503.00mg/kg，平均值 241.03mg/kg；速效钾 84.65.00～346.00mg/kg，平均值 164.15mg/kg。

四系黏土黄壤分布地形较缓，土体厚，黏重，紧实，通透性差，保水保肥能力强，耕性差，微生物活性弱，养分转化慢，耐肥能力强，肥力不高。除黄油泥土土种外，其他土种产量不高。

2. 硅铁质黄壤

硅铁质黄壤由页岩、板岩和泥岩风化发育而成，一般常分布于海拔 765.16～1 463.07m的丘陵和低山。面积847.12hm²，占汇川区典型黄壤亚类面积的 10.88%。分布区域和面积为：毛石镇 92.83hm²、山盆镇 3.04hm²、芝麻镇 8.34hm²、松林镇97.01hm²、沙湾镇 16.28hm²、团泽镇 16.82hm²、高坪街道办事处 175.96hm²、董公寺街道办事处 345.29hm²、高桥街道办事处 91.55hm²。硅铁质黄壤土属根据土壤属性分为豆面黄泥土、豆面泥土 2 个土种，面积分别为 255.90hm²、591.22hm²。

硅铁质黄壤一般分布地势陡峭，土层 60～80cm，平均值 72.24cm；质地较轻，中壤至重黏；土壤发生层次明显，剖面构型为 A－B－C 或者 A－BC－C。表土层灰棕色或黄灰色，棱块状结构。土壤 pH 4.70～7.40，平均值 5.68；有机质 8.40～73.80g/kg，平均值

39.51g/kg；全氮 0.99～3.03g/kg，平均值 1.99g/kg；碱解氮 69.00～260.00mg/kg，平均值 195.14mg/kg；有效磷 6.80～72.60mg/kg，平均值 22.74mg/kg；缓效钾 60.00～636.00mg/kg，平均值 242.11mg/kg；速效钾 47.00～481.00mg/kg，平均值 138.14mg/kg。

硅铁质黄壤质地适中，通透性好，疏松易耕，保水保肥性较好，酸性反应。养分不是很高，土壤宜种性广。

3. 硅质黄壤

硅质黄壤是由变余砂岩、砂岩和石英砂岩风化物发育而成，面积 1 228.56hm²，占汇川区典型黄壤亚类面积的 15.78％。分布区域和面积为：山盆镇 899.07hm²、芝麻镇 151.59hm²、沙湾镇 100.60hm²、高坪街道办事处 66.22hm²、高桥街道办事处 11.08hm²。硅铁质黄壤土属根据土壤属性分为黄砂泥土、黄油砂土 2 个土种，面积分别为 1 226.97hm²、1.59hm²。

硅质黄壤一般分布地势陡峭，易冲刷崩塌，海拔在 543.26～1 297.47m，平均值 877.87m；质地松沙、沙壤、轻壤，通透性强，土层厚薄不一，平均值 50cm；土壤保水保肥能力差，耐蚀、耐旱、耐肥性均弱；土壤养分含量不高，pH 5.00～6.95，平均值 5.81；有机质 3.80～51.10g/kg，平均值 25.31g/kg；全氮 0.53～2.94g/kg，平均值 1.67g/kg；碱解氮 70.00～278.00mg/kg，平均值 168.84mg/kg；有效磷 5.70～40.20mg/kg，平均值 18.71mg/kg；缓效钾 54.00～577.00mg/kg，平均值 162.32mg/kg；速效钾 23.00～454.00mg/kg，平均值 110.71mg/kg。土壤养分转化快，供肥快而短，前劲好，后劲弱，作物产量一般不高。

4. 硅铝质黄壤

硅铝质黄壤由砂页岩风化发育而成，一般常分布于海拔 765.16～1 463.07m 的丘陵和低山。面积 443.89hm²，占汇川区典型黄壤亚类面积的 5.70％。分布区域和面积为：毛石镇 11.43hm²、山盆镇 5.51hm²、芝麻镇 45.88hm²、松林镇 92.28hm²、沙湾镇 35.83hm²、团泽镇 65.98hm²、板桥镇 22.70hm²、泗渡镇 121.96hm²、高坪街道办事处 39.54hm²、董公寺街道办事处 2.78hm²。硅铁质黄壤土属根据土壤属性分为黄泡土、黄泡油泥土 2 个土种，面积分别为 5.82hm²、438.07hm²。

硅铝质黄壤的成土母质砂页岩易风化，成土较快，一般土层较厚，尤其是地势相对平坦地段；质地多为沙壤至轻黏，质地适中，通透性好，易耕，土壤保水保肥能力中等，对水、肥、气、热有一定的协调能力；土壤层次发生明显，剖面构型为 A-B-C，表土层灰黄色，粒状结构；土壤 pH 5.39～7.33，平均值 5.97；有机质 12.20～44.38g/kg，平均值 22.60g/kg；全氮 0.96～2.29g/kg，平均值 1.61g/kg；碱解氮 92.00～281.00mg/kg，平均值 129.07mg/kg；有效磷 15.70～50.20mg/kg，平均值 27.73mg/kg；缓效钾 76.00～395.00mg/kg，平均值 214.80mg/kg；速效钾 63.00～293.00mg/kg，平均值 133.86mg/kg；土壤抗逆能力较强，供肥性较平稳，易种性较广，作物产量较高。

5. 铁铝质黄壤

铁铝质黄壤是典型黄壤亚类中面积最大的一个土属，面积 4 963.56hm²，占典型黄壤亚类的 63.75％。成土母质主要是石灰岩、白云岩坡残积物，多分布于石灰岩出露的低中山缓坡和丘陵地段。分布区域和面积为：毛石镇 688.79hm²、山盆镇 400.83hm²、芝麻镇 348.03hm²、松林镇 173.96hm²、沙湾镇 864.31hm²、团泽镇 608.08hm²、板桥镇 549.00hm²、泗渡镇 459.18hm²、高坪街道办事处 750.99hm²、董公寺街道办事处 60.45hm²、高桥街道办事处 59.94hm²。根据成土母质和土壤属性差异划分为大眼黄泥土、黄胶泥土、小粉黄土、灰砂黄泥土、灰汤黄泥土、灰油砂黄泥土和浅灰砂黄泥土 7 个土种，面积分别为 50.68、120.50、1 576.19、937.76、486.82、3.63、1 787.98hm²。

土壤质地中壤至重黏，土壤结构性好，一般为小块状结构，表层灰黄色；耕作容易，生产性能较好，保水保肥能力强，肥料容量大，宜肥性广，养分转化快，作物生长前期稍慢，后劲足而平稳；土壤 pH 4.57～7.50，平均值 6.11；有机质 4.00～85.50g/kg，平均值 30.15g/kg；全氮 0.89～3.82g/kg，平均值 1.87g/kg；碱解氮 53.00～326.00mg/kg，平均值 157.26mg/kg；有效磷 2.30～70.10mg/kg，平均值 25.86mg/kg；缓效钾 41.00～682.00mg/kg，平均值 246.39mg/kg；速效钾 45.00～485.00mg/kg，平均值 143.13mg/kg。

（二）黄壤性土

汇川区黄壤性土面积为 3 550.37hm²，占汇川区黄壤土类面积的 29.42%。成土母质为灰绿色、青灰色页岩残坡积物，页岩、砂岩、砂页岩、板岩残坡积物和碳质页岩坡残积物。黄壤性土与典型黄壤呈复区交错分布，具体分布区域和面积为：毛石镇 808.56hm²、山盆镇 17.65hm²、芝麻镇 2.35hm²、松林镇 801.69hm²、团泽镇 1 407.70hm²、板桥镇 30.10hm²、高坪街道办事处 470.87hm²、董公寺街道办事处 11.45hm²。黄壤性土亚类根据成土母质分为砾质黄泥土和砾质黄泡泥土 2 个土属，面积分别为 233.82hm²、3 316.55hm²。

黄壤性土土壤发育比典型黄壤弱，具有弱度黄化和富铝化特征。剖面构型为 A－BC－C 和 A－C 型，BC 层发育不明显，土层浅薄（40～70m），土层中常含有半风化母质碎块。通透性好，疏松，易耕，保水保肥能力弱，土壤养分一般含量不高，肥力低，土壤所在地势坡陡，水土流失严重，远离村寨，耕种不便。

1. 砾质黄泥土

砾质黄泥土成土母质为灰绿色和青灰色页岩、碳质页岩风化坡积残积物，多分布于山坡中上部，地形陡峭。汇川区砾质黄泥土面积 233.82hm²，占汇川区黄壤性土亚类面积的 6.59%。分布区域和面积为：山盆镇 2.13hm²、松林镇 131.88hm²、团泽镇 2.23hm²、板桥镇 19.34hm²、高坪街道办事处 78.24hm²。根据成土母质和土壤属性差异划分为分为粗扁砂泥土、豆瓣泥土、煤泥土 3 个土种，面积分别为 26.91hm²、101.95hm²、104.96hm²。

砾质黄泥土多分布于远离村寨的山地，土层浅薄，一般在 60cm 以下，平均 50.56cm，耕层厚 18.73cm；土层分化不明显，土体构型为 A－BC－C、A－C 型；土层中夹有大量半风化的母岩碎片，质地中壤、重壤、轻黏、中黏，生产能力低；土壤养分缺乏，pH 5.03～7.10，平均值 5.60；有机质 11.90～70.78g/kg，平均值 27.02g/kg；全氮 0.96～2.81g/kg，平均值 1.88g/kg；碱解氮 75.00～216.67mg/kg，平均值 144.98mg/kg；有效磷 11.28～37.70mg/kg，平均值 20.63mg/kg；缓效钾 58.00～468.80mg/kg，平均值

139.83mg/kg；速效钾 78.00～269.00mg/kg，平均值 105.58mg/kg。

2. 砾质黄泡泥土

砾质黄泡泥土成土母质为砂页岩、砂岩、板岩风化坡积残积物，汇川区砾质黄泡泥土面积3 316.55hm²，占汇川区黄壤性土亚类面积的 93.41%。分布区域和面积为：毛石镇 808.56hm²、山盆镇 15.52hm²、芝麻镇 2.35hm²、松林镇 669.81hm²、团泽镇 1 405.47hm²、板桥镇 10.76hm²、高坪街道办事处 392.63hm²、董公寺街道办事处 11.45hm²。砾质黄泡泥土只划分砾质黄泡泥土 1 个土种。

砾质黄泡土一般分布于远离村寨的低中山、中山上部陡坡地段，耕种不便，管理粗放，土壤熟化程度低，作物产量不高；土体中夹有大量半风化的母岩碎片，土层浅薄，土体厚70cm 左右；土层分化不明显，B 层发育弱，剖面构型为 A－BC－C；耕层质地轻壤至重壤土，质地适中，疏松，易耕种，通透性好，但是耐旱、保水保肥能力差，施肥后养分转化较快，供肥较平稳，但肥劲后期弱；土壤养分不高，pH 5.00～7.40，平均值 6.10；有机质 15.00～88.40g/kg，平均值 35.25g/kg；全氮 0.78～4.33g/kg，平均值 1.86g/kg；碱解氮 20.00～460.00mg/kg，平均值 162.85mg/kg；有效磷 5.70～63.70mg/kg，平均值 24.30mg/kg；缓效钾 99.00～586.87mg/kg，平均值 248.14mg/kg；速效钾 44.00～325.00mg/kg，平均值 135.75mg/kg。

（三）漂洗黄壤

汇川区漂洗黄壤面积为 731.29hm²，占汇川区黄壤土类面积的 6.06%。汇川区分布区域和面积为：毛石镇 197.15hm²、山盆镇 8.21hm²、松林镇 240.95hm²、沙湾镇 64.38hm²、泗渡镇 72.21hm²、高坪街道办事处 148.39hm²。漂洗黄壤只划分漂洗灰砂泥土 1 个土属，漂洗灰砂泥土和漂洗盐砂泥土 2 个土种。

漂洗黄壤具有和黄壤基本相似的成土过程，不同的是在表土层以下由于淋溶作用强烈而形成明显的灰白色层次。漂洗黄壤的形成及其分布与地形和生物气候条件有密切联系，一般多分布于低中山、中低山山地丘陵海拔较高、湿度较大的缓坡台地或坡脚前缘地带。由于湿度大，在有机酸和下渗水侧流的长期淋溶下，使土体中铁、锰等有色金属离子不断遭到淋洗，因此在表土层以下形成了明显的灰白色漂洗（E）层。漂洗黄壤质地一般黏重，为重壤、轻黏和中黏，剖面构型为 A－E－B－C。耕层养分含量不高，pH 5.00～7.00，平均值 5.84；有机质 9.20～71.00g/kg，平均值 41.81g/kg；全氮 1.02～2.70g/kg，平均值 1.84g/kg；碱解氮 24.00～254.00mg/kg，平均值 173.30mg/kg；有效磷 9.90～52.40mg/kg，平均值 23.88mg/kg；缓效钾 66.00～580.00mg/kg，平均值 260.95mg/kg；速效钾 79.00～390.00mg/kg，平均值 129.11mg/kg。

三、水稻土

水稻土是在植稻或以植稻为主的耕作制度下，经长期水耕熟化而成的特殊耕种土壤。在水耕熟化这一特殊成土条件和成土过程的影响下，土壤有机质的合成与分解、物质的淋溶与淀积、盐基淋溶和复盐作用、铁锰的淋溶和淀积等形成了特有的剖面形态、理化性质和生化特性。

汇川区水稻土面积 10 977.82hm²，占汇川区耕地土壤面积的 26.90%。主要分布在低山丘陵、坝地、槽谷及河流两岸地区，尤其是水、热条件较好的地区。汇川区各镇（街道办事处）水稻土面积、比例见表 2-10。

表 2-10 汇川区水稻土分布区域、面积和比例

镇 （街道办事处）	面积 （hm²）	占水稻土 面积比例（%）	占行政区划耕地土壤 面积比例（%）
毛石镇	784.45	7.14	21.86
山盆镇	1 240.68	11.30	20.60
芝麻镇	145.72	1.33	5.15
松林镇	686.85	6.26	18.44
沙湾镇	936.63	8.53	23.58
团泽镇	2 394.28	21.81	39.91
板桥镇	780.91	7.11	26.89
泗渡镇	1 297.21	11.82	32.65
高坪街道办事处	2 111.07	19.23	37.09
董公寺街道办事处	526.52	4.80	38.78
高桥街道办事处	73.50	0.67	10.15
合计	10 977.82	100.00	26.90

根据土体构型、土壤理化性质、生产性能、水热条件的不同，将水稻土分为 5 个亚类。水稻土亚类面积、比例见表 2-11。

表 2-11 水稻土亚类面积和比例

亚类名称	面积（hm²）	比例（%）
淹育型水稻土	2 085.03	18.99
渗育型水稻土	6 950.93	63.32
潴育型水稻土	1 374.97	12.53
潜育型水稻土	40.60	0.37
漂洗型水稻土	526.29	4.79
合计	10 977.82	100.00

（一）淹育型水稻土

汇川区淹育型水稻土面积 2 085.03hm²，占汇川区水稻土面积的 18.99%。分布区域和面积为：毛石镇 251.32hm²、山盆镇 298.88hm²、芝麻镇 33.31hm²、松林镇 203.07hm²、沙湾镇 221.72hm²、团泽镇 119.11hm²、板桥镇 108.67hm²、泗渡镇

169.84hm²、高坪街道办事处 197.88hm²、董公寺街道办事处 416.57hm²、高桥街道办事处 64.67hm²。

淹育型水稻土一般管理比较粗放，分布于远离村寨和水源较缺乏的山、丘、岗坡地，一般为望天田或新开田，水淹时间短，土壤层次发育不明显，剖面构型为 Aa - Ap - C，犁底层发育差，有的甚至没有犁底层和完全没有发育特征的母质层，心土层有的能见铁、锰淀积物。耕层浅，土壤熟化程度低，养分含量较低，产量不高，一般一年一熟。

根据成土母质、土壤性质的不同，淹育型水稻土分为淹育潮砂田、淹育黄泥田、淹育大土泥田、淹育紫泥田 4 个土属。

1. 淹育潮砂田

汇川区淹育潮砂田面积 15.24hm²，占汇川区淹育型水稻土面积的 0.73%。成土母质为溪流冲积物。分布在松林镇和高桥街道办事处，面积分别为 0.95hm² 和 14.29hm²。只划分潮砂田 1 个土种。

潮砂田土体浅薄，平均值 40cm，耕层厚度平均值 20cm，耕层质地松沙，粒状结构，土体中砾石含量多。层次发育不明显，剖面构型为 Aa - Ap - C。土壤 pH 5.58～6.61，平均值 5.90；有机质 30.64～37.02g/kg，平均值 35.23g/kg；全氮 1.59～2.08g/kg，平均值 1.92g/kg；碱解氮 140.77～226.85mg/kg，平均值 209.25mg/kg；有效磷 17.10～34.56mg/kg，平均值 21.44mg/kg；缓效钾 156.00～210.28mg/kg，平均值 174.26mg/kg；速效钾 83.00～147.57mg/kg，平均值 112.71mg/kg。

淹育潮砂田离河岸近，易受流水地段影响，经常受洪水的冲刷。土壤保肥保水能力差，漏水漏肥，肥效快，前劲足后劲差。

2. 淹育黄泥田

汇川区淹育黄泥田面积 785.02hm²，占汇川区淹育型水稻土面积的 37.65%。成土母质为砂页岩、页岩、泥页岩、板岩、黏土岩、老风化壳坡积和残积物。分布区域和面积：毛石镇 64.40hm²、山盆镇 11.25hm²、芝麻镇 5.92hm²、松林镇 99.02hm²、沙湾镇 4.69hm²、团泽镇 100.76hm²、板桥镇 19.10hm²、泗渡镇 22.04hm²、高坪街道办事处 172.99hm²、董公寺街道办事处 236.57hm²、高桥街道办事处 48.28hm²。根据土壤属性，分为 5 个土种：扁砂田、豆面黄泥田、豆瓣黄泥田、死黄泥田、黄泡田，面积分别为 353.82hm²、212.37hm²、182.12hm²、8.45hm²、28.26hm²。

淹育黄泥田土体厚度 50～90cm，平均值 79.56cm，耕层厚度 15～30cm，平均值 19.12cm。层次发育不明显，剖面构型为 Aa - Ap - C，土壤质地中壤至重黏，粒状或小块状结构，耕层常夹有母岩风化碎片。土壤 pH 4.71～7.55，平均值 6.05；有机质 14.90～81.44g/kg，平均值 34.56g/kg；全氮 0.86～3.82g/kg，平均值 1.97g/kg；碱解氮 48.00～326.00mg/kg，平均值 168.25mg/kg；有效磷 1.60～75.00mg/kg，平均值 21.72mg/kg；缓效钾 68.00～586.87mg/kg，平均值 221.52mg/kg；速效钾 40.00～331.00mg/kg，平均值 138.02mg/kg。淹育黄泥田生产性能差，多是缺水的高塝田，部分地方因水源得不到保障易受干旱影响，作物产量不高。

3. 淹育大土泥田

汇川区淹育大土泥田面积 1 229.69hm²，占汇川区淹育型水稻土面积的 58.98%。成土母质为石灰岩、白云质灰岩、白云岩、燧石灰岩和泥灰岩风化坡积和残积物。分布区域和面积：毛石镇 186.92hm²、山盆镇 257.12hm²、芝麻镇 27.38hm²、松林镇 89.75hm²、沙湾镇 200.55hm²、团泽镇 18.35hm²、板桥镇 89.57hm²、泗渡镇 147.80hm²、高坪街道办事处 24.89hm²、董公寺街道办事处 175.46hm²、高桥街道办事处 11.90hm²。根据土壤属性分为 5 个土种，大粉砂田、大土黄泥田、粉砂田、死胶泥田、小土黄泥田，面积分别为 125.55hm²、81.59hm²、876.71hm²、144.26hm²、1.58hm²。

淹育大土泥田耕层浅、土层薄，土体厚度 60～70cm，平均值 60.71cm，耕层厚度 13～30cm，平均值 19.19cm。土壤质地沙壤至重黏，耕层小块状结构。土壤养分含量不高，速效养分缺乏，pH 7.5～8.10，平均值 7.76；有机质 3.90～88.20g/kg，平均值 29.57g/kg；全氮 0.97～3.82g/kg，平均值 1.87g/kg；碱解氮 22.00～333.75mg/kg，平均值 151.34mg/kg；有效磷 4.20～67.90mg/kg，平均值 22.80mg/kg；缓效钾 24.00～557.00mg/kg，平均值 184.30mg/kg；速效钾 38.00～481.00mg/kg，平均值 137.64mg/kg。除死胶泥田外，一般耕作容易，因耕层内含有母岩碎屑，群众称为火石砂田。

4. 淹育紫泥田

汇川区淹育紫泥田面积 55.08hm²，占汇川区淹育型水稻土面积的 2.64%。成土母质为酸性紫色页岩、中性或钙质紫色砂页岩、紫色泥岩风化坡积和残积物。分布区域和面积为：山盆镇 30.51hm²、沙湾镇 16.48hm²、董公寺街道办事处 4.55hm²、高桥街道办事处 3.55hm²。依据土壤属性分为浅紫泥田和浅紫胶泥田，面积分别为 32.80hm²、22.28hm²。

浅紫泥田土壤质地重壤至重黏，土壤层次发育不明显，耕层厚平均 19.37cm。一般土壤养分缺乏，尤其是全氮、有效磷和速效钾含量不高，pH4.80～7.20，平均值 5.77；有机质 14.07～57.45g/kg，平均值 28.48g/kg；全氮 1.33～3.13g/kg，平均值 1.83g/kg；碱解氮 132.00～324.50mg/kg，平均值 195.84mg/kg；有效磷 14.13～28.70mg/kg，平均值 21.58mg/kg；缓效钾 110.00～305.00mg/kg，平均值 176.46mg/kg；速效钾 76.00～217.00mg/kg，平均值 122.20mg/kg。土壤抗旱能力不强，生产条件不好，作物产量不高。

（二）渗育型水稻土

汇川区渗育型水稻土面积 6 950.93hm²，占汇川区水稻土面积的 63.32%。汇川区各镇（街道办事处）都有分布，各镇（街道办事处）渗育型水稻面积、比例见表 2-12。渗育型水稻土一般分布在水源相对较好的丘陵、盆地、垄岗槽谷地以及河谷阶地中上部位，排灌基本能满足水稻的生产需求。土层深厚，水耕时间长，熟化程度比淹育水稻土高，土壤层次发育明显，剖面构型为 Aa-Ap-P-C，耕层下犁底层较厚，托水托肥性较好，心土层淋溶淀积作用明显，渗育层发育显著。pH 4.50～8.10，平均值 6.92；有机质 3.90～88.50g/kg，平均值 31.66g/kg；全氮 0.83～4.01g/kg，平均值 1.92g/kg；碱解氮 20.00～350.00mg/kg，平均值 165.35mg/kg；有效磷 3.50～73.80mg/kg，平均值 21.96mg/kg；缓效钾 36.00～683.00mg/kg，平均值 198.63mg/kg；速效钾 23.00～454.00mg/kg，平均值 131.42mg/kg。

表 2 - 12 渗育型水稻土分布区域、面积和比例

镇 （街道办事处）	面积 （hm²）	占渗育水稻土 比例（%）	占行政区划水稻 土面积比例（%）
毛石镇	321.59	4.63	41.00
山盆镇	774.58	11.14	62.43
芝麻镇	100.51	1.44	68.97
松林镇	423.86	6.10	61.71
沙湾镇	498.48	7.17	53.22
团泽镇	1 855.96	26.70	77.52
板桥镇	628.52	9.04	80.49
泗渡镇	644.69	9.28	49.70
高坪街道办事处	1 684.66	24.24	79.80
董公寺街道办事处	15.93	0.23	3.03
高桥街道办事处	2.15	0.03	2.93
合计	6 950.93	100.00	63.32

根据成土母质及属性分为潮泥田、黄泥田、大土泥田、紫泥田 4 个土属，面积分别为 44.74hm²、2 795.17hm²、3 647.28hm²、463.74hm²。

1. 潮泥田

汇川区潮泥田面积 44.74hm²，占汇川区渗育型水稻土面积的 0.65%。成土母质为溪、河流冲积物。分布区域和面积：松林镇 34.31hm²、高坪街道办事处 8.28hm²、高桥街道办事处 2.15hm²。该土属分为 2 个土种，潮砂泥田和黄潮泥田，面积分别为 34.31hm² 和 10.43hm²。潮泥田土属分布于河流、溪流两侧，水源条件好，干旱时水源能得到保证。由于地下水位高，有返潮回润特点，抗旱能力强；土壤 pH 5.40～7.00，平均值 5.85；有机质 24.31～50.90g/kg，平均值 36.10g/kg；全氮 1.54～2.71g/kg，平均值 2.05g/kg；碱解氮 144.31～292.00mg/kg，平均值 220.33mg/kg；有效磷 16.50～25.93mg/kg，平均值 19.16mg/kg；缓效钾 177.00～194.72mg/kg，平均值 157.46mg/kg；速效钾 86.00～206.98mg/kg，平均值 119.80mg/kg。该土属土壤结构好，宜耕期长，易于耕种，宜种性广；犁底层发育好，保水保肥能力强，离河流和溪流近的地方土壤质地偏沙，土体厚度相对较薄。

2. 黄泥田

汇川区黄泥田面积 2 795.17hm²，占汇川区渗育型水稻土面积的 40.21%。成土母质为碳质页岩、砂页岩、灰绿色或青灰色页岩、老风化壳、黏土岩、泥页岩和板岩坡积残积物。分布区域和面积：毛石镇 148.75hm²、山盆镇 340.02hm²、芝麻镇 23.08hm²、松林镇 244.78hm²、沙湾镇 199.21hm²、团泽镇 604.81hm²、板桥镇 93.93hm²、泗渡镇 133.24hm²、高坪街道办事处 991.42hm²、董公寺街道办事处 15.93hm²。根据土壤属性，分为 7 个土种，扁砂泥田、豆面泥田、黄泥田、黄泡泥田、黄砂泥田、煤泥田、黏底砂泥田，面积分别为 143.29hm²、707.78hm²、225.66hm²、906.40hm²、291.46hm²、54.33hm²、466.25hm²。

黄泥田土属土层发育明显，淋溶淀积作用显著，质地轻壤至重壤，小块状和粒状结

构，土体厚 50～90cm，平均值 79.42cm；耕层厚 13～30cm，平均值 18.95cm。pH 4.90～7.55，平均值 6.12；有机质 5.20～78.10g/kg，平均值 31.92g/kg；全氮 1.00～3.96g/kg，平均值 1.94g/kg；碱解氮 62.00～350.00mg/kg，平均值 166.36mg/kg；有效磷 3.50～60.60mg/kg，平均值 21.61mg/kg；缓效钾 40.00～666.00mg/kg，平均值 198.39mg/kg；速效钾 23.00～454.00mg/kg，平均值 133.38mg/kg。该土属保水保肥能力强，耕性好，宜耕期长，宜种性广。

3. 大土泥田

汇川区大土泥田面积 3 647.28hm²，占汇川区渗育型水稻土面积的 52.47%。成土母质为白云岩、石灰岩、白云灰岩、泥灰岩和燧石灰岩坡积残积物。分布区域和面积：毛石镇 172.84hm²、山盆镇 247.97hm²、芝麻镇 69.10hm²、松林镇 144.78hm²、沙湾镇 254.95hm²、团泽镇 1 147.02hm²、板桥镇 513.98hm²、泗渡镇 445.32hm²、高坪街道办事处 651.32hm²。根据成土母质的差异和土壤属性，分为 5 个土种：大粉砂泥田、大土泥田、粉砂泥田、黄胶泥田、黏底粉砂泥田，面积分别为 326.86hm²、872.82hm²、1 997.44hm²、148.86hm²、301.30hm²。

大土泥田土属土壤结构好，耕层小块状结构，质地沙壤至重黏，层次发育明显，犁底层黏粒沉积多，托水托肥性好；养分含量高，供肥及缓冲性较好，pH 7.50～8.10，平均值 7.76；有机质 3.90～88.50g/kg，平均值 31.39g/kg；全氮 0.83～4.01g/kg，平均值 1.92g/kg；碱解氮 20.00～340.00mg/kg，平均值 160.31mg/kg；有效磷 4.50～73.80mg/kg，平均值 22.51mg/kg；缓效钾 39.00～683.00mg/kg，平均值 204.96mg/kg；速效钾 38.00～454.00mg/kg，平均值 132.54mg/kg；宜耕期长，易于耕种，供水难度不大，宜种性广。

4. 紫泥田

汇川区紫泥田面积 463.74hm²，占汇川区渗育型水稻土面积的 6.67%。成土母质为酸性紫色页岩、中性或钙质紫色砂页岩、紫红色砂页岩、紫色泥页岩坡积残积物。分布区域和面积：山盆镇 186.60hm²、芝麻镇 8.32hm²、沙湾镇 44.32hm²、团泽镇 104.12hm²、板桥镇 20.61hm²、泗渡镇 66.13hm²、高坪街道办事处 33.64hm²。根据成土母质和土壤性质差异的特点，分为 3 个土种：血泥田、紫胶泥田、紫泥田，面积分别为 88.48hm²、81.66hm²、293.60hm²。

紫泥田土体厚平均 75.71cm 左右，耕层厚 18.89cm，层次发育明显，质地一般偏黏，土壤结构差，尤其是紫胶泥田黏重结实，结构差，耕作难度大，干时坚硬难耕，湿时黏铧。土壤养分普遍不高，pH 4.50～7.80，平均值 5.96；有机质 8.40～76.40g/kg，平均值 31.54g/kg；全氮 0.96～3.04g/kg，平均值 1.78g/kg；碱解氮 87.00～268.83mg/kg，平均值 184.94mg/kg；有效磷 9.90～40.50mg/kg，平均值 20.70mg/kg；缓效钾 36.00～592.00mg/kg，平均值 166.03mg/kg；速效钾 23.00～258.00mg/kg，平均值 116.05mg/kg。所处海拔一般都较低，雨热同季，宜种性广，保肥供肥及缓冲性较好。

（三）潴育型水稻土

汇川区潴育型水稻土面积 1 374.97hm²，占汇川区水稻土面积的 12.53%。分布区域和面积：毛石镇 156.50hm²、山盆镇 88.31hm²、芝麻镇 11.91hm²、松林镇 35.24hm²、沙湾镇 166.39hm²、团泽镇 377.49hm²、泗渡镇 368.58hm²、高坪街道办事处 109.05hm²、董公寺街道办事处 56.24hm²、高桥街道办事处 5.26hm²。

潴育型水稻土一般分布在盆坝、开阔槽谷和缓坡丘陵地带，河流沿岸、离村寨近和耕种方便的地方，排灌条件好。由于耕种时间长，土体层次发育明显，土壤剖面构型为 A－Ap－W－C，土体厚平均 97.13cm。土壤 pH 4.90～8.05，平均值 6.30；有机质 10.80～59.00g/kg，平均值 34.25g/kg；全氮 1.05～3.15g/kg，平均值 1.84g/kg；碱解氮 67.00～274.00mg/kg，平均值 149.78mg/kg；有效磷 6.90～50.50mg/kg，平均值 21.37mg/kg；缓效钾 48.00～503.00mg/kg，平均值 254.43mg/kg；速效钾 49.00～407.00mg/kg，平均值 141.48mg/kg。土壤质地和结构好，保肥供肥及缓冲性都较强，多为一年两熟或者一年三熟，是产量较高的土壤类型。

根据成土母质类型及属性的不同，分为潴育潮泥田、潴育黄泥田、潴育大眼泥田、潴育紫油泥田 4 个土属。

1. 潴育潮泥田

汇川区潴育潮泥田面积 8.13hm²，占汇川区潴育型水稻土面积的 0.59%，面积较小。成土母质为河流沉积物。分布在董公寺街道办事处，只划分潮油泥田 1 个土种。

潴育潮泥田分布于河流阶地，所处地势平坦，具有良好的水热条件，灌溉能得到保证，抗旱能力强；土体厚平均 100cm 左右，耕层厚平均 20.00cm 左右，土壤层次发育明显，心土层具有明显的潴育特征，犁底层发育好，保水保肥能力强；土壤质地轻壤，养分含量高，pH 5.70；有机质 44.20g/kg；全氮 2.48g/kg；碱解氮 228.00mg/kg；有效磷 20.70mg/kg；缓效钾 113.00mg/kg；速效钾 79.00mg/kg。宜耕期长，耕种方便，宜种性广，作物产量较高。

2. 潴育黄泥田

汇川区潴育黄泥田面积 511.85hm²，占汇川区潴育型水稻土面积的 37.23%。成土母质为灰绿色或青灰色页岩、老风化壳、页岩、泥页岩、砂页岩坡积残积物。分布区域和面积：毛石镇 156.50hm²、山盆镇 63.61hm²、芝麻镇 10.31hm²、松林镇 33.04hm²、沙湾镇 136.61hm²、团泽镇 59.80hm²、泗渡镇 20.47hm²、高坪街道办事处 10.03hm²、董公寺街道办事处 18.05hm²、高桥街道办事处 3.43hm²。根据土壤属性分为 5 个土种：扁油砂泥田、大眼黄泥田、暗豆面泥田、黄油砂泥田、小粉油泥田，面积分别为 69.22hm²、12.02hm²、177.19hm²、28.38hm²、225.04hm²。

潴育黄泥田层次发育明显，潴育层明显可见，土层平均厚 96.54cm，耕层平均厚 18.71cm；除砂页岩发育的土壤外其他土壤质地偏黏，土壤结构好，耕性好，宜耕期长，易种性广；土壤 pH 4.90～7.50，平均值 6.27；有机质 10.80～59.00g/kg，平均值 32.31g/kg；全氮 1.05～3.15g/kg，平均值 1.85g/kg；碱解氮 67.00～274.00mg/kg，平均值 147.40mg/kg；有效磷 9.60～50.50mg/kg，平均值 21.76mg/kg；缓效钾 48.00～503.00mg/kg，平均值 257.97mg/kg；速效钾 49.00～407.00mg/kg，平均值 134.29mg/kg；所处地形平缓，抗旱能力和保水保肥能力强，水热条件好，耕种方便。

3. 潴育大眼泥田

汇川区潴育大眼泥田面积 793.28hm²，占汇川区潴育型水稻土面积的 57.69%。成土母质为白云灰岩、白云岩、泥质白云岩、石灰岩坡积残积物。分布区域和面积：团泽镇 317.69hm²、泗渡镇 348.12hm²、高坪街道办事处 99.02hm²、董公寺街道办事处 26.63hm²、高桥街道办事处 1.82hm²。根据土壤属性分为 4 个土种：大眼泥田、粉油泥田、油泥田、灰油泥田，面积分别为 0.91hm²、8.97hm²、18.57hm²、764.83hm²。

潴育大眼泥田分布于水源条件好、耕作技术水平高、水肥条件好的坝地或开阔槽地；土层一般较厚，平均 100.00cm，层次发育明显，耕层 20.84cm 左右；质地轻黏和中黏，结构好，质地适中，粒状或小块状结构；水、气、热、肥协调，土壤保水保肥能力强，宜耕性好，宜种范围广；土壤 pH 7.60～8.05，平均值 7.80；有机质 24.30～57.87g/kg，平均值 38.80g/kg；全氮 1.62～2.65g/kg，平均值 2.16g/kg；碱解氮 131.76～260.00mg/kg，平均值 188.89mg/kg；有效磷 6.90～44.30mg/kg，平均值 24.50mg/kg；缓效钾 154.00～492.00mg/kg，平均值 266.35mg/kg；速效钾 80.00～218.00mg/kg，平均值 140.44mg/kg。

4. 潴育紫油泥田

汇川区潴育紫油泥田面积 61.71hm²，占汇川区潴育型水稻土面积的 4.49%。成土母质为中性或钙质紫色页岩坡积残积物。主要分布于水源条件好，耕作水平高的开阔槽地及村寨附近，具体分布区域和面积为：山盆镇 24.69hm²、芝麻镇 1.60hm²、松林镇 2.20hm²、沙湾镇 29.78hm²、董公寺街道办事处 3.44hm²。紫油泥田土属只划分紫油泥田 1 个土种。

潴育紫油泥田保水保肥能力强，抗旱能力强，土壤缓冲性能好，土体厚 100.00cm 左右，耕层质地一般偏黏，团粒或小块状结构，疏松；土壤养分丰富，肥力高，pH 5.00～7.45，平均值 5.74；有机质 29.37～53.10g/kg，平均值 46.47g/kg；全氮 1.33～2.25g/kg，平均值 1.63g/kg；碱解氮 95.00～264.50mg/kg，平均值 144.40mg/kg；有效磷 15.10～25.35mg/kg，平均值 16.64mg/kg；缓效钾 93.00～486.00mg/kg，平均值 224.85mg/kg；速效钾 133.00～303.00mg/kg，平均值 200.03mg/kg；土壤供肥均衡，宜种性广，作物产量高。

（四）潜育型水稻土

汇川区潜育型水稻土面积 40.60hm²，占汇川区水稻土面积的 0.37%，面积较小。成土母质为湖沼沉积物、泥岩或页岩残积物、石灰岩残积物。分布在高坪街道办事处和董公寺街道办事处，面积分别为 8.40hm² 和 32.20hm²。

潜育型水稻土主要分布在地势低洼、排水不良的地段，地表及土壤长期被水浸泡，地下水位高，土壤处于水分饱和状态，铁、猛等被强烈还原，形成灰、青、黑的还原层（G），剖面构型为 Aa-Ap-G-C、Aa-G-Pw、M-G-Wg-C。部分田有冷浸水出露，具有明显的有机质积累和潜育化作用，土体具有明显的潜育特征。这类水稻土以冷、滥为主要特点，一般结构不良，含有毒物质，有机质含量高，因微生物活动弱，养分释放慢，有效养分含量少。

根据成土母质及土壤属性分为烂泥田、冷浸田、鸭屎泥田 3 个土属，面积分别为 6.65hm²、26.51hm²、7.44hm²。

1. 烂泥田

汇川区烂泥田面积 6.65hm²，占汇川区潜育型水稻土亚类面积的 16.38%。成土母质为湖沼沉积物。分布在董公寺街道办事处，只划分浅脚烂泥田 1 个土种。

烂泥田分布于丘陵盆坝低洼地，一般无落水洞而有泉眼，四周山地流水向洼地集中后不能排走，致使土壤长期渍水，形成深厚的烂泥层。由于长期渍水，潜育化程度高，耕层糊滥，泥脚深。土粒分散，无结构，犁底层不明显，耕犁困难，耕牛或机具下陷，一般都是人工挖，费工多。土壤 pH 5.40～5.55，平均值 5.50；有机质 40.04～47.95g/kg，平均值 42.68g/kg；全氮 1.99～2.15g/kg，平均值 2.04g/kg；碱解氮 152.00～159.90mg/kg，平均值 157.27mg/kg；有效磷 13.10～27.59mg/kg，平均值 22.76mg/kg；缓效钾 109.00～194.70mg/kg，平均值 166.13mg/kg；速效钾 129.40～139.00mg/kg，平均值 132.60mg/kg。土壤通气不良，微生物活动弱，有机质在还原条件下分解，积累大量有机酸、硫化氢和还原铁引起水稻受害，烂、冷、毒是生产上的主要障碍。

2. 冷浸田

汇川区冷浸田面积 26.51hm²，占汇川区潜育型水稻土面积的 65.30%。成土母质为湖沼沉积物、泥岩或页岩残积物。主要分布在山脚、夹沟有地下潜水或冷泉涌出的地方，分布在高坪街道办事处和董公寺街道办事处，面积分别为 8.40hm² 和 18.11hm²。根据土壤属性和成土母质，分为冷扁砂田、青豆面泥田、青粉泥田 3 个土种，面积分别为：3.07hm²、15.27hm²、8.17hm²。

冷浸田由于多处于阴山夹沟，受冷泉水的影响，水土温低，有碍于土壤微生物的活动，冷、毒是生产上的主要障碍因素；作物因水、土温低，根系吸收能力弱，加上有效养分低和还原性物质的危害，作物产量低；土壤 pH 5.38～6.80，平均值 6.01；有机质 39.70～51.30g/kg，平均值 43.02g/kg；全氮 2.06～2.77g/kg，平均值 2.38g/kg；碱解氮 177.00～229.00mg/kg，平均值 201.40mg/kg；有效磷 11.20～69.30mg/kg，平均值 34.05mg/kg；缓效钾 131.00～221.00mg/kg，平均值 178.68mg/kg；速效钾 111.00～370.00mg/kg，平均值 214.15mg/kg。

3. 鸭屎泥田

汇川区鸭屎泥田面积 7.44hm²，占汇川区潜育型水稻土面积的 18.32%，面积较小。成土母质为石灰岩坡积残积物。分布在董公寺街道办事处，只划分干鸭屎泥田 1 个土种。

鸭屎泥田在长期排水不畅或长期泡冬条件下形成的潜育型水稻土，土壤质地重黏，耕层小块状结构，干后土质胶结紧实，灌水后耕犁不化块，多形成外糊内干的泥团，似鸭屎状，故称为鸭屎泥田。土体失水后收缩性大，易结块，板结，土壤耕性差，耕耙难度大。土壤通气不良，增温慢，土性冷，有机质在厌氧条件下分解，形成还原性有毒物质多，有效含量低。土体平均厚 60.00cm，耕层厚 20.00cm 左右，土壤 pH 7.60～7.85，平均值 7.73；有机质 25.30～42.15g/kg，平均值 33.73g/kg；全氮 1.53～2.27g/kg，平均值 1.90g/kg；碱解氮 105.00～164.00mg/kg，平均值 134.50mg/kg；有效磷 12.80～17.80mg/kg，平均值 15.30mg/kg；缓效钾 382.00～427.50mg/kg，平均值 404.75mg/kg；速效钾 103.00～180.00mg/kg，平均值 141.50mg/kg。

（五）漂洗型水稻土

汇川区漂洗型水稻土面积 526.29hm²，占汇川区水稻土面积的 4.79%，面积较小。成土母质为砂岩、砂页岩坡积残积物。汇川区分布区域和面积：毛石镇 55.04hm²、山盆镇 78.91hm²、松林镇 24.67hm²、沙湾镇 50.05hm²、团泽镇 41.72hm²、板桥镇 43.72hm²、泗渡镇 114.10hm²、高坪街道办事处 111.08hm²、董公寺街道办事处 5.58hm²、高桥街道办事处 1.42hm²。

漂洗型水稻土多分布于丘陵和盆坝边缘的高阶地上，由于受地形条件的影响，水分下渗和侧渗作用强烈，土壤中的铁、锰等物质遭受大量淋洗，土体呈现明显的白色漂洗层（E）。剖面构型为 Aa－Ap－E、Ae－APe－E。耕层 pH4.80～7.50，平均值 6.58；有机质 11.90～75.75g/kg，平均值 36.94g/kg；全氮 1.03～3.30g/kg，平均值 1.90g/kg；碱解氮 83.00～280.00mg/kg，平均值 166.39mg/kg；有效磷 6.00～70.10mg/kg，平均值 25.15mg/kg；缓效钾 41.00～660.00mg/kg，平均值 238.50mg/kg；速效钾 20.00～496.00mg/kg，平均值 139.76mg/kg。漂洗层由于漂洗过程养分流失，养分含量低，结构不良，质地偏黏；影响作物正常生长的障碍层次，直接影响到作物产量的提高；如果漂洗层位置高，更影响作物的生长发育和产量。该亚类属于汇川区的低产田。

漂洗型水稻土根据成土母质及土壤属性划分为白砂泥田、白鳝泥田 2 个土属，面积分别为 395.65hm²、130.64hm²。

1. 白砂泥田

汇川区白砂泥田面积 395.65hm²，占汇川区漂洗水稻土面积的 75.18%。成土母质砂岩坡残物。分布区域和面积为：山盆镇 78.03hm²、团泽镇 41.72hm²、板桥镇 43.72hm²、泗渡镇 114.10hm²、高坪街道办事处 111.08hm²、董公寺街道办事处 5.58hm²、高桥街道办事处 1.42hm²。该土属划分 4 个土种，熟白砂泥田、轻白砂泥田、中白砂泥田、重白砂泥田，面积分别为 4.43hm²、23.86hm²、314.34hm²、53.02hm²。

该土属分布于丘陵缓坡坡麓及槽谷部位，土体薄，平均 40.00cm，剖面发生层次明显，剖面构型为 Aa－Ap－E；耕层受漂洗层的影响，多呈灰色，浅灰色，质地沙壤至中壤，小块状结构；耕作省力，宜耕期长，翻坯差，水耕不宜多耙，否则易淀浆板结；通透性强，犁底层发育差，保水保肥能力差，pH 4.80～7.50，平均值 6.61；有机质 11.90～75.75g/kg，平均值 33.53g/kg；全氮 1.03～3.30g/kg，平均值 1.90g/kg；碱解氮 110.00～270.15mg/kg，平均值 190.09mg/kg；有效磷 6.00～70.10mg/kg，平均值 26.42mg/kg；缓效钾 48.00～660.00mg/kg，平均值 231.23mg/kg；速效钾 20.00～496.00mg/kg，平均值 139.41mg/kg。

2. 白鳝泥田

汇川区白鳝泥田面积 130.64hm²，占汇川区漂洗水稻土面积的 24.82%。成土母质为砂页岩坡积残积物。分布区域和面积为：毛石镇 55.04hm²、沙湾镇 50.05hm²、山盆镇 0.88hm²、松林镇 24.67hm²。根据土壤属性划分为 2 个土种，灰豆面泥田和灰土泥田，面积分别为 13.07hm² 和 117.57hm²。

白鳝泥田分布于丘陵坡麓、盆坝阶地，受侧渗或下渗水流的淋洗作用，在耕层下出现漂洗层，漂洗层位高的影响作物根系的正常生长发育。剖面发生层次明显，耕层灰黄-暗灰黄色，小块状结构，质地轻黏、中黏；土体厚60.00cm，耕层平均18.41cm，结构不良，耕耙易淀浆板结，耐旱能力弱，保水保肥能力不强；土壤胶体性质差，pH 5.00～7.30，平均值6.57；有机质25.80～55.00g/kg，平均值38.72g/kg；全氮1.43～2.58g/kg，平均值1.90g/kg；碱解氮83.00～280.00mg/kg，平均值154.05mg/kg；有效磷10.80～61.20mg/kg，平均值24.48mg/kg；缓效钾41.00～486.00mg/kg，平均值242.29mg/kg；速效钾67.00～407.00mg/kg，平均值139.94mg/kg。

四、紫色土

紫色土是汇川区主要的岩成土，面积3 006.48hm²，占汇川区耕地面积的7.37%，占旱耕地面积的10.08%。紫色土一般呈条带状与石灰土、黄壤交错分布，汇川区各镇（街道办事处）面积为：山盆镇748.56hm²、芝麻镇412.34hm²、松林镇219.15hm²、沙湾镇317.85hm²、团泽镇62.28hm²、板桥镇388.76hm²、泗渡镇399.47hm²、高坪街道办事处243.77hm²、董公寺街道办事处22.21hm²、高桥街道办事处192.09hm²。紫色土的形成，主要表现为母岩的快速物理崩解和频繁的侵蚀堆积作用，以及碳酸钙的不断淋失，而生物累积作用则较弱。因此，紫色土虽然处于湿热气候条件下，但是却一直停留于幼年土的发育阶段。

汇川区紫色土成土母质为钙质紫色页岩和砾岩、酸性紫红色泥岩和页岩以及砂页岩、紫红色砂页岩、紫色砂岩和砾岩、紫色泥岩、棕紫色页岩坡积残积物。不同时代的紫色岩类由于沉积时间和沉积环境不同，岩性差异很大，所以不同类型的紫色土理化性状和生产力不一样。紫色砂性母岩风化发育的紫色土质地较轻，透水、通气性好，盐基遭到淋洗后，多呈酸性。紫色泥页岩风化物发育的紫色土，质地偏黏、通透性差，盐基不易淋洗，多呈中性或微碱性。紫色土pH 4.50～8.77，平均值6.58；有机质2.90～71.10g/kg，平均值33.30g/kg；全氮0.96～3.05g/kg，平均值1.84g/kg；碱解氮60.00～328.00mg/kg，平均值171.57mg/kg；有效磷5.70～54.70mg/kg，平均值24.26mg/kg；缓效钾36.00～710.00mg/kg，平均值189.06mg/kg；速效钾25.00～498.00mg/kg，平均值127.04mg/kg。

地形条件也强烈影响着紫色土的形成和性状，在岩层倾斜大和坡度陡的部位，易受侵蚀，土层薄、发育弱，土体中含大量半风化母岩碎片；在坡度平缓的地段，土层较厚，利用率高。由于地形条件不同，引起的水土再分配，物质的移动、堆积，直接导致紫色土的组合、分布及性状都不一致。

紫色土由于母岩矿物成分复杂，颜色深，岩体吸热能力强，在冷热干湿交替作用下，以物理风化为主，崩解作用进行较快，加之土壤疏松，侵蚀强烈，使土体更替、堆积作用频繁，成土迅速，土壤中夹半风化母岩碎屑多，剖面层次发育不明显，土体构型为A-C、A-BC-C、A-B-C，矿物风化度低，土体中含有一定量的长石、云母等原生矿物。在成土过程中，虽然土壤中盐基元素和碳酸钙的淋失作用强烈，但成土母质的不断更新或堆积，阻止和延缓了土壤的正常发育，让紫色土长常处于相对幼年阶段。

　　根据紫色土的成土条件和土壤属性将紫色土划分为钙质紫色土、中性紫色土和酸性紫色土3个亚类。

(一)钙质紫色土

　　钙质紫色土成土母质为钙质紫色泥页岩、砾岩风化坡积残积物。汇川区钙质紫色土面积 385.14hm²，占汇川区紫色土土类面积的 12.81%。分布区域和面积：山盆镇158.72hm²、松林镇95.93hm²、团泽镇45.12hm²、董公寺街道办事处4.92hm²、高桥街道办事处80.45hm²。钙质紫色土亚类只划分钙质紫泥土1个土属，钙质羊肝土和钙质紫泥土2个土种，面积分别为59.97hm²、325.17hm²。

　　钙质紫色土在成土过程中，由于成土时间短，矿物风化度低，土壤颜色与母岩颜色一致。土体多夹半风化母岩碎屑，土壤发生层次不明显，由于淋溶作用轻，有石灰反应，土壤pH 7.53～8.77，平均值7.76；受地形的影响，土层厚薄不一，土体厚 50.00～70.00cm，平均值67.30cm，耕层厚 16.00～22.00cm，平均值18.87cm，耕作层一般粒状结构，土壤质地偏黏，保水保肥能力也强；土壤中的原生矿物含量高，矿物养分丰富，有机质13.90～71.10g/kg，平均值36.80g/kg；全氮 0.99～2.48g/kg，平均值1.53g/kg；碱解氮116.00～265.00mg/kg，平均值180.70mg/kg；有效磷14.50～40.10mg/kg，平均值23.32mg/kg；缓效钾66.00～323.83mg/kg，平均值155.63mg/kg；速效钾55.00～157.00mg/kg，平均值105.97mg/kg。

(二)中性紫色土

　　中性紫色土成土母质为紫红色砂页岩、紫色砂岩和砾岩、紫色泥岩、棕紫色页岩坡积残积物，汇川区中性紫色土面积2 057.73hm²，占汇川区紫色土土类面积的68.44%。分布区域和面积：山盆镇378.87hm²、芝麻镇412.34hm²、松林镇123.23hm²、沙湾镇171.87hm²、团泽镇17.15hm²、板桥镇303.65hm²、泗渡镇392.72hm²、高坪街道办事处161.89hm²、董公寺街道办事处13.15hm²、高桥街道办事处82.86hm²。中性紫色土只划分中性紫泥土1个土属，中性羊肝土、中性紫胶泥土、中性紫泥土、中性紫油泥土4个土种，面积分别为998.38hm²、7.12hm²、1 036.55hm²、15.68hm²。

　　中性紫色土在成土过程中，母岩中的碳酸钙及盐基物质淋溶作用相对不强，全剖面石灰反应弱或者无，pH在 6.50～7.50，平均值6.79。由于成土时间短，矿物风化度低，黏粒以蒙脱石、水云母为主。土体中常夹有半风化母岩碎屑，发生层次不明显，土体厚70.00～90.00cm，平均值76.94cm，耕层厚15.00～22.86cm，平均值18.66cm，耕层质地重壤至重黏，粒状结构，灰紫色或紫色。有机质18.30～68.68g/kg，平均值32.86g/kg；全氮 1.23～2.77g/kg，平均值1.91g/kg；碱解氮76.00～328.00mg/kg，平均值166.97mg/kg；有效磷 5.70～54.70mg/kg，平均值23.62mg/kg；缓效钾36.00～710.00mg/kg，平均值199.38mg/kg；速效钾34.00～304.00mg/kg，平均值126.86mg/kg。

(三)酸性紫色土

　　酸性紫色土成土母质为酸性紫红色粉砂页岩、泥岩、页岩、砾岩坡残积物，汇川区酸性紫色土面积 563.61hm², 占汇川区紫色土土类面积的 18.75%。分布区域和面积：山盆镇 210.98hm²、沙湾镇 145.99hm²、板桥镇 85.10hm²、泗渡镇 6.75hm²、高坪街道办事处 81.88hm²、董公寺街道办事处 4.14hm²、高桥街道办事处 28.77hm²。酸性紫色土只划分酸性紫泥土 1 个土属，酸性死胶泥土、酸性紫泥土、酸性紫油泥土 3 个土种，面积分别为 103.31hm²、412.05hm²、48.25hm²。

酸性紫色土母岩不含碳酸钙，盐基元素含量低，土壤形成进行酸性淋溶过程，全剖面无石灰反应，pH 4.50~5.97，平均值 5.50，土壤养分含量不高，由于成土时间短，发生层次不明显，剖面构型多为 A－C。酸性紫色土质地黏重，耕层较紧，通透性和耕性差，宜耕期短，土壤保水保肥能力好，土壤有机质 2.90~68.60g/kg，平均值 32.47g/kg；全氮 0.96 ~ 3.05g/kg，平均值 1.84g/kg；碱解氮 60.00 ~ 274.00mg/kg，平均值 177.22mg/kg；有效磷 7.10 ~ 52.20mg/kg，平均值 26.19mg/kg；缓效钾 51.00 ~ 536.00mg/kg，平均值 183.09mg/kg；速效钾 25.00 ~ 498.00mg/kg，平均值 138.38mg/kg。

五、粗骨土

汇川区粗骨土面积 1 160.36hm²，占汇川区耕地面积的 2.84%，占汇川区旱耕地面积的 3.89%。分布区域和面积为：毛石镇 2.91hm²、山盆镇 8.67hm²、芝麻镇 76.11hm²、松林镇 140.90hm²、沙湾镇 107.74hm²、团泽镇 66.46hm²、板桥镇 41.41hm²、泗渡镇 131.55hm²、高坪街道办事处 251.67hm²、董公寺街道办事处 288.06hm²、高桥街道办事处 44.88hm²。

粗骨土成土母质为白云岩、白云灰岩、硅质灰岩、钙质砾岩、砂岩、砂页岩、板岩、页岩坡积残积物。与本区域黄壤、石灰土呈复区分布，具有相似的生物气候条件。因所处地形坡度大，土壤侵蚀严重。土壤发育程度不深，发生层次不明显，土层浅薄，平均 59.07cm，土体中含有较多的母岩碎屑，所以称为粗骨土。多见于低山和中山的坡地或山脊地段，呈片状零星分布。粗骨土剖面构型为 A－C、A－AC－C、A－BC－C，在浅薄的 A 层下，为厚薄不同的半风化母岩松散碎屑层。土层厚薄及形态特征受母质类型的影响很大，具有明显的母质特征。由于所处地形坡度大，土壤侵蚀严重，冲刷严重，土壤中黏粒流失，土体中残留母岩碎片和石砾多，通透性良好，矿质养分的含量相对较高，但是氮、磷、钾含量都不高，土壤 pH 4.10~7.92，平均值 5.57；有机质 8.70~67.00g/kg，平均值 32.34g/kg；全氮 0.91~2.90g/kg，平均值 1.90g/kg；碱解氮 62.00~256.00mg/kg，平均值 160.09mg/kg；有效磷 4.20~78.10mg/kg，平均值 28.18mg/kg；缓效钾 56.00~872.00mg/kg，平均值 219.23mg/kg；速效钾 55.00 ~ 380.00mg/kg，平均值 130.93mg/kg。

根据粗骨土的成土条件和土壤属性，将粗土土类划分为酸性粗骨土和钙质粗骨土 2 个亚类。

（一）酸性粗骨土

酸性粗骨土成土母质为砂岩、砂页岩、板岩、页岩、石灰岩和白云岩坡积残积物。汇川区酸性粗骨土面积 1 140.96hm²，占汇区川粗骨土土类面积的 98.33％。分布区域和面积为：毛石镇 2.91hm²、山盆镇 8.67hm²、芝麻镇 76.11hm²、松林镇 140.90hm²、沙湾镇 107.74hm²、团泽镇 66.46hm²、板桥镇 40.67hm²、泗渡镇 131.55hm²、高坪街道办事处 251.67hm²、董公寺街道办事处 285.05hm²、高桥街道办事处 29.23hm²。酸性粗骨土亚类包括硅铁质黄壤性粗骨土、硅质黄壤性粗骨土、硅铝质黄壤性粗骨土、铁铝质黄壤性粗骨土 4 个土属，面积分别为 12.59hm²、4.86hm²、307.35hm²、816.16hm²。

酸性粗骨土土层浅薄，耕层厚 13.00～30.00cm，平均 19.35cm；层次发育不明显，剖面构型以 A-C 为主；土体中母岩碎片和石砾残留较多，土体黄灰色至浅黄色；耕层质地沙壤、中壤、重壤、轻黏和重黏；土壤 pH 4.10～6.95，平均值 5.53；有机质 8.70～67.00g/kg，平均值 32.25g/kg；全氮 0.91～2.90g/kg，平均值 1.90g/kg；碱解氮 62.00～256.00mg/kg，平均值 160.25mg/kg；有效磷 4.20～78.10mg/kg，平均值 28.22mg/kg；缓效钾 56.00～872.00mg/kg，平均值 218.49mg/kg；速效钾 55.00～380.00mg/kg，平均值 131.13mg/kg。

由于分布于陡坡地带，坡度大，土壤侵蚀严重；土体中含有较多的母岩碎片，不利于作物的生长和耕种；土壤水肥容量小，作物生长前期肥劲足，后期易脱肥早衰；土壤抗逆性差，作物容易遭受干旱的影响；土壤熟化程度低，作物产量不高。

1. 硅铁质黄壤性粗骨土

汇川区硅铁质黄壤性粗骨土面积 12.59hm²，面积较小，占汇川区酸性粗骨土亚类的 1.10％，占汇川区粗骨土土类面积的 1.09％。分布区域和面积为：山盆镇 8.67hm²、董公寺街道办事处 3.92hm²。根据土壤属性划分为 2 个土种，粗豆瓣黄泥土和煤矸土，面积分别为 3.92hm² 和 8.67hm²。

硅铁质黄壤性粗骨土成土母质为页岩坡积残积物，因地形坡度大，土层薄，剖面构型为 A-C，土体厚不足 60cm，耕层厚 17.73cm。土体颜色浅黄色到黄灰色，耕层质地重壤、轻黏，剖面中母岩碎片和石砾从上到下逐渐增多，土壤通透性较好，保水保肥能力差。土壤 pH 4.90～5.63，平均值 5.26；有机质 23.75～35.00g/kg，平均值 25.14g/kg；全氮 1.56～1.99g/kg，平均值 1.67g/kg；碱解氮 134.00～170.25mg/kg，平均值 165.96mg/kg；有效磷 14.40～24.85mg/kg，平均值 23.08mg/kg；缓效钾 86.00～343.00mg/kg，平均值 131.79mg/kg；速效钾 68.00～185.67mg/kg，平均值 95.61mg/kg。

由于分布于陡坡地带，坡度大，土壤侵蚀严重；土体中含有较多的母岩碎片，土壤水肥容量小，熟化程度低，养分含量不高。土层疏松，耕性好，宜耕期较长，但漏水、漏肥，土壤抗逆性差，易受气候影响，作物生长前期肥劲足，后期易脱肥早衰，作物产量不高。

2. 硅质黄壤性粗骨土

汇川区硅质黄壤性粗骨土面积 4.86hm²，面积较小，占汇川区酸性粗骨土亚类的 0.43％，占汇川区粗骨土土类面积的 0.42％。分布区域在董公寺街道办事处，只划分砾石黄砂泥土 1 个土种。

硅质黄壤性粗骨土成土母质为砂岩坡积残积物，分布于低中山坡腰地段，易受冲刷，土体中含母岩碎片和石砾。土层薄，平均 30cm 左右，剖面构型为 A-C，耕层厚 20cm 左右，耕层质地沙壤。土壤 pH 5.01；有机质 28.60g/kg；全氮 1.55g/kg；碱解氮 99.56mg/kg；有效磷 21.54mg/kg；缓效钾 257.67mg/kg；速效钾 88.67mg/kg。

硅质黄壤性粗骨土管理粗放，土壤熟化程度低，养分含量不高；土壤松散，通透性好，保水保肥能力弱，不耐旱，水土流失严重；土温易升降，变化幅度大；耕作容易，宜种性广，施肥后养分转移快，肥劲猛而短，作物发小苗不发老苗，属于前发型；一般一年一熟，作物产量不高。

3. 硅铝质黄壤性粗骨土

汇川区硅铝质黄壤性粗骨土面积 816.16hm²，占汇川区酸性粗骨土亚类的 71.53%，占汇川区粗骨土土类面积的 70.34%。分布区域和面积为：毛石镇 2.91hm²、芝麻镇 76.11hm²、松林镇 140.90hm²、沙湾镇 107.74hm²、团泽镇 64.61hm²、板桥镇 40.67hm²、泗渡镇 131.55hm²、高坪街道办事处 251.67hm²。根据土壤属性分为 2 个土种，粗扁砂土和砾质黄泡土，面积分别为 112.40hm² 和 703.76hm²。

硅铝质黄壤性粗骨土成土母质为砂页岩坡积残积物，母质易风化，成土快，但因地形坡度大，冲刷剧烈，水土流失严重，土壤发育程度差，残留母岩碎片和石砾较多。土层浅薄，土体厚 62.54cm，耕层厚 19.18cm。土壤发育层次不明显，剖面构型为 A-C 或 A-BC-C。耕层质地中壤、重壤、轻黏和重黏。土壤 pH 4.10～6.95，平均值 5.53；有机质 8.70～58.75g/kg，平均值 31.64g/kg；全氮 0.91～2.90g/kg，平均值 1.92g/kg；碱解氮 62.00～256.00mg/kg，平均值 162.89mg/kg；有效磷 12.00～67.80mg/kg，平均值 28.60mg/kg；缓效钾 56.00～872.00mg/kg，平均值 227.94mg/kg；速效钾 66.00～380.00mg/kg，平均值 134.30mg/kg。

由于分布于陡坡地带，坡度大，土壤抗侵蚀能力弱，土壤侵蚀严重；土体中含有较多的母岩碎片，土壤养分含量不高，熟化程度低。土壤疏松，耕性好，宜耕期较长，作物生长前期肥劲足，后期易脱肥早衰，作物产量不高。

4. 铁铝质黄壤性粗骨土

汇川区铁铝质黄壤性粗骨土面积 307.35hm²，占汇川区酸性粗骨土亚类的 26.94%，占汇川区粗骨土土类面积的 26.49%。分布区域和面积为：团泽镇 1.86hm²、董公寺街道办事处 276.26hm²、高桥街道办事处 29.23hm²。根据土壤属性分为 3 个土种，砾质灰汤黄泥土、砾质小粉黄土和砾质小粉土，面积分别为 16.42hm²、45.35hm²、245.58hm²。

铁铝质黄壤性粗骨土成土母质为石灰岩、白云岩坡积残积物，土壤发育程度差，土体中夹燧石碎块较多。土层浅薄，土体厚 40.31cm，耕层厚 20.46cm。土壤发育层次不明显，剖面构型为 A-C 或 A-BC-C。耕层质地轻黏和重黏。土壤 pH 5.15～6.70，平均值 5.57；有机质 20.30～67.00g/kg，平均值 36.69g/kg；全氮 1.01～2.51g/kg，平均值 1.84g/kg；碱解氮 67.00～193.50mg/kg，平均值 146.25mg/kg；有效磷 4.20～78.10mg/kg，平均值 27.17mg/kg；缓效钾 68.00～394.00mg/kg，平均值 182.71mg/kg；速效钾 55.00～211.00mg/kg，平均值 121.09mg/kg。

由于分布于陡坡地带，砾石含量多，土体疏松，土壤容易发生水土流失；土体中含有较多的母岩碎片，耕种不便，土壤养分含量不高，熟化程度低，作物产量不高。

（二）钙质粗骨土

汇川区钙质粗骨土成土母质为白云岩、白云灰岩、硅质灰岩、钙质砾岩坡积残积物。汇川区钙质粗骨土面积为 19.40hm²，面积较小，占汇川区粗骨土土类面积的 1.67%，占汇川区旱耕地面积的 0.07%。分布区域和面积为：板桥镇 0.74hm²、董公寺街道办事处 3.01hm²、高桥街道办事处 15.65hm²。钙质粗骨土只划分钙质粗骨土 1 个土属，扁砂泥土、扁砂泥石灰土和扁砂土石灰土 3 个土种，面积分别为 0.74hm²、14.18hm² 和 4.48hm²。

钙质粗骨土所处地形坡度大，土壤侵蚀严重，土层浅薄，土体厚 65.00cm，耕层厚 22.07cm；抗旱能力不强，层次发育不明显，剖面构型为 A－AC－C，土被不连续，土体中母岩碎片和石砾残留较多，土体浅灰至灰色，耕层质地重壤和轻黏。土壤养分含量不高，土壤 pH 7.61～7.92，平均值 7.69；有机质 33.03～59.2g/kg，平均值 37.48g/kg；全氮 1.98～2.47g/kg，平均值 2.06g/kg；碱解氮 141.94～171.05mg/kg，平均值 152.12mg/kg；有效磷 21.16～28.49mg/kg，平均值 25.97mg/kg；缓效钾 243.66～300.00mg/kg，平均值 257.95mg/kg；速效钾 103.66～150.00mg/kg，平均值 120.50mg/kg。

钙质粗骨土大多分布在坡陡的低山坡腰和低中山坡顶，土壤易受侵蚀，水土流失严重。土体疏松，含砾石多，耕种不便。由于地处高坡，日照强，土温高，风速大，水分蒸发快，造成作物枯黄或者逼熟，产量不高，甚至绝收。

六、潮土

潮土属于半水成土纲，淡半水成土亚纲，是近代河流冲积物和沉积物发育形成的一种非地带性土壤。汇川区潮土面积 21.25hm²，是汇川区面积最小的土类，占汇川区耕地面积的 0.05%，占汇川区旱地面积的 0.07%。分布区域和面积为：松林镇 0.89hm²、泗渡镇 7.28hm²、高坪街道办事处 10.81hm²、董公寺街道办事处 2.27hm²。潮土只划分典型潮土 1 个亚类，潮砂土 1 个土属，潮砂泥土和潮砂土 2 个土种，面积分别为 20.35hm²、0.90hm²。

潮土主要分布在沿河两岸的河漫滩至一级阶地缓坡和沟谷地段，地下水位较高，毛管水上下活动强烈，随着毛管水的上下运动和受耕作施肥的影响，黏粒和养分下移，淀积层发育较明显。潮土离河床越近，质地偏沙，并夹有数量不等的鹅卵石。土体厚 73.33cm，剖面层次发育明显，剖面构型为 A－B－C 或者 A－C，结构性好，质地松沙和重壤，耕层疏松。土壤 pH 5.70～7.45，平均值 6.51；有机质 32.00～64.10g/kg，平均值 48.75g/kg；全氮 1.20～2.71g/kg，平均值 2.15g/kg；碱解氮 150.00～228.00mg/kg，平均值 183.95mg/kg；有效磷 20.70～24.22mg/kg，平均值 23.46mg/kg；缓效钾 10.00～113.00mg/kg，平均值 188.11mg/kg；速效钾 79.00～304.50mg/kg，平均值 176.97mg/kg。

潮砂泥土耕作省力，宜耕期长，有机质及养分含量丰富，肥料分解快，保肥供肥能力性能好，天旱能返潮回润，宜种性广，作物产量高，复种指数高，属于生产能力较高的土壤类型。潮砂土由于离河床近，土壤质地轻，沙性重，保水保肥能力弱，养分含量不高，作物产量不高，作物易受洪水的影响。

第三章

耕地立地条件与土体性状

第一节　耕地立地条件

耕地立地条件是指影响耕地地力的各种自然环境因子的综合，是许多环境因子组合而成的。汇川区与平原地区不同，由于地貌复杂多样，耕地分散，因而耕地地力受立地条件的影响较大。本次地力调查选择立地条件的因子主要有海拔、坡度、地貌、地形部位、成土母质、年降雨量、有效积温。

一、海拔

汇川区耕地海拔分布范围为 500.00～1 682.49m，平均 1 055.54m，根据耕地海拔的主要分布，海拔对作物产量的影响，从汇川区耕地海拔分段统计表（表 3-1 至表 3-3，彩图 3）可以看出，汇川区耕地主要分布在海拔 600（含）～1 400m，各镇（街道办事处）都有大量分布，共有耕地面积 40 296.87hm²，占汇川区耕地面积的98.74％。其中，旱地面积 29 389.25hm²，占汇川区旱地面积 98.51％；水田10 907.62hm²，占汇川区水田面积的 99.36％。海拔＜600m、≥1 400m 的耕地面积分别只有 157.82hm² 和 356.49hm²，分别占汇川区耕地面积的 0.39％和 0.87％。海拔＜600m耕地主要分布在山盆镇，海拔≥1 400m 的主要是旱地，水田面积仅有4.94hm²，占汇川区耕地面积的 0.01％，海拔≥1 400m 的耕地主要分布在山盆镇和毛石镇。

海拔影响气温、光照。对农作物生育期、产量有一定影响，低海拔容易出现高温，作物生育期缩短，作物产量不高。高海拔地区温度低，作物产量仍然不高。高海拔地区适合冬马铃薯的种植。在海拔 1 200m 以上马铃薯产量依然可以达到 15 000kg/hm²。主要粮食作物水稻和玉米都是低海拔产量低，中海拔产量高，高海拔产量又低的趋势。汇川区海拔小于 600m 水稻产量为 6 750～7 500kg/hm²，海拔在 600（含）～1 000m 水稻产量 7 500～9 000kg/hm²，海拔＞1 000m 水稻产量 6 000～7 500kg/hm²，海拔＞1 200m已经不适宜种植水稻，容易出现秋风；海拔＜600m 玉米产量 4 500～5 250kg/hm²，海拔在 600（含）～1 000m 玉米产 6 000～7 500kg/hm²，海拔＞1 000m玉米产量 5 250～6 000kg/hm²。

表 3-1　耕地不同海拔分段统计表

海拔（m）	面积（hm²）	比例（%）	水　　田		旱　　地	
			面积（hm²）	比例（%）	面积（hm²）	比例（%）
＜600	157.82	0.39	65.26	0.60	92.56	0.31
600（含）～800	1 451.24	3.55	299.19	2.73	1 152.05	3.86
800（含）～1 000	17 179.89	42.10	7 321.21	66.76	9 858.68	33.05
1 000（含）～1 200	16 321.21	39.99	2 884.04	26.20	13 437.17	45.04
1 200（含）～1 400	5 344.53	13.10	403.18	3.67	4 941.35	16.56
≥1 400	356.49	0.87	4.94	0.04	351.55	1.18
合计	40 811.18	100.00	10 977.82	100.00	29 833.36	100.00

表 3-2　旱地不同海拔分段统计表

镇（街道办事处）	面积（hm²）	＜600m		600（含）～800m		800（含）～1 000m		1 000（含）～1 200m		1 200（含）～1 400m		≥1 400m	
		面积（hm²）	比例（%）	面积（hm²）	比例（%）	面积（hm²）	比例（%）	面积（hm²）	比例（%）	面积（hm²）	比例（%）	面积（hm²）	比例（%）
毛石镇	2 803.40	0.00	0.00	0.00	0.00	395.36	14.10	1 466.36	52.31	853.33	30.44	88.35	3.15
山盆镇	4 781.74	92.56	1.94	907.55	18.98	1 831.65	38.30	1 358.14	28.40	506.64	10.60	85.20	1.78
芝麻镇	2 685.83	0.00	0.00	209.06	7.78	664.55	24.74	1 166.01	43.41	576.77	21.48	69.44	2.59
松林镇	3 037.53	0.00	0.00	35.44	1.17	404.45	13.31	1 987.39	65.43	595.95	19.62	14.30	0.47
沙湾镇	3 035.64	0.00	0.00	0.00	0.00	466.60	15.37	1 785.98	58.83	738.41	24.33	44.65	1.47
团泽镇	3 605.00	0.00	0.00	0.00	0.00	2 518.85	69.87	972.56	26.98	113.59	3.15	0.00	0.00
板桥镇	2 145.13	0.00	0.00	0.00	0.00	48.02	2.24	834.19	38.89	1 213.31	56.56	49.61	2.31
泗渡镇	2 675.93	0.00	0.00	0.00	0.00	695.23	25.98	1 759.12	65.74	221.58	8.28	0.00	0.00
高坪街道办事处	3 581.30	0.00	0.00	0.00	0.00	1 692.91	47.27	1 775.56	49.58	112.83	3.15	0.00	0.00
董公寺街道办事处	831.02	0.00	0.00	0.00	0.00	585.17	70.42	236.91	28.51	8.94	1.07	0.00	0.00
高桥街道办事处	650.84	0.00	0.00	0.00	0.00	555.89	85.41	94.95	14.59	0.00	0.00	0.00	0.00
合计	29 833.36	92.56	0.31	1 152.05	3.86	9 858.68	33.05	13 437.17	45.04	4 941.35	16.56	351.55	1.18

表 3-3 水田不同海拔分段统计表

镇（街道办事处）	面积（hm²）	<600m 面积（hm²）	<600m 比例（%）	600（含）～800m 面积（hm²）	600（含）～800m 比例（%）	800（含）～1 000m 面积（hm²）	800（含）～1 000m 比例（%）	1 000（含）～1 200m 面积（hm²）	1 000（含）～1 200m 比例（%）	1 200（含）～1 400m 面积（hm²）	1 200（含）～1 400m 比例（%）	≥1 400m 面积（hm²）	≥1 400m 比例（%）
毛石镇	784.45	0.00	0.00	0.58	0.07	264.02	33.66	420.35	53.59	96.74	12.33	2.76	0.35
山盆镇	1 240.68	65.26	5.26	247.57	19.95	612.04	49.33	209.70	16.90	104.15	8.40	1.96	0.16
芝麻镇	145.72	0.00	0.00	46.76	32.09	26.71	18.33	53.29	36.57	18.96	13.01	0.00	0.00
松林镇	686.85	0.00	0.00	4.28	0.62	121.48	17.69	528.26	76.91	32.61	4.75	0.22	0.03
沙湾镇	936.63	0.00	0.00	0.00	0.00	412.73	44.07	446.14	47.63	77.76	8.30	0.00	0.00
团泽镇	2 394.28	0.00	0.00	0.00	0.00	2 152.87	89.92	232.18	9.70	9.23	0.38	0.00	0.00
板桥镇	780.91	0.00	0.00	0.00	0.00	479.36	61.38	259.31	33.21	42.24	5.41	0.00	0.00
泗渡镇	1 297.21	0.00	0.00	0.00	0.00	976.77	75.30	315.89	24.35	4.55	0.35	0.00	0.00
高坪街道办事处	2 111.07	0.00	0.00	0.00	0.00	1 764.15	83.57	331.30	15.69	15.62	0.74	0.00	0.00
董公寺街道办事处	526.52	0.00	0.00	0.00	0.00	437.58	83.11	87.62	16.64	1.32	0.25	0.00	0.00
高桥街道办事处	73.50	0.00	0.00	0.00	0.00	73.50	100.00	0.00	0.00	0.00	0.00	0.00	0.00
合计	10 977.82	65.26	0.60	299.19	2.73	7 321.21	66.69	2 884.04	26.27	403.18	3.67	4.94	0.04

二、坡度

汇川区耕地坡度较大，且作物产量随着耕地坡度增加而减少。根据汇川区耕地坡度情况，将汇川区耕地按坡度进行汇总（表3-4至表3-6，彩图4）。汇川区坡度≥6°的耕地面积38 258.95hm²，占汇川区耕地面积的93.75%；旱地面积29 648.95hm²，占旱地面积的99.38%；水田面积8 610.00hm²，占水田面积的78.43%。坡度<2°的耕地面积为420.37hm²，占汇川区耕地面积的1.03%，旱地面积2.49hm²，占旱地面积的0.01%；水田面积417.88hm²，占水田面积的3.81%。坡度≥25°耕地面积为12 511.25hm²，占汇川区耕地面积的30.66%，旱地面积11 282.19hm²，占旱地面积的37.82%；水田面积1 229.06hm²，占水田面积的11.19%。从各镇（街道办事处）耕地坡度统计看，<2°耕地分布面积较小，水田面积大于旱地面积。坡度<2°水田面积占本镇（街道办事处）水田耕地面积的比例在0.00%～10.06%，占比例最大的是板桥镇，占比例最小的是董公寺街道办事处；坡度<2°旱地面积只占全区旱耕地面积的0.01%，山盆镇、松林镇和毛石镇有分布，面积分别为1.48hm²、0.95hm²、0.06hm²。各镇（街道办事处）≥25°耕地分布面积较大，总体旱地面积大于水田面积。坡度≥25°的水田面积占本镇（街道办事处）水田面积的比例在1.46%～27.24%，占比例最大的是毛石镇，占比例最小的是董公寺街道

办事处；坡度≥25°旱地面积占本镇（街道办事处）旱地面积的比例在8.93%～70.51%，占比例最大的是板桥镇，占比例最小的是董公寺街道办事处。按照国土耕地整治相关规定（水田坡度＞2°、旱地坡度＞8°、园地坡度＞10°需要整治），汇川区耕地需要进行整治的面积较大。

表3-4　耕地不同坡度统计表

坡度	面积（hm²）	比例（%）	水 田		旱 地	
			面积（hm²）	比例（%）	面积（hm²）	比例（%）
＜2°	420.37	1.03	417.88	3.81	2.49	0.01
2°（含）～6°	2 131.86	5.22	1 949.94	17.76	181.92	0.61
6°（含）～15°	10 913.90	26.74	4 959.54	45.18	5 954.36	19.96
15°（含）～25°	14 833.80	36.35	2 421.40	22.06	12 412.40	41.60
≥25°	12 511.25	30.66	1 229.06	11.19	11 282.19	37.82
合计	40 811.18	100.00	10 977.82	100.00	29 833.36	100.00

表3-5　旱地不同坡度面积统计表

镇（街道办事处）	面积（hm²）	＜2°		2°（含）～6°		6°（含）～15°		15°（含）～25°		≥25°	
		面积（hm²）	比例（%）	面积（hm²）	比例（%）	面积（hm²）	比例（%）	面积（hm²）	比例（%）	面积（hm²）	比例（%）
毛石镇	2 803.40	0.06	0.00	3.37	0.12	352.34	12.57	1 318.16	47.02	1 129.47	40.29
山盆镇	4 781.74	1.48	0.03	7.48	0.16	1 198.43	25.06	2 405.74	50.31	1 168.61	24.44
芝麻镇	2 685.83	0.00	0.00	4.87	0.18	413.53	15.40	1 047.70	39.01	1 219.73	45.41
松林镇	3 037.53	0.95	0.03	6.72	0.22	471.27	15.52	1 229.86	40.49	1 328.73	43.74
沙湾镇	3 035.64	0.00	0.00	4.13	0.13	500.77	16.50	1 396.96	46.02	1 133.78	37.35
团泽镇	3 605.00	0.00	0.00	36.46	1.01	996.85	27.65	1 158.61	32.14	1 413.08	39.20
板桥镇	2 145.13	0.00	0.00	19.13	0.89	210.99	9.84	402.39	18.76	1 512.62	70.51
泗渡镇	2 675.93	0.00	0.00	12.69	0.47	458.99	17.15	1 173.35	43.85	1 030.90	38.53
高坪街道办事处	3 581.30	0.00	0.00	11.27	0.32	1 023.33	28.57	1 407.16	39.29	1 139.54	31.82
董公寺街道办事处	831.02	0.00	0.00	33.76	4.06	206.90	24.90	516.16	62.11	74.20	8.93
高桥街道办事处	650.84	0.00	0.00	42.04	6.46	120.96	18.58	356.31	54.75	131.53	20.21
合计	29 833.36	2.49	0.01	181.92	0.61	5 954.36	19.96	12 412.40	41.60	11 282.19	37.82

表 3 - 6　水田不同坡度统计表

镇（街道办事处）	面积（hm²）	<2°		2°（含）~6°		6°（含）~15°		15°（含）~25°		≥25°	
		面积（hm²）	比例（%）	面积（hm²）	比例（%）	面积（hm²）	比例（%）	面积（hm²）	比例（%）	面积（hm²）	比例（%）
毛石镇	784.45	8.02	1.02	28.82	3.67	292.12	37.24	241.85	30.83	213.64	27.24
山盆镇	1 240.68	1.96	0.16	43.61	3.52	582.17	46.92	489.68	39.47	123.26	9.93
芝麻镇	145.72	3.93	2.70	12.84	8.81	50.17	34.43	47.59	32.66	31.19	21.40
松林镇	686.85	41.48	6.04	41.77	6.08	337.38	49.12	134.53	19.59	131.69	19.17
沙湾镇	936.63	21.37	2.28	49.90	5.33	520.16	55.53	205.87	21.98	139.33	14.88
团泽镇	2 394.28	163.31	6.82	250.52	10.46	1 145.97	47.86	562.05	23.47	272.43	11.38
板桥镇	780.91	78.55	10.06	400.61	51.30	189.31	24.24	16.25	2.08	96.19	12.32
泗渡镇	1 297.21	16.22	1.25	548.32	42.27	583.88	45.01	96.97	7.48	51.82	3.99
高坪街道办事处	2 111.07	82.10	3.89	543.26	25.73	845.21	40.04	482.20	22.84	158.30	7.50
董公寺街道办事处	526.52	0.00	0.00	21.50	4.08	373.25	70.89	124.11	23.57	7.66	1.46
高桥街道办事处	73.50	0.94	1.28	8.79	11.96	39.92	54.31	20.30	27.62	3.55	4.83
合计	10 977.82	417.88	3.81	1 949.94	17.76	4 959.54	45.18	2 421.40	22.06	1 229.06	11.19

三、地貌

汇川区耕地地貌类型复杂，参照全国地貌命名，根据汇川区主要地貌特点，将汇川区耕地地貌分为山地、丘陵、坝地三大类，耕地地貌各类型面积及比例见表 3 - 7。汇川区耕地地貌主要以山地为主，面积 38 412.02hm²，占汇川区耕地面积的 94.12%。旱地地貌为山地的面积 28 976.20hm²，占汇川区旱地面积的 97.13%；水田地貌为山地的面积 9 435.82hm²，占汇川区水田面积的 85.96%。耕地地貌为丘陵的面积 1 665.22hm²，占汇川区耕地面积的 4.08%。其中，旱地面积 796.55hm²，占汇川区旱地面积的 2.67%；水田面积 868.67hm²，占汇川区水田面积的 7.91%。耕地地貌为坝地的面积只有 733.94hm²，仅占汇川耕地面积的 1.80%；旱地面积 60.61hm²，占汇川区旱地面积的 0.20%；水田面积 673.33hm²，占汇川区水田面积的 6.13%。地貌类型同样影响作物产量。通常坝地耕作条件、耕地质量较好，作物产量较高，丘陵次之，山地最差。

表 3 - 7　耕地不同地貌统计表

地貌类型	面积（hm²）	比例（%）	旱　地		水　田	
			面积（hm²）	比例（%）	面积（hm²）	比例（%）
坝地	733.94	1.80	60.61	0.20	673.33	6.13

（续）

地貌类型	面积（hm²）	比例（%）	旱　地		水　田	
			面积（hm²）	比例（%）	面积（hm²）	比例（%）
丘陵	1 665.22	4.08	796.55	2.67	868.67	7.91
山地	38 412.02	94.12	28 976.20	97.13	9 435.82	85.96
合计	40 811.18	100.00	29 833.36	100.00	10 977.82	100.00

四、地形部位

汇川区地形部位复杂多样，参照全国地形部位命名目录，根据汇川区实际情况，以及"通俗易懂，所制定的地形部位名称基本能代表汇川区耕地所处地形部位所有条件，能解释和区分各地地形部位名称含义"为原则，将汇川区耕地地形部位划分为：平坝、丘陵坡顶、丘陵坡脚、丘陵坡腰、山地坡顶、山地坡脚、山地坡腰7种，不同部位耕地面积统计情况见表3-8，彩图5。山地坡腰面积最大，面积为24 263.29hm²，占汇川区耕地面积的59.45%。其中，旱地面积17 594.86hm²，占汇川区旱地面积的58.98%；水田面积6 668.43hm²，占汇川区水田面积的60.75%。其次为山地坡顶，面积为12 346.07hm²，占汇川区耕地面积的30.25%。再次为山地坡脚、丘陵坡腰和平坝，面积分别为1 802.65hm²和1 241.38hm²和733.94hm²，分别占汇川区耕地面积的4.42%、3.04%和1.80%。丘陵坡顶和丘陵坡脚面积只有129.91hm²和293.94hm²，分别只占汇川区耕地面积的0.32%和0.72%。可见汇川区耕地平坦地势较少，山地多，总体耕作条件、耕地质量较差。

表3-8　耕地不同地形部位统计表

地形部位	面积（hm²）	比例（%）	旱　地		水　田	
			面积（hm²）	比例（%）	面积（hm²）	比例（%）
平坝	733.94	1.80	60.61	0.20	673.33	6.13
丘陵坡顶	129.91	0.32	43.41	0.15	86.5	0.79
丘陵坡脚	293.94	0.72	33.34	0.11	260.6	2.37
丘陵坡腰	1 241.38	3.04	719.79	2.41	521.59	4.75
山地坡顶	12 346.07	30.25	11 238.78	37.67	1 107.29	10.09
山地坡脚	1 802.65	4.42	142.57	0.48	1 660.08	15.12
山地坡腰	24 263.29	59.45	17 594.86	58.98	6 668.43	60.75
合计	40 811.18	100.00	29 833.36	100.00	10 977.82	100.00

五、成土母质

母岩经过风化、搬运、堆积形成成土母质，母质是土壤形成的基础，不同的成土母质，发育形成不同的土壤类型。按贵州省耕地成土母质的分类，汇川区共有 36 类成土母质，按照成土母质发育形成耕地面积的多少分为 4 类。

母质发育形成耕地面积占 10% 以上的有 3 个母质。其中，白云灰岩/白云岩坡积残积物发育形成的耕地面积最大，为 7 928.52hm²，占耕地总面积的 19.43%；其次是石灰岩/白云岩坡积残积物发育形成的耕地面积为 5 164.69hm²，占耕地面积的 12.66%；再次是白云岩坡积残积物发育形成的耕地面积为 4 444.47hm²，占耕地总面积的 10.89%。

母质发育形成耕地面积占总面积 5%～10% 有 3 个母质。石灰岩坡积残积物、砂页岩/砂岩/板岩坡积残积物和砂页岩坡积残积物，发育形成的耕地面积分别为 4 047.61hm²、3 555.84hm²、2 583.80hm²。依次占耕地总面积的 9.92%、8.71% 和 6.33%。

母质发育形成耕地面积占总面积的 1%～5% 的有 12 个母质，分别为白云质灰岩/燧石灰岩坡积残积物、变余砂岩/砂岩/石英砂岩等风化残积物、老风化壳/页岩/泥页岩坡积残积物、老风化壳/黏土岩/泥页岩/板岩坡积残积物、泥岩/页岩/板岩等坡积残积物、泥质石灰岩坡积残积物、砂页岩风化坡积残积物、酸性紫红色砂页岩/砾岩坡积残积物、碳酸盐岩类坡积残积物、页岩坡积残积物、紫红色砂页岩/紫色砂岩/砾岩坡积残积物、棕紫色页岩坡积残积物。发育形成的耕地面积分别为 707.09hm²、1 228.56hm²、414.24hm²、1 133.43hm²、878.01hm²、1 818.85hm²、443.90hm²、460.31hm²、731.29hm²、429.89hm²、998.38hm² 和 1 052.23hm²。依次占耕地总面积的 1.73%、3.01%、1.02%、2.78%、2.15%、4.46%、1.09%、1.13%、1.79%、1.05%、2.45% 和 2.58%。

发育成耕地面积均不大的 18 个母质，每个母质发育成耕地面积占耕地总面积的比例均在 1% 以下，面积 2 790.07hm²，仅占总面积的 6.84%，成土母质统计见表 3-9。

表 3-9　耕地不同成土母质统计表

成土母质类型	面积（hm²）	比例（%）
白云灰岩/白云岩坡积残积物	7 928.52	19.43
白云岩坡积残积物	4 444.47	10.89
白云质灰岩/燧石灰岩坡积残积物	707.09	1.73
变余砂岩/砂岩/石英砂岩等风化残积物	1 228.56	3.01
钙质紫色页岩/砾岩残坡积物	59.97	0.15
钙质紫色页岩残坡积物	325.17	0.80
硅质灰岩/钙质砾岩/白云岩坡积残积物	4.49	0.01
河流沉积物	13.28	0.03
灰绿色/青灰色页岩坡积残积物	325.30	0.80
老风化壳	283.17	0.69
老风化壳/页岩/泥页岩坡积残积物	414.24	1.02

（续）

成土母质类型	面积（hm²）	比例（%）
老风化壳/黏土岩/泥页岩/板岩坡积残积物	1 133.43	2.78
泥灰岩坡积残积物	293.11	0.72
泥岩/页岩/板岩等坡积残积物	878.01	2.15
泥岩/页岩坡积残积物	58.60	0.14
泥质白云岩/石灰岩坡积残积物	28.45	0.07
泥质石灰岩坡积残积物	1 818.85	4.46
砂岩坡积残积物	400.52	0.98
砂页岩/砂岩/板岩坡积残积物	3 555.84	8.71
砂页岩风化坡积残积物	443.90	1.09
砂页岩坡积残积物	2 583.80	6.33
石灰岩/白云岩坡积残积物	5 164.69	12.66
石灰岩坡积残积物	4 047.61	9.92
酸性紫红色泥岩/页岩坡积残积物	103.31	0.25
酸性紫红色砂页岩/砾岩坡积残积物	460.31	1.13
酸性紫色页岩坡积残积物	113.05	0.28
碳酸盐岩类坡积残积物	731.29	1.79
碳质页岩坡积残积物	159.28	0.39
溪/河流冲积物	81.24	0.20
页岩/板岩坡积残积物	56.52	0.14
页岩坡积残积物	429.89	1.05
中性/钙质紫色砂页岩坡积残积物	301.84	0.74
中性/钙质紫色页岩坡积残积物	61.71	0.15
紫红色砂页岩/紫色砂岩/砾岩坡积残积物	998.38	2.45
紫色泥页岩坡积残积物	121.06	0.30
棕紫色页岩坡积残积物	1 052.23	2.58
合计	40 811.18	100.00

母质不同于岩石，它已有肥力因素的初步发展，所以不同母质对土壤的发育和性状有明显的影响。石灰岩、白云岩、泥灰岩都属于碳酸盐类基性岩，基性岩形成的土壤一般养分较丰富，如石灰岩主要发育成石灰（岩）土。石灰岩残坡积物、白云灰岩/白云岩坡积

残积物、泥岩/页岩/板岩等坡积残积物、灰绿色/青灰色页岩坡积残积物和石灰岩/白云岩坡积残积物，这些基性岩成土母质发育形成的耕地所占比例大，占汇川区耕地面积的67.94％。砂岩形成的土壤质地偏沙，黏土岩发育的土壤黏重板结，老风化壳形成的土壤矿质养分缺乏。

六、降雨量

汇川区年降雨量在 1 000～1 200mm，平均值为 1 049.05mm。其中，分布在 1 000（含）～1 050mm 的耕地面积占大多数，为 24 484.22hm²，占汇川区耕地面积的 60.00％；分布于 1 100（含）～1 150mm 的耕地面积为 7 794.97hm²，占汇川区耕地面积的 19.10％，耕地降雨量分布情况见表 3－10。

表 3－10 耕地不同年降雨量统计表

年降雨量（mm）	面积（hm²）	比例（％）
1 000（含）～1 050	24 484.22	60.00
1 050（含）～1 100	7 114.88	17.43
1 100（含）～1 150	7 794.97	19.10
1 150（含）～1 200（含）	1 417.11	3.47
合计	40 811.18	100.00

从总体情况看，汇川区雨水较丰沛，但在时间上分布不均。从时间上看集中分布在4—8月，其余月份较少，1月最少。但7—8月经常出现暴雨和干旱。又由于汇川区土壤质地蓄水困难，农田水利设施不够完善，所以汇川区水稻、玉米种植需要尽量提早时间，避开8月的高温干旱。据有关资料介绍，一年一熟制土壤蓄水量变化趋势较为平缓，两年三熟制和一年两熟制有利于提高土壤蓄水量，减少灌溉量，两年三熟制降雨量能够较好地满足作物耗水量，产量和水分利用效率介于其他两种种植制度之间，所以建议汇川区雨量较少地区耕地种植制度向两年三熟制和一年两熟制度发展。

七、积温

汇川区年有效积温 4 000～4 600℃，平均值为 4 590.61℃。其中，分布在 ≥4 600℃ 的耕地面积最多，为 23 139.97hm²，占汇川区耕地面积的 56.70％；分布在 4 500（含）～4 600℃ 的耕地面积 3 776.40hm²，占汇川区耕地面积的 9.25％；分布在 4 000（含）～4 100℃ 和 4 400（含）～4 500℃ 的耕地面积差不多，分别为 3 462.84hm² 和 3 465.07hm²，分别占汇川区耕地面积的 8.49％ 和 8.49％；分布于 4 200（含）～4 300℃ 和 4 300（含）～4 400℃ 的耕地面积相差不大，分别为 3 249.23hm² 和 2 921.77hm²，分别占汇川区耕地面积的 7.96％ 和 7.16％；分布于 4 100（含）～4 200℃ 的耕地面积最少，为 795.90hm²，仅占汇川区耕地面积的 1.95％，耕地积温具体分布情况见表 3－11。

表 3 - 11　耕地不同积温统计表

积温（℃）	面积（hm²）	比例（%）
4 000（含）～4 100	3 462.84	8.49
4 100（含）～4 200	795.90	1.95
4 200（含）～4 300	3 249.23	7.96
4 300（含）～4 400	2 921.77	7.16
4 400（含）～4 500	3 465.07	8.49
4 500（含）～4 600	3 776.40	9.25
≥4 600	23 139.97	56.70
合计	40 811.18	100.00

作物生长发育所需要的热量指标可以有不同的表现形式，但各发育期和整个生长期内所需要的热量总和（积温）是一个基本而重要的指标。中温带作物基本一年一熟，暖温带两年三熟，亚热带一年两熟，热带一年三熟。可见，活动积温影响了作物的熟制，自然也就影响了生长期，从而影响产量。汇川区积温 4 200～4 600℃的耕地占 89.56%，适合一年两熟。积温＜4 200℃的耕地占 10.44%，适合一年一熟。

第二节　土体性状

一、耕层厚度

汇川区耕地土壤的耕层厚度在 10.00～34.00cm，平均值为 18.90cm。根据《贵州省耕地地力评价技术规范》，同时结合第二次土壤普查土壤耕层厚度分级指标和汇川区耕地土壤耕层厚度的实际情况，将耕地土壤耕层厚度分为 4 个等级。其中，耕层厚度＜15cm 的耕地面积最少，为 99.84hm²，仅占汇川区耕地面积的 0.25%；15（含）～20cm 的耕地面积 13 353.92hm²，占汇川区耕地面积的 32.72%；20（含）～25cm 的耕地面积最大，为 26 585.67hm²，占汇川区耕地面积的 65.14%；≥25cm 的耕地面积 771.75hm²，占汇川区耕地面积的 1.89%，耕层厚度情况见表 3 - 12。

耕层厚度影响耕地保水保肥、抗旱的能力，从而影响作物生长，从而影响作物产量。汇川区耕层厚度、生产力适中的耕地占比最大，占汇川区耕地面积的 65.14%；耕层较薄、生产力低下的耕地占汇川区耕地面积的 32.96%；耕层较厚，生产力较高的耕地只有 1.89%。

表 3 - 12　耕层不同厚度统计表

耕层厚度		面积（hm²）	比例（%）
等级	范围（cm）		
一	＜15	99.84	0.25

（续）

耕层厚度		面积（hm²）	比例（%）
等级	范围（cm）		
二	15（含）～20	13 353.92	32.72
三	20（含）～25	26 585.67	65.14
四	≥25	771.75	1.89
合计		40 811.18	100.00

二、土体厚度

汇川区耕地土壤的土体厚度在 30～100cm，平均值 63.13cm。根据《贵州省耕地地力评价技术规范》，同时结合第二次土壤普查土壤土体厚度分级指标和汇川区耕地土壤土体厚度的实际情况，将耕地土壤土体厚度水为 4 个等级。土体厚度在 70（含）～90cm 的耕地面积最大，为 15 849.21hm²，占汇川区耕地面积的 38.84%；50（含）～70cm 的耕地，面积为 10 922.93hm²，占汇川区耕地面积的 26.76%；＜50cm 的耕地，面积为 8 939.06hm²，占汇川区耕地面积的 21.90%；＞90cm 的耕地面积最小，只有 5 099.98hm²，仅占汇川区耕地面积的 12.50%，土体厚度情况见表 3-13。

土体厚度影响耕层厚度，一定程度上同样影响作物生产，影响作物产量。同样土体厚度适中的占汇川区耕地面积的比重最大，占汇川区耕地面积的 65.62%；土体较薄的耕地占汇川区耕地面积的 21.90%；土体较厚的耕地只有 12.50%。

表 3-13 耕地不同土体厚度统计表

土体厚度		面积（hm²）	比例（%）
等级	范围（cm）		
一	＜50	8 939.06	21.90
二	50（含）～70	10 922.93	26.76
三	70（含）～90	15 849.21	38.84
四	≥90	5 099.98	12.50
合计		40 811.18	100.00

三、耕层质地

耕层质地是土壤的物理性状之一。指土壤中不同大小直径的矿物颗粒的组合状况，或者粗细不同的土粒在土壤中含量占有的不同比例。在自然界中，没有一种土壤是由单一粒级的土粒组成的，有的土壤含沙粒多，有的土壤含黏粒多，有的土壤含粉粒多。土壤耕层质地与土壤的通气、保肥、保水状况及耕作的难易程度有密切关系，土粒大小各异，不但导致土壤的通透性、保水能力和温度的变化不同，而且还导致土壤矿物养分含量和硅胶体性状也不同。一般来讲，土粒越粗，硅的含量就越大，而磷、钾、钙、镁的含量就越少。

胶体性状弱，土壤的吸收性能差。可见，在作物栽培中，要想进行科学施肥和管理，就必须了解土壤的耕层质地。

因成土母质不同，土壤的质地也不一样。根据汇川区耕地土壤质地的实际情况，可将汇川区耕地土壤的质地类型划分为沙土、壤土、黏土3类。其中，壤土的面积最大，共有20 521.12hm²，占汇川区耕地面积的50.28%；其次是黏土，面积为17 495.80hm²，占汇川区耕地面积的42.87%；沙土的面积最小，面积为2 794.26hm²，仅占汇川区耕地面积的6.85%。汇川区耕地土壤质地壤土所占比例大，壤土兼有沙土和黏土的优点，是较为理想的土壤，耕性优良，适中作物多；黏土土壤的通透性较差，较难耕作；沙土保肥、保水较难，矿物养分含量少，硅胶体性状差。具体情况见表3-14、彩图6。

表3-14 耕层不同质地统计情况表

质地	面积（hm²）	比例（%）
沙土	2 794.26	6.85
壤土	20 521.12	50.28
黏土	17 495.80	42.87
合计	40 811.18	100.00

四、剖面构型

从土体向下至母质的垂直切面或者纵断面为土壤剖面。土壤剖面发生层数目、类型、层位关系、厚度以及过渡情况等称为土壤剖面构型。为了方便描述不同土壤的土体构型特征，各种土壤发生层次用规定的符号来表示：A为旱耕地耕作层、Aa为水田耕作层、Ap为犁底层、B为淀积层、C为母质层、E为漂洗层、G为潜育层、H为泥炭状有机质层、M为腐泥层、W为潴育层、R为母岩。

汇川区耕地土壤剖面构型共17种类型，各类型面积及比例见表3-15。水田的土壤剖面构型主要是Aa-Ap-P-C，面积为7 292.20hm²，占汇川区水田面积的66.43%，占汇川区耕地面积的17.87%；其次是Aa-Ap-C，面积1 743.76hm²，占汇川区水田面积的15.88%，占汇川区耕地面积的4.27%。旱地的土壤剖面构型主要是A-B-C，面积为6 953.10hm²，占汇川区旱地面积的23.31%，占汇川区耕地面积的17.04%；其次是A-BC-C，面积为6 540.970hm²，占汇川区旱地面积的21.93%，占汇川区耕地面积的16.03%。

表3-15 耕地不同剖面构型统计表

剖面构型	面积（hm²）	占耕地面积比例（%）
Aa-Ap-C	1 743.76	4.27
Aa-Ap-E	395.65	0.97
Aa-Ap-G	7.44	0.02

（续）

剖面构型	面积（hm²）	占耕地面积比例（％）
Aa－Ap－P－C	7 292.20	17.87
Aa－Ap－W－C	1 374.97	3.37
A－AC－C	4 241.39	10.39
Aa－G－Pw	3.07	0.01
A－AH－R	1 372.35	3.36
A－AP－AC－R	1 819.83	4.46
A－B－C	6 953.10	17.04
A－BC－C	6 540.97	16.03
A－BC－C/A－C	998.38	2.45
A－C	7 047.96	17.27
Ae－APe－E	130.63	0.32
A－E－B－C	731.29	1.79
A－P－B－C	128.09	0.31
M－G－Wg－C	30.10	0.07
合计	40 811.18	100.00

　　从汇川区耕地土壤剖面构型的分布情况看，发育成较好土体的水田剖面构型 Aa－Ap－W－C 占汇川区水田面积的 12.52％；发育成一般土体的水田剖面构型 Aa－Ap－P－C 占水田比重最大，占汇川区水田面积的 66.43％；其余发育成较差土体的水田剖面构型占水田比重较小，占汇川区水田面积的 21.05％。发育成较好土体的旱地剖面构型 A－B－C，只占汇川区旱地面积的 23.31％；发育成较差土体旱地剖面构型 A－C 占汇川区旱地面积的 23.62％；其余发育成一般土体的旱地剖面构型占旱地比重较大，占汇川区旱地面积的 53.07％。

五、抗旱能力

　　基于土壤本身的属性，不考虑灌溉措施。根据耕地调查数据（表 3-16）显示，汇川区耕地抗旱能力在 7~30d，平均抗旱能力 20.9d，水田抗旱能力在 13~30d，旱地抗旱能力在 7~29d。汇川区耕地抗旱能力≥25d 的耕地 5 217.88hm²，占汇川区耕地面积的 12.79％。其中，水田占 34.51％，汇川区各镇（街道办事处）都有少面积分布，以高坪街道办事处、团泽镇和泗渡镇分布面积较大，分别为 1 173.35hm²、929.35hm² 和 10 904.46hm²，这些耕地土层深厚，土壤质地黏，抗旱能力较好。汇川区抗旱能力≥15d 的耕地面积 30 585.19hm²，占汇川区耕地面积的 74.94％。汇川区耕地抗旱能力<15d 的耕地面积 10 225.99hm²，占汇川区耕地面积的 25.06％。其中，水田抗旱能力<15d 的面

积 444.26hm²，主要是白砂泥田土属。这些耕地保水能力差，因此抗旱能力也差。旱地抗旱能力<15d 的面积 9 781.73hm²，各镇（街道办事处）都有分布，主要是黑色石灰土亚类和粗骨土土类，这些耕地所处地形部位坡度大，土层浅薄不均，砾石含量高，因此抗旱能力差。

表 3 - 16　耕地抗旱能力统计表

抗旱能力（d）	面积（hm²）	比例（%）	水　田		旱　地	
			面积（hm²）	比例（%）	面积（hm²）	比例（%）
7（含）～10	4 450.86	10.91	0.00	0.00	4 450.86	14.92
10（含）～15	5 775.13	14.15	444.26	4.05	5 330.87	17.87
15（含）～20	15 910.06	38.98	4 944.31	45.04	10 965.75	36.76
20（含）～25	9 457.25	23.17	1 800.31	16.40	7 656.94	25.66
≥25	5 217.88	12.79	3 788.94	34.51	1 428.94	4.79
合计	40 811.18	100.00	10 977.82	100.00	29 833.36	100.00

第四章
耕地土壤养分

　　土壤养分是土壤的核心组成部分，也为作物的生长提供必要的营养元素，养分含量的丰缺变化将影响耕地质量和农作物生长、产量及品质。通过全面了解汇川区土壤 pH、有机质、全氮、碱解氮、有效磷、缓效钾、速效钾和中微量元素的含量状况、变化规律和分析存在的根本问题，对调控管理土壤养分含量、加强土壤养分监测和土壤培肥，指导科学施肥、减少肥料资源浪费和提高肥料利用率，达到节肥增效，改善农产品品质，增加农民收入，提高耕地地力、调整农业产业结构、合理布局农业生产，建立丰产、优质、高效、低耗的养分管理技术，向农民提供合适的肥料品种、防止土壤质量退化，促进山地高效特色农业的全面、高效、持续发展具有重大的现实和长远意义。

第一节　耕地土壤养分分级

　　根据作物养分吸收规律、土壤供肥能力、土壤养分不同含量作物的产量、田间试验，依据汇川区耕地土壤养分检测结果，制定出汇川区耕地土壤养分分级标准，见表 4-1。

表 4-1　汇川区耕地土壤养分分级标准

序号	养分名称	养分含量等级		序号	养分名称	养分含量等级	
1	有机质 (g/kg)	极低	＜20	4	有效磷 (mg/kg)	极低	＜5
		低	20（含）～30			低	5（含）～10
		中等	30（含）～40			中等	10（含）～20
		丰富	≥40			丰富	≥20
2	全氮 (g/kg)	极低	＜1.0	5	缓效钾 (mg/kg)	极低	＜50
		低	1.0（含）～1.5			低	50（含）～150
		中等	1.5～2.0			中等	150（含）～250
		丰富	≥2.0			丰富	≥250
3	碱解氮 (mg/kg)	极低	＜100	6	速效钾 (mg/kg)	极低	＜50
		低	100（含）～150			低	50（含）～100
		中等	150（含）～200			中等	100（含）～150
		丰富	≥200			丰富	≥150

（续）

序号	养分名称	养分含量等级		序号	养分名称	养分含量等级	
7	有效硫（mg/kg）	极低	<25	11	有效锌（mg/kg）	极低	<0.5
		低	25（含）～50			低	0.5（含）～1.0
		中等	50（含）～100			中等	1.0（含）～2.0
		丰富	≥100			丰富	≥2.0
8	有效铁（mg/kg）	极低	<5	12	水溶态硼（mg/kg）	极低	<0.2
		低	5（含）～20			低	0.2～0.5
		中等	20（含）～50			中等	0.5～1.0
		丰富	≥50			丰富	≥1.0
9	有效锰（mg/kg）	极低	<5	13	pH	强酸性	<5.5
		低	5（含）～15			酸性	5.5（含）～6.5
		中等	15（含）～30			中性	6.5（含）～7.5
		丰富	≥30			碱性	7.5（含）～8.5
10	有效铜（mg/kg）	极低	<0.1			强碱性	≥8.5
		低	0.1（含）～0.2				
		中等	0.2（含）～1.0				
		丰富	≥1.0				

第二节 有 机 质

有机质是土壤的重要组成部分，含有作物生长所需要的各种营养元素，在调控土壤理化性质、环境保护、土壤资源的可持续发展和提高作物产量等方面都有着很重要的作用和意义。因此，客观了解土壤有机质的含量现状及分析变化趋势，对于调控土壤有机质的含量、提高耕地地力和提高作物产量有着重要的意义。

一、现状

汇川区耕地土壤有机质含量分级统计结果见表4-2和彩图7。土壤有机质含量在2.09～88.50g/kg，平均值32.42g/kg，最低值在松林镇的干堰村，旱地，小粉土土种，最高值在泗渡镇的麻沟村，水田，大眼泥田土种。有机质含量中等以下比例只占27.80%、中等比例占40.16%、丰富比例的面积占32.04%，丰富和中等的占72.20%，表明汇川区耕地土壤有机质含量丰富的面积占到2/3以上，而含量中等以下的所占比例较小，不足1/3。

表 4-2　耕地土壤有机质含量分级统计表

含量范围（g/kg）	面积（hm²）	比例（%）	含量等级
＜20	2 219.43	5.44	极低
20（含）～30	9 124.55	22.36	低
30（含）～40	16 388.83	40.16	中等
≥40	13 078.37	32.04	丰富
合计	40 811.18	100.00	—

二、不同利用方式含量

将耕地不同利用方式分为旱地和水田，旱地和水田有机质分级统计见表 4-3。旱地、水田土壤有机质含量平均值差异不大，水田（32.48g/kg）比旱地（32.24g/kg）多 0.24g/kg，高 0.74%。有机质含量极低等级的旱地和水田所占比例相差不大，低等级的比例水田比旱地少 13.42%，中等等级的旱地比水田少 3.31%，丰富等级的水田比旱地要多 13.65%。水田一般施入的有机肥要多，淹水时间长，淹水期间土壤嫌气微生物活动旺盛，有机质分解速度慢，因此在长期施肥和耕种制度下水田有机质略高于旱地。

表 4-3　耕地不同利用方式有机质含量分级统计表

含量范围（g/kg）	旱　地		水　田		含量等级
	面积（hm²）	比例（%）	面积（hm²）	比例（%）	
＜20	1 696.12	5.69	523.31	4.77	极低
20（含）～30	7 426.69	24.89	1 697.86	15.47	低
30（含）～40	12 245.41	41.05	4 143.42	37.74	中等
≥40	8 465.14	28.37	4 613.23	42.02	丰富

三、不同区域含量

不同区域土壤有机质含量分级统计见表 4-4。各镇（街道办事处）有机质平均含量在 27.79～44.82g/kg，最高值与最低值之差为 17.03g/kg，相差较大。平均值山盆镇、毛石镇、沙湾镇较低，泗渡镇、板桥镇、高坪街道办事处含量较高。有机质含量各等级的分布情况为：极低等级面积比例较大的有山盆镇、松林镇，比例小的为高桥街道办事处、董公寺、团泽镇。低等级所占比例较大的有山盆镇、毛石镇、沙湾镇，比例小的有板桥

表4-4 不同区域有机质含量分级统计表

镇（街道办事处）	<20g/kg (hm²)	比例(%)	占本区域耕地面积比例(%)	20(含)~30g/kg (hm²)	比例(%)	占本区域耕地面积比例(%)	30(含)~40g/kg (hm²)	比例(%)	占本区域耕地面积比例(%)	≥40g/kg (hm²)	比例(%)	占本区域耕地面积比例(%)	平均值(g/kg)
毛石镇	169.96	7.66	4.74	1 300.80	14.25	36.26	1 806.00	11.02	50.34	311.08	2.38	8.67	30.78
山盆镇	1 179.03	53.12	19.58	2 698.53	29.57	44.81	1 815.76	11.08	30.15	329.07	2.52	5.46	27.79
芝麻镇	36.18	1.63	1.28	532.73	5.84	18.81	2 076.29	12.67	73.33	186.35	1.42	6.58	33.60
松林镇	476.72	21.48	12.80	717.20	7.86	19.26	2 028.26	12.37	54.46	502.20	3.84	13.48	39.02
沙湾镇	205.03	9.24	5.16	1 294.48	14.19	32.59	1 859.85	11.35	46.82	612.97	4.69	15.43	32.43
团泽镇	5.75	0.26	0.10	566.81	6.21	9.45	3 443.30	21.01	57.40	1 983.42	15.16	33.06	39.02
板桥镇	75.63	3.41	2.58	175.30	1.92	5.99	299.80	1.83	10.25	2 375.31	18.16	81.18	43.34
泗渡镇	7.22	0.32	0.18	273.42	3.00	6.88	1 003.51	6.12	25.26	2 688.98	20.56	67.68	44.82
高坪街道办事处	58.52	2.64	1.03	920.57	10.09	16.17	1 207.51	7.37	21.21	3 505.77	26.81	61.59	42.59
董公寺街道办事处	5.39	0.24	0.40	381.19	4.18	28.08	437.25	2.67	32.21	533.70	4.08	39.31	37.23
高桥街道办事处	0.00	0.00	0.00	263.52	2.89	36.38	411.30	2.51	56.78	49.52	0.38	6.84	33.25
合计	2 219.43	100.00	5.44	9 124.55	100.00	22.36	16 388.83	100.00	40.16	13 078.37	100.00	32.05	32.42

镇、高桥街道办事处、泗渡镇。中等级所占比例较大有团泽镇、芝麻镇、松林镇,比例小的有板桥镇、董公寺街道办事处、高桥街道办事处。丰富等级所占比例较大的有高坪街道办事处、泗渡镇、板桥镇,表明这些地方有机质含量丰富的面积大;面积比例小的有高桥街道办事处、芝麻镇、山盆镇。

从不同等级比例占本区域耕地土壤面积的比例看,极低等级在0.00%~19.58%,山盆镇、松林镇所占比例大,高桥街道办事处、团泽镇、泗渡镇所占比例小;低等级在5.99%~44.81%,山盆镇、高桥街道办事处、毛石镇所占比例大,板桥镇、泗渡镇、团泽镇所占比例小;中等级在1.83%~21.01%,团泽镇、松林镇、芝麻镇所占比例大,板桥镇、高桥街道办事处、董公寺街道办事处所占比例小;丰富等级在5.46%~81.18%,板桥镇、泗渡镇、高坪街道办事处所占比例大,山盆镇、芝麻镇、高桥街道办事处所占比例小。

第三节 全 氮

氮是植物生长需要较多的一种必需营养元素,对作物的生长发育和产量起着重要作用。土壤中能被作物吸收的是无机形态的氮,无机形态的氮只占1%~5%,绝大多数以有机态存在,大部分有机态的氮只有在微生物作用下,逐渐矿化后才能被作物吸收。全面客观地了解土壤全氮的含量状况,对于合理调控土壤全氮含量和合理施用氮肥具有重要的意义。

一、现状

汇川区耕地土壤全氮含量在0.53~4.74g/kg,平均值1.87g/kg,最低值在山盆镇新华村,旱地,黄砂泥土土种,最高值在山盆镇石盆景村,旱地,灰砂泥土土种,耕地土壤全氮含量分级统计见表4-5和彩图8。汇川区耕地土壤全氮极低的含量仅占0.63%、低和极低的占10.24%、含量中等以上的耕地占89.13%,丰富等级所占比例最高,占47.40%。汇川区耕地土壤全氮含量丰富和中等以上的面积的占比较大,接近90%,全氮极度缺乏的有一定的面积,但所占比例较小,只占0.63%。

表4-5 耕地土壤全氮含量分级统计表

含量范围(g/kg)	面积(hm²)	比例(%)	含量等级
<1.0	258.51	0.63	极低
1.0(含)~1.5	4 179.57	10.24	低
1.5(含)~2.0	17 028.85	41.73	中等
≥2.0	19 344.25	47.40	丰富
合计	40 811.18	100.00	—

二、不同利用方式含量

将耕地土壤利用方式分为旱地和水田，旱地和水田全氮分级统计见表4-6。旱地、水田土壤全氮含量平均值差异不大，水田（1.91g/kg）比旱地（1.85g/kg）多0.06g/kg，高3.24%。中等以上比例旱地比水田多9.92%，丰富所占比例水田比旱地高16.31%。土壤中的全氮来源于土壤有机质和人为的施氮，水田有机质一般高于旱地，施入的氮肥一般高于旱地且挥发损失的氮少，因此在长期的耕种制度下水田土壤全氮高于旱地。

表4-6 耕地不同利用方式全氮含量分级统计表

含量范围（g/kg）	旱 地		水 田		含量等级
	面积（hm²）	比例（%）	面积（hm²）	比例（%）	
<1.0	241.47	0.81	17.04	0.16	极低
1.0（含）~1.5	3 274.84	10.98	904.73	8.24	低
1.5（含）~2.0	13 485.20	45.20	3 543.65	32.28	中等
≥2.0	12 831.85	43.01	6 512.40	59.32	丰富

三、不同区域含量

不同区域由于成土母质、植被、人为活动等因素的差异，导致土壤全氮在不同区域含量不同，见表4-7。各镇（街道办事处）耕地土壤全氮含量平均值在1.76~2.40g/kg，差异较大，最低的是山盆镇，最高的是泗渡镇。从全氮不同等级面积分布来看，极低等级面积较大的也是山盆镇和松林镇，沙湾镇、板桥镇、团泽镇、芝麻镇和高桥街道办事处都是零分布；低等级面积分布较多的是山盆镇和松林镇，面积分布较小的是团泽镇、高桥街道办事处和板桥镇；中等比例面积较多的有山盆镇、团泽镇、毛石镇，高桥街道办事处、板桥镇、董公寺街道办事处面积较少；丰富等级高坪街道办事处、团泽镇、泗渡镇分布面积较大，高桥街道办事处和董公寺街道办事处面积较少。不同等级占本区域比例结果可以表明本区域耕地土壤全氮的含量水平，极低等级占本区域的比例都很少，山盆镇和松林镇相对较多，但也只有2.33%和1.94%，沙湾镇、板桥镇、团泽镇、芝麻镇和高桥街道办事处都零比例；低等级以松林镇、山盆镇和高桥街道办事处比例大，团泽镇、泗渡镇和板桥镇比例较小；中等级以毛石镇、芝麻镇和沙湾镇所占比例大，板桥镇、泗渡镇和高坪街道办事处比例小；丰富等级占本区域比例大的是板桥镇、泗渡镇和高桥街道办事处，山盆镇、松林镇和毛石镇比例较小。

表 4 - 7 不同区域全氮含量分级统计表

镇（街道办事处）	<1.0g/kg (hm²)	比例 (%)	占本区域耕地面积比例(%)	1.1(含)~1.5g/kg (hm²)	比例 (%)	占本区域耕地面积比例	1.5(含)~2.0g/kg (hm²)	比例 (%)	占本区域耕地面积比例(%)	≥2.0g/kg (hm²)	比例 (%)	占本区域耕地面积比例(%)	平均值 (g/kg)
毛石镇	6.34	2.45	0.18	286.83	6.86	7.99	2 193.44	12.88	61.14	1 101.24	5.69	30.69	1.82
山盆镇	140.43	54.32	2.33	1 504.83	36.01	24.99	3 140.97	18.44	52.15	1 236.19	6.39	20.53	1.76
芝麻镇	0.00	0.00	0.00	143.03	3.42	5.05	1 632.01	9.58	57.64	1 056.51	5.46	37.31	1.95
松林镇	72.37	28.00	1.95	1 009.79	24.16	27.11	1 645.17	9.66	44.17	997.05	5.15	26.77	1.79
沙湾镇	0.00	0.00	0.00	254.67	6.09	6.41	2 111.34	12.40	53.15	1 606.26	8.30	40.44	1.92
团泽镇	0.00	0.00	0.00	62.70	1.50	1.05	2 526.51	14.84	42.11	3 410.07	17.63	56.84	2.05
板桥镇	0.00	0.00	0.00	132.17	3.16	4.52	356.85	2.10	12.19	2 437.02	12.60	83.29	2.27
泗渡镇	3.36	1.30	0.09	165.80	3.97	4.17	781.18	4.59	19.66	3 022.80	15.63	76.08	2.40
高坪街道办事处	30.62	11.85	0.54	277.15	6.63	4.87	1 675.35	9.84	29.43	3 709.25	19.18	65.16	2.27
董公寺街道办事处	5.39	2.08	0.40	202.87	4.86	14.94	649.42	3.81	47.84	499.86	2.58	36.82	1.91
高桥街道办事处	0.00	0.00	0.00	139.72	3.34	19.29	316.61	1.86	43.71	268.00	1.39	37.00	1.87
合计	258.51	100.00	0.63	4 179.57	100.00	10.24	17 028.85	100.00	41.73	19 344.25	100.00	47.40	1.87

第四节　碱 解 氮

碱解氮包括无机态氮（铵态氮、硝态氮）及易水解的有机态氮（氨基酸、酰胺和易水解蛋白质），是能被作物直接吸收的氮素形态，含量的高低一般反映了土壤供氮的强弱，受施肥、耕作、气候等因素的影响，与作物生长关系极为密切，因此它可以作为推荐施肥的直接依据。全面了解土壤碱解氮的含量现状及变化规律，可以为作物施肥和调控土壤中碱解氮的含量提供依据。

一、现状

耕地土壤碱解氮含量在 20.00～460.00mg/kg，平均值 161.20mg/kg，最低值在毛石镇毛石村，旱地，砾质黄泡泥土土种；最高值在松林镇松林居委会，旱地，黄油泥土土种，汇川区耕地土壤碱解氮含量分级统计见表 4-8 和彩图 9。低和极低的占 32.68%，极低的含量只占 4.25%，丰富等级的面积不多，仅占 19.08%，含量中等以上的耕地占 48.24%，几乎占一半，表明汇川区耕地土壤碱解氮总体含量较高。

表 4-8　耕地土壤碱解氮含量分级统计表

含量范围（mg/kg）	面积（hm²）	比例（%）	含量等级
＜100	1 732.90	4.25	极低
100（含）～150	11 604.14	28.43	低
150（含）～200	19 685.40	48.24	中等
≥200	7 788.74	19.08	丰富
合计	40 811.18	100.00	—

二、不同利用方式含量

将耕地利用方式分为水田和旱地，旱地和水田碱解氮含量情况见表 4-9。水田碱解氮平均值高于旱地，差异不很大，水田（162.41mg/kg）比旱地（160.79mg/kg）高1.62mg/kg，低和极低比例的水田比旱地少 12.37%，中等比例水田比旱地多 5.37%，丰富所占比例水田比旱地高 7.00%。土壤中的碱解氮来源于土壤有机质和全氮以及人为的施用速效氮，水田有机质和全氮高于旱地，同时施入的速效氮和有机肥高于旱地，在长期的耕种制度下水田碱解氮略高于旱地。

表 4-9　耕地不同利用方式碱解氮含量分级统计表

含量范围（mg/kg）	旱　地		水　田		含量等级
	面积（hm²）	比例（%）	面积（hm²）	比例（%）	
＜100	1 399.34	4.69	333.56	3.04	极低
100（含）～150	9 342.05	31.32	2 262.09	20.60	低
150（含）～200	13 959.62	46.79	5 725.78	52.16	中 等
≥200	5 132.35	17.20	2 656.39	24.20	丰 富

表4-10 不同区域碱解氮含量分级统计表

镇（街道办事处）	<100mg/kg (hm²)	比例（%）	占本区域耕地面积比例（%）	100（含）~150mg/kg (hm²)	比例（%）	占本区域耕地面积比例（%）	150（含）~200mg/kg (hm²)	比例（%）	占本区域耕地面积比例（%）	≥200mg/kg (hm²)	比例（%）	占本区域耕地面积比例（%）	平均值 (mg/kg)
毛石镇	257.96	14.89	7.19	2 108.53	18.17	58.77	1 049.80	5.48	29.26	171.56	2.20	4.78	139.81
山盆镇	253.11	14.61	4.20	1 951.43	16.82	32.40	3 069.68	15.57	50.97	748.20	9.61	12.42	165.86
芝麻镇	245.90	14.19	8.68	921.80	7.94	32.55	1 280.03	6.49	45.21	383.82	4.93	13.56	169.42
松林镇	475.55	27.44	12.77	1 229.75	10.60	33.02	1 098.71	5.57	29.50	920.37	11.82	24.71	163.06
沙湾镇	313.67	18.10	7.90	1 052.07	9.07	26.48	1 590.53	8.07	40.04	1 016.00	13.04	25.58	165.26
团泽镇	37.27	2.15	0.62	1 862.85	16.05	31.05	3 682.88	18.68	61.39	416.28	5.34	6.94	164.85
板桥镇	3.85	0.22	0.13	200.88	1.73	6.87	1 621.42	8.22	55.41	1 099.89	14.12	37.59	187.10
泗渡镇	32.16	1.86	0.81	447.50	3.86	11.26	2 582.25	13.10	64.99	911.23	11.70	22.93	186.92
高坪街道办事处	44.64	2.58	0.78	900.86	7.76	15.83	2 768.54	14.04	48.64	1 978.33	25.40	34.75	191.94
董公寺街道办事处	67.87	3.92	5.00	388.84	3.35	28.64	786.54	3.99	57.94	114.29	1.47	8.42	154.88
高桥街道办事处	0.92	0.05	0.13	539.63	4.65	74.50	155.02	0.79	21.40	28.77	0.37	3.97	142.09
合计	1 732.90	100.00	4.25	11 604.14	100.00	28.43	19 685.40	100.00	48.24	7 788.74	100.00	19.08	161.20

三、不同区域含量

不同区域由于成土母质、植被、土壤有机质、全氮以及人为活动等因素的差异，导致土壤碱解氮含量在不同区域有差异，各镇（街道办事处）耕地土壤碱解氮含量见表4-10。不同镇（街道办事处）含量平均值在139.81~191.94mg/kg，最高的镇（街道办事处）比最低的高37.29%，差异较大，最高的是高坪街道办事处，最低的是毛石镇。从碱解氮不同等级面积分布来看，丰富等级以高坪街道办事处、板桥镇和沙湾镇分布面积较大，高桥街道办事处、董公寺街道办事处和毛石镇面积较少；中级比例面积较多的有团泽镇、山盆镇和高坪街道办事处，高桥街道办事处、董公寺街道办事处和毛石镇面积较少；低等级面积分布较多的是毛石镇、山盆镇和团泽镇，面积较小的是板桥镇、董公寺街道办事处和泗渡镇；极低等级面积较大的是松林镇、沙湾镇和毛石镇，面积较少的是高桥街道办事处、板桥镇和泗渡镇。碱解氮不同等级占本镇（街道办事处）比例结果可以表明本区域耕地土壤碱解氮含量的整体水平，丰富等级占本区域耕地土壤面积占比例较大的是板桥镇、高坪街道办事处和沙湾镇，高桥街道办事处、毛石镇和团泽镇比例较小；中等比例以泗渡镇、董公寺街道办事处和板桥镇所占比例大，高桥街道办事处、毛石镇和松林镇比例小；低等级比例以高桥街道办事处、毛石镇和松林镇比例大，板桥镇、泗渡镇和高坪街道办事处比例较小，极低等级占本区域的比例有板桥镇、芝麻镇和毛石镇，板桥镇、高桥街道办事处和高坪街道办事处所占比例较小。

第五节 有 效 磷

磷是作物生长必需的三大元素之一，土壤中磷的含量与母质类型、成土作用、耕作施肥密切相关，同时还与土壤有机质和土壤质地有联系。土壤中的磷包括有机磷和无机磷，矿质土壤以无机磷为主，有机磷只占全磷的20%~50%。土壤中大部分的磷都不能直接被作物吸收利用，能被作物吸收利用的是土壤中很少部分的有效磷，包括全部水溶性磷、部分吸附态磷及有机态磷。了解土壤有效磷的含量现状及变化规律，可以为科学施肥及调控土壤磷含量提供依据。

一、现状

汇川区耕地土壤有效磷含量见表4-11和彩图10。有效磷含量在1.6~78.4mg/kg，平均值23.07mg/kg，最低值在高桥街道办事处黄泥村，水田，豆面黄泥田土种；最高值在团泽镇和平村，旱地，灰砂泥土土种。低和极低的仅占3.08%，极低的含量仅0.14%，含量中等以上的耕地占96.92%，所占比例较大，丰富含量约占汇川区耕地面积的2/3，表明汇川区大部分耕地土壤有效磷含量高，只有约0.14%的耕地土壤有效磷含量极低。

表4-11 耕地土壤有效磷含量分级统计表

含量范围（mg/kg）	面积（hm²）	比例（%）	含量等级
<5	56.59	0.14	极低
5（含）~10	1 198.98	2.94	低

（续）

含量范围（mg/kg）	面积（hm²）	比例（%）	含量等级
10（含）～20	12 243.75	30.00	中等
≥20	27 311.86	66.92	丰富
合计	40 811.18	100.00	—

二、不同利用方式

将耕地利用方式分为旱地和水田，旱地和水田有效磷分级统计见表 4-12。旱地、水田土壤有效磷含量平均值差异不大，旱地（23.39mg/kg）比水田（22.14mg/kg）多 1.25mg/kg，高 5.65%。极低等级的水田和旱地相差不多；低级等级和中等级的两者基本相同，中等级的水田比旱地多 2.80%，丰富等级的水田比旱地多 2.38%。

表 4-12　耕地不同利用方式有效磷含量分级统计表

含量范围（mg/kg）	旱　　地		水　　田		含量等级
	面积（hm²）	比例（%）	面积（hm²）	比例（%）	
<5	41.61	0.14	14.98	0.13	极低
5（含）～10	909.41	3.05	289.57	2.64	低
10（含）～20	8 725.56	29.25	3 518.19	32.05	中等
≥20	20 156.78	67.56	7 155.08	65.18	丰富

三、不同区域含量

不同区域由于成土母质、植被以及人为活动等因素的差异，导致土壤有效磷含量在不同区域有差异，各镇（街道办事处）耕地土壤有效磷含量见表 4-13。不同镇（街道办事处）有效磷含量平均值在 18.70～29.35mg/kg，最大值是最低值的 1.57 倍，差异较大，最低的是山盆镇，最高的是高桥街道办事处。从有效磷不同等级面积分布来看，丰富等级以团泽镇、高坪街道办事处和松林镇分布面积较大，高桥街道办事处、董公寺街道办事处和芝麻镇面积较少；中等比例面积较多的有山盆镇、毛石镇和芝麻镇，高桥街道办事处、板桥镇和松林镇面积较少；低等级面积分布较多的是山盆镇、板桥镇和团泽镇，面积较小的是董公寺街道办事处，松林镇和沙湾镇都是零分布；极低等级面积较大的是董公寺街道办事处，芝麻镇、松林镇、沙湾镇、板桥镇、泗渡镇和高坪六镇都是零分布，其他镇也是极少量分布。有效磷不同等级占本镇（街道办事处）比例结果可以表明本区域耕地有效磷含量的水平，丰富等级所占比例较大的是松林镇、沙湾镇和板桥镇，山盆镇、芝麻镇和毛石镇比例较小；中等比例以芝麻镇、山盆镇和毛石镇所占比例大，松林镇、板桥镇和高桥街道办事处比例小；低等级比例以高桥街道办事处、山盆镇和板桥镇比例大，面积较小的是芝麻镇、松林镇和沙湾镇所占比例都是零；极低等级占本区域的比例较大的是董公寺街道办事处，芝麻镇、松林镇、沙湾镇、板桥镇、泗渡镇和高坪六镇所占比例都是零，其他镇（街道办事处）也占极少比例。

表4-13 不同区域有效磷含量分级统计表

镇（街道办事处）	<5mg/kg (hm²)	比例（%）	占本区域耕地面积比例（%）	5(含)~10mg/kg (hm²)	比例（%）	占本区域耕地面积比例（%）	10(含)~20mg/kg (hm²)	比例（%）	占本区域耕地面积比例（%）	≥20mg/kg (hm²)	比例（%）	占本区域耕地面积比例（%）	平均值（mg/kg）
毛石镇	8.57	15.14	0.24	85.53	7.13	2.38	1 852.97	15.13	51.65	1 640.78	6.01	45.73	20.12
山盆镇	5.26	9.29	0.09	469.78	39.18	7.80	3 655.17	29.85	60.69	1 892.21	6.93	31.42	18.70
芝麻镇	0.00	0.00	0.00	55.26	4.61	1.95	1 775.32	14.50	62.70	1 000.97	3.66	35.35	19.02
松林镇	0.00	0.00	0.00	0.00	0.00	0.00	364.72	2.98	9.79	3 359.66	12.30	90.21	27.61
沙湾镇	0.00	0.00	0.00	0.00	0.00	0.00	646.84	5.28	16.28	3 325.43	12.18	83.72	27.13
团泽镇	11.87	20.98	0.20	146.89	12.25	2.45	1 268.47	10.36	21.14	4 572.05	16.74	76.21	27.03
板桥镇	0.00	0.00	0.00	172.36	14.38	5.89	324.10	2.65	11.08	2 429.58	8.89	83.03	27.99
泗渡镇	0.00	0.00	0.00	57.84	4.82	1.46	781.03	6.38	19.66	3 134.27	11.48	78.89	26.13
高坪街道办事处	0.00	0.00	0.00	114.40	9.54	2.01	1 061.24	8.67	18.64	4 516.73	16.54	79.35	26.23
董公寺街道办事处	29.97	52.96	2.21	20.81	1.74	1.53	421.94	3.45	31.08	884.82	3.24	65.18	25.63
高桥街道办事处	0.92	1.63	0.13	76.11	6.35	10.51	91.95	0.75	12.69	555.36	2.03	76.67	29.35
合计	56.59	100.00	0.14	1 198.98	100.00	2.94	12 243.75	100.00	30.00	27 311.86	100.00	66.92	23.07

第六节 缓 效 钾

土壤钾是作物生长必需的三大元素之一，土壤中钾主要来源于成土母质、钾肥和有机肥的施用。土壤钾按照化学组成分为矿物钾、非交换性钾、交换性钾和水溶性钾，按照营养有效性可分为无效钾、缓效钾和速效钾。土壤缓效钾或称非交换性钾，主要是次生矿物如伊利石、蛭石、绿泥石等所固定的钾，占土壤全钾的 $1\%\sim10\%$。缓效钾和速效钾之间存在动态平衡，是土壤速效钾的主要储备仓库，也是土壤供钾潜力指标。

一、现状

耕地土壤缓效钾含量情况见表 4-14 和彩图 11，缓效钾含量在 $24\sim872mg/kg$，平均值 212.59mg/kg，最低值在毛石镇大犁村，水田，粉砂田土种；最高值在松林镇松林居委会，旱地，黄泡油泥土土种。低和极低的仅占 16.12%，含量中等以上的耕地占 83.88%，丰富含量占汇川区耕地面积的 41.67%，表明汇川区大部分耕地土壤缓效钾含量较高，仅有少数耕地土壤缓效钾含量低。

表 4-14　耕地土壤缓效钾含量分级统计表

含量范围（mg/kg）	面积（hm²）	比例（%）	含量等级
＜50	240.13	0.59	极低
50（含）～150	6 335.71	15.53	低
150（含）～250	17 227.94	42.21	中等
≥250	17 007.40	41.67	丰富
合计	40 811.18	100.00	—

二、不同利用方式含量

将耕地利用方式分为旱地和水田，旱地和水田缓效钾含量情况见表 4-15。旱地缓效钾含量平均值为 214.27mg/kg，水田为 207.69mg/kg，两者之间相差不大，旱地比水田仅多 6.58mg/kg，表明耕地不同利用方式对土壤缓效钾的影响不大，缓效钾的含量主要与成土母质和成土条件等密切相关。

表 4-15　耕地土壤不同利用方式缓效钾含量分级统计表

含量范围（mg/kg）	旱　地		水　田		含量等级
	面积（hm²）	比例（%）	面积（hm²）	比例（%）	
＜50	155.20	0.52	84.93	0.77	极低
50（含）～150	4 878.16	16.35	1 457.55	13.28	低
150（含）～250	12 214.55	40.94	5 013.39	45.67	中等
≥250	12 585.45	42.19	4 421.95	40.28	丰富

表 4 - 16　不同区域缓效钾含量分级统计表

镇（街道办事处）	<50mg/kg（hm²）	比例（%）	占本区域耕地面积比例（%）	50(含)~150mg/kg（hm²）	比例（%）	占本区域耕地面积比例（%）	150(含)~250mg/kg（hm²）	比例（%）	占本区域耕地面积比例（%）	≥250mg/kg（hm²）	比例（%）	占本区域耕地面积比例（%）	平均值（mg/kg）
毛石镇	5.49	2.29	0.15	258.85	4.09	7.22	1 916.28	11.12	53.41	1 407.23	8.28	39.22	246.55
山盆镇	162.94	67.86	2.71	3 514.91	55.48	58.36	2 092.77	12.15	34.75	251.80	1.48	4.18	138.18
芝麻镇	38.35	15.97	1.35	752.30	11.87	26.57	1 397.79	8.11	49.37	643.11	3.78	22.71	204.57
松林镇	0.85	0.35	0.02	566.19	8.94	15.21	2 632.12	15.28	70.67	525.22	3.09	14.10	197.73
沙湾镇	32.50	13.53	0.82	430.53	6.79	10.84	1 855.75	10.77	46.72	1 653.49	9.72	41.62	243.21
团泽镇	0.00	0.00	0.00	308.28	4.87	5.14	2 153.91	12.50	35.90	3 537.09	20.80	58.96	307.78
板桥镇	0.00	0.00	0.00	0.00	0.00	0.00	479.78	2.79	16.40	2 446.26	14.38	83.60	305.97
泗渡镇	0.00	0.00	0.00	32.64	0.51	0.82	1 546.89	8.98	38.93	2 393.61	14.07	60.25	267.16
高坪街道办事处	0.00	0.00	0.00	143.95	2.27	2.53	2 044.50	11.87	35.92	3 503.92	20.60	61.55	264.28
董公寺街道办事处	0.00	0.00	0.00	275.05	4.34	20.26	744.26	4.32	54.82	338.23	1.99	24.92	222.65
高桥街道办事处	0.00	0.00	0.00	53.01	0.84	7.32	363.89	2.11	50.24	307.44	1.81	42.44	272.57
合计	240.13	100.00	0.59	6 335.71	100.00	15.53	17 227.94	100.00	42.21	17 007.40	100.00	41.67	212.59

三、不同区域含量

不同区域由于成土因素的差异以及人为活动的影响，导致土壤缓效钾含量在不同区域存在一定差异，各镇（街道办事处）耕地土壤缓效钾含量见表 4-16。各镇（街道办事处）土壤缓效含量平均值在 138.18~307.78mg/kg，最高值比最低值多 169.30mg/kg，差异比较大，最低的是山盆镇，最高的是团泽镇。从缓效钾不同等级面积分布来看，丰富等级以团泽镇、高坪街道办事处和板桥镇分布面积较大，山盆镇、高桥街道办事处和董公寺街道办事处面积较少；中等比例面积较多的是松林镇、山盆镇和团泽镇，高桥街道办事处、板桥镇和董公寺街道办事处面积较少；低等级面积分布较多的是山盆镇、芝麻镇和松林镇，面积较小的是板桥镇、泗渡镇和高桥街道办事处；极低等级面积在 0.00~162.94hm²，面积很少，山盆镇、芝麻镇和沙湾镇面积相对较大。缓效钾不同等级占本镇（街道办事处）比例多少可以表明本区域耕地缓效钾的水平，丰富等级所占比例较大的是板桥镇、高坪街道办事处和泗渡镇，山盆镇、松林镇和芝麻镇比例较小；中等比例以松林镇、董公寺街道办事处和高桥街道办事处所占比例大，板桥镇、山盆镇和团泽镇比例小；低等级比例以山盆镇、芝麻镇和董公寺街道办事处比例大，板桥镇、泗渡镇和高坪街道办事处比例较小，极低等级占本区域的比例在 0.00%~2.71%，所占比例极少。

第七节 速 效 钾

土壤速效钾的含量是衡量土壤钾素养分供应能力的直接指标，它标志着目前乃至近期内可供植物吸收利用的钾的数量。因此，了解土壤速效钾的含量现状和分析变化趋势，对科学合理进行施肥和因地制宜进行种植具有重要的指导作用。

一、现状

耕地土壤速效钾含量在 20.00~498.00mg/kg，平均值为 135.86mg/kg，最低值在山盆镇新华村，水田，重白砂田土种；最高值在板桥镇板桥村，旱地，酸性紫泥土土种。汇川区耕地土壤速效钾含量极低的只有 2.01%，含量低和极低的只占 18.15%，中等以上的占 81.85%，丰富的面积占汇川区耕地面积的 1/3 以上，所占比例较大，汇川区大部分耕地土壤不缺速效钾，少数极度缺乏，汇川区耕地土壤速效钾分级统计见表 4-17 和彩图 12。

表 4-17 耕地土壤速效钾含量分级统计表

含量范围（mg/kg）	面积（hm²）	比例（%）	含量等级
<50	822.57	2.01	极低
50（含）~100	6 585.28	16.14	低
100（含）~150	17 412.87	42.67	中等
≥150	15 990.46	39.18	丰富
合计	40 811.18	100.00	—

二、不同利用方式

将耕地土壤利用方式分为旱地和水田，旱地和水田土壤速效钾含量情况见表 4-18。旱地速效钾含量平均值为 136.45mg/kg，水田速效钾含量平均值为 134.16mg/kg，旱地比水田高 2.29mg/kg。从含量不同等级比例来看，低等级和极低等级的旱地都比水田比例大，中等比例的旱地只比水田高 0.12%，丰富等级比例水田比旱地高出 4.17%。速效钾水田和旱地含量不同可能与人为干扰因素有关，旱地栽种的作物主要有玉米、蔬菜、油菜、薯类、烤烟等，农户多采取大量施肥的方式提高旱地产出，从而提高了土壤中的钾素含量。而水田多为冬水田，稻田一熟为主，复种指数低。但因种植业调整，特别是城区附近及郊区，水田旱作较多，种植水稻已很少，且水田多是平坦的坝区，钾素不易流失，所以水田速效钾高于旱地。

表 4-18　耕地不同利用方式土壤速效钾含量分级统计表

含量范围（mg/kg）	旱　地		水　田		含量等级
	面积（hm²）	比例（%）	面积（hm²）	比例（%）	
＜50	703.19	2.36	119.38	1.09	极低
50（含）～100	5 037.24	16.88	1 548.04	14.10	低
100（含）～150	12 738.13	42.70	4 674.74	42.58	中等
≥150	11 354.80	38.06	4 635.66	42.23	丰富

三、不同区域含量

不同区域由于成土母质不同和人为活动的影响，土壤速效钾含量在不同区域存在一定差异，见表 4-19。各镇（街道办事处）耕地土壤速效钾含量平均值在 21.54～157.90mg/kg，最高值比最低值多 136.36mg/kg、高 633.05%。从速效钾不同等级面积分布来看，丰富等级以高坪街道办事处、沙湾镇和泗渡镇分布面积较大，高桥街道办事处、芝麻镇和董公寺街道办事处面积较少；中级比例面积较多的有团泽镇、毛石镇和山盆镇，高桥街道办事处、板桥镇和董公寺街道办事处面积较少；低等级面积分布较多的是山盆镇、松林镇和芝麻镇，面积较小的是高桥街道办事处、泗渡镇和沙湾镇；极低等级面积在 0.00～702.30hm²，山盆镇和高桥街道办事处面积相对较大。速效钾不同等级占本镇比例结果可以表明本区域耕地速效钾的水平，丰富等级所占比例较大的是板桥镇、沙湾镇和泗渡镇，高桥街道办事处、芝麻镇和松林镇比例较小；中等比例以毛石镇、高桥街道办事处和芝麻镇所占比例大，板桥镇、沙湾镇和泗渡镇比例小；低等级比例以松林镇、山盆镇和芝麻镇比例大，泗渡镇、沙湾镇和板桥镇比例较小，极低等级占本区域的比例在 0.00%～11.66%，所占比例较少，山盆镇和高桥街道办事处所占比例相对较大。

表4－19 不同区域速效钾含量分级统计表

镇（街道办事处）	<50mg/kg (hm²)	比例（%）	占本区域耕地面积比例（%）	50(含)~100mg/kg (hm²)	比例（%）	占本区域耕地面积比例（%）	100(含)~150mg/kg (hm²)	比例（%）	占本区域耕地面积比例（%）	≥150mg/kg (hm²)	比例（%）	占本区域耕地面积比例（%）	平均值（mg/kg）
毛石镇	2.62	0.32	0.07	360.08	5.47	10.04	2 501.57	14.37	69.72	723.58	4.52	20.17	119.60
山盆镇	702.31	85.38	11.66	2 082.22	31.62	34.58	2 501.95	14.37	41.54	735.94	4.60	12.22	91.67
芝麻镇	9.01	1.09	0.32	775.34	11.77	27.38	1 748.40	10.04	61.75	298.80	1.87	10.55	97.41
松林镇	16.54	2.01	0.44	1 446.44	21.96	38.84	1 874.89	10.77	50.34	386.51	2.42	10.38	99.13
沙湾镇	11.98	1.46	0.30	88.24	1.34	2.22	959.97	5.51	24.17	2 912.08	18.21	73.31	157.90
团泽镇	0.00	0.00	0.00	602.32	9.15	10.04	3 092.48	17.76	51.55	2 304.48	14.41	38.41	72.97
板桥镇	0.00	0.00	0.00	175.51	2.67	6.00	371.16	2.13	12.68	2 379.37	14.88	81.32	58.88
泗渡镇	0.00	0.00	0.00	101.30	1.54	2.55	1 009.08	5.79	25.40	2 862.76	17.90	72.05	66.19
高坪街道办事处	4.00	0.49	0.07	611.12	9.28	10.74	2 069.42	11.88	36.35	3 007.83	18.81	52.84	90.44
董公寺街道办事处	0.00	0.00	0.00	226.14	3.43	16.66	807.51	4.64	59.48	323.89	2.03	23.86	42.60
高桥街道办事处	76.11	9.25	10.51	116.57	1.77	16.09	476.44	2.74	65.78	55.22	0.35	7.62	21.54
合计	822.57	100.00	2.01	6 585.28	100.00	16.14	17 412.87	100.00	42.67	15 990.46	100.00	39.18	135.86

第八节　pH

土壤 pH 是影响土壤肥力的主要因素之一，它直接影响土壤养分存在的状态、转化和有效性。在自然条件下，土壤 pH 主要受土壤盐基状况所支配，而土壤盐基状况决定于淋溶过程和复盐基过程的相对强度，在人为耕种影响下，土壤 pH 受施肥、种植、耕作等因素影响，所以土壤 pH 是由母质、生物、气候以及人为作用等多因素控制。客观地了解土壤 pH 的现状及变化规律，可以为调控土壤 pH 及土壤资源的利用管理提供依据。

一、现状分析

汇川区耕地土壤 pH 在 4.1～8.9，平均值 6.83，属于中性，最低值在松林镇松林居委会，旱地，砾质黄泡土土种；最高值在团泽镇上坪村，旱地，大土泥土土种，汇川区耕地土壤 pH 统计见表 4-20 和彩图 13。汇川区耕地土壤碱性的面积最多，占 47.07%；酸性的次之，占 24.90%；中性的不多，只有 15.63%；强酸性也有一定比例，占 10.96%；强碱性耕地占比极少，仅占 1.43%。

表 4-20　耕地土壤 pH 分级统计表

pH	面积（hm²）	比例（%）	含量等级
＜5.5	4 474.34	10.96	强酸性
5.5（含）～6.5	10 163.77	24.91	酸性
6.5（含）～7.5	6 380.14	15.63	中性
7.5（含）～8.5	19 208.15	47.07	碱性
≥8.5	584.78	1.43	强碱性
合计	40 811.18	100.00	—

二、不同利用方式含量

将耕地利用方式分为旱地和水田，旱地和水田 pH 变化见表 4-21，水田 pH 平均值（6.85）比旱地 pH 平均值（6.82）高 0.03，差距不大，都属于中性。强酸性的旱地比水田多 4.78%，酸性的水田比旱地多 1.13%，中性旱地比水田多 1.54%，碱性的水田比旱地多 7.15%，强碱类型的水田没有，旱地 584.78hm²，仅占旱地面积的 1.96%。

表 4-21　耕地土壤不同利用方式 pH 分级统计表

pH	水　田		旱　地		含量等级
	面积（hm²）	比例（%）	面积（hm²）	比例（%）	
＜5.5	820.28	7.47	3 654.06	12.25	强酸性
5.5（含）～6.5	2 824.59	25.73	7 339.18	24.60	酸性
6.5（含）～7.5	1 592.94	14.51	4 787.20	16.05	中性
7.5（含）～8.5	5 740.01	52.29	13 468.14	45.14	碱性
≥8.5	0.00	0.00	584.78	1.96	强碱性

表4-22 不同区域pH分级统计表

镇（街道办事处）	<5.5 (hm²)	比例(%)	占本区域耕地面积比例(%)	5.5(含)~6.5 (hm²)	比例(%)	占本区域耕地面积比例(%)	6.5(含)~7.5 (hm²)	比例(%)	占本区域耕地面积比例(%)	7.5(含)~8.5 (hm²)	比例(%)	占本区域耕地面积比例(%)	≥8.5 (hm²)	比例(%)	占本区域耕地面积比例(%)	平均值
毛石镇	111.48	2.49	3.11	1 132.09	11.14	31.55	940.30	14.74	26.21	1 403.98	7.31	39.13	0.00	0.00	0.00	6.93
山盆镇	835.77	18.68	13.88	1 038.42	10.22	17.24	743.19	11.65	12.34	3 405.04	17.73	56.54	0.00	0.00	0.00	6.91
芝麻镇	328.42	7.34	11.60	284.44	2.80	10.04	496.86	7.79	17.55	1 721.83	8.96	60.81	0.00	0.00	0.00	7.08
松林镇	695.55	15.55	18.68	1 087.61	10.70	29.20	346.00	5.42	9.29	1 595.22	8.30	42.83	0.00	0.00	0.00	6.51
沙湾镇	382.48	8.55	9.63	1 276.85	12.56	32.14	414.62	6.50	10.44	1 870.44	9.74	47.09	27.88	4.77	0.70	6.81
团泽镇	549.94	12.29	9.17	1 805.18	17.76	30.09	802.55	12.58	13.38	2 622.40	13.65	43.71	219.21	37.49	3.65	6.80
板桥镇	222.97	4.98	7.62	536.17	5.28	18.33	455.98	7.15	15.58	1 676.99	8.73	57.31	33.93	5.80	1.16	7.05
泗渡镇	157.75	3.53	3.97	578.78	5.69	14.57	896.25	14.05	22.56	2 180.66	11.35	54.88	159.70	27.31	4.02	7.25
高坪街道办事处	749.65	16.75	13.17	1 743.92	17.16	30.63	1 000.51	15.68	17.58	2 060.19	10.73	36.19	138.10	23.62	2.43	6.92
董公寺街道办事处	414.03	9.25	30.50	528.34	5.20	38.92	88.37	1.38	6.51	324.28	1.69	23.89	2.52	0.43	0.19	6.25
高桥街道办事处	26.30	0.59	3.63	151.97	1.49	20.98	195.51	3.06	26.99	347.12	1.81	47.92	3.44	0.59	0.47	6.81
合计	4 474.34	100.00	10.96	10 163.77	100.00	24.90	6 380.14	100.00	15.63	19 208.15	100.00	47.07	584.78	100.00	1.43	6.83

三、不同区域含量

不同区域由于成土因素不同以及人为活动的影响，导致土壤 pH 在不同区域存差异，各镇（街道办事处）耕地土壤 pH 见表 4 - 22。不同镇（街道办事处）pH 平均值在 6.25～7.25，最大值比最低值的多 1.00、高 16.00%，差异较大，最低是董公寺街道办事处，最高的是泗渡镇。pH 不同等级面积分布来看，强碱性土壤只有沙湾镇、团泽镇、板桥镇、泗渡镇、高坪街道办事处、董公寺街道办事处和高桥街道办事处有少面积分布；碱性土壤山盆镇、团泽镇和泗渡镇面积较大，高坪街道办事处和董公寺街道办事处面积较小；中性土壤面积较多的有高坪街道办事处、毛石镇和泗渡镇，董公寺街道办事处、高桥街道办事处和松林镇面积较少；酸性土壤面积分布较多的是团泽镇、高坪街道办事处和沙湾镇，面积较小的是高桥街道办事处、芝麻镇和董公寺街道办事处；强酸性土壤面积较大的分布在山盆镇、高坪街道办事处和松林镇，面积较少的有高桥街道办事处、毛石镇和泗渡镇镇。pH 不同等级占本区域比例结果可以表明本区域耕地土壤 pH 的概况，强碱类土壤只有沙湾镇、团泽镇、板桥镇、泗渡镇、高坪街道办事处、董公寺街道办事处和高桥街道办事处占少量比例，分别占本区域耕地土壤面积的比例为 0.70%、3.65%、1.16%、4.02%、2.43%、0.18% 和 0.47%。碱性土壤占本区域比例较大的是芝麻镇、山盆镇和板桥镇，董公寺街道办事处、毛石镇和高坪街道办事处比例较小；中性土壤占本区域比例以高桥街道办事处、毛石镇和高坪街道办事处所占比例大，董公寺街道办事处、松林镇和沙湾镇比例小；酸性土壤占本区域耕地比例以董公寺街道办事处、沙湾镇和毛石镇比例大，芝麻镇、泗渡镇和山盆镇比例较小；强酸性土壤占本区域的比例在 3.11%～30.50%，董公寺街道办事处、松林镇和山盆镇所占比例大，毛石镇、高桥街道办事处和泗渡镇所占比例小。

第九节　中微量元素

一、有效硫

土壤中硫主要来自母质、灌溉水、大气干沉降及施肥等，成土母质中的沉积岩含量高于岩浆岩，土壤中硫包括无机态硫和有机态硫，土壤中 pH、湿度、温度、通气状况等都影响土壤硫的有效性。汇川区耕地土壤有效硫含量在 11.14～145.72mg/kg，平均值 59.71mg/kg，属于中等含量水平。最低值在高坪街道办事处新拱村，旱地，砾质黄泡土土种；最高值在高坪街道办事处海龙囤村，旱地，粉油砂土土种。汇川区耕地土壤有效硫含量统计见表 4 - 23。汇川区耕地土壤有效硫极低等级和丰富等级所占比例都较少，中等级所占比例最大。

表 4 - 23　耕地土壤有效硫含量统计表

含量范围（mg/kg）	面积（hm²）	比例（%）	含量等级
<25	2 468.11	6.05	极低
25（含）～50	13 263.99	32.50	低

（续）

含量范围（mg/kg）	面积（hm²）	比例（%）	含量等级
50（含）～100	21 957.47	53.80	中等
≥100	3 121.61	7.65	丰富
合计	40 811.18	100.00	—

旱地有效硫平均含量为 60.62mg/kg，水田有效硫平均含量为 57.88mg/kg，旱地比水田高 2.74mg/kg。极低等级比例的旱地为零，水田占比较大，占 22.48%；低等级比例水田比旱地少，少 16.69%；中等级比例水田比旱地高，多 3.11%；丰富等级比例旱地比水田高，多 2.68%，旱地和水田有效硫含量见统计表 4-24。

表 4-24　旱地和水田有效硫含量统计表

含量范围（mg/kg）	旱　　地		水　　田		含量等级
	面积（hm²）	比例（%）	面积（hm²）	比例（%）	
<25	0.00	0.00	2 468.11	22.48	极低
25（含）～50	11 035.33	36.99	2 228.66	20.30	低
50（含）～100	16 300.89	54.64	5 656.58	51.53	中等
≥100	2 497.14	8.37	624.47	5.69	丰富

二、有效铁

耕地土壤有效铁含量在 1.33～177.82mg/kg，平均值 34.67mg/kg，属于中等等级含量水平。最高值在团泽镇上坪村，旱地，小粉土土种；最低值在董公寺金星村，旱地，砾石黄砂土土种。汇川区耕地土壤有效铁含量统计见表 4-25。汇川区耕地土壤有效铁中等所占比例最大，达到 49.01%；其次是丰富等级占比 36.88%；低等级和极低等级比例达到 14.12%，极低等级比例仅占 0.44%。

表 4-25　耕地土壤有效铁含量统计表

含量范围（mg/kg）	面积（hm²）	比例（%）	含量等级
<5	178.75	0.44	极低
5（含）～20	5 582.53	13.68	低
20（含）～50	19 999.76	49.00	中等
≥50	15 050.14	36.88	丰富
合计	40 811.18	100.00	—

旱地有效铁含量在 1.33～177.82mg/kg，平均值 33.73mg/kg，水田有效铁含量在 4.40～177.82mg/kg，平均值 37.42mg/kg，有效铁平均值水田比旱地高 3.69mg/kg，高 10.94%。中等级、极低等级、低等级比例旱地都高于水田，分别高 2.10%、3.45% 和 0.11%，丰富等级等级比例水田比旱地高 5.64%，旱地和水田有效铁含量见统计表 4-26。

表 4-26　旱地和水田有效铁含量统计表

含量范围（mg/kg）	旱　地		水　田		含量等级
	面积（hm²）	比例（%）	面积（hm²）	比例（%）	
<5	138.73	0.46	40.02	0.37	极低
5（含）～20	4 357.31	14.61	1 225.22	11.16	低
20（含）～50	14 788.22	49.57	5 211.54	47.47	中等
≥50	10 549.10	35.36	4 501.04	41.00	丰富

三、有效锰

耕地土壤有效锰含量在 1.08～265.03mg/kg，平均值 23.56mg/kg，属于中等等级含量水平。最高值在高坪街道办事处联丰村，旱地，粉油砂土土种；最低值在高桥街道办事处十字村，水田，豆面黄泥田土种。汇川区耕地土壤有效锰含量统计见表 4-27，极低等级所占比例较小，仅占 3.12%；低等级所占比例为 18.42%，丰富和中等所占比例差不多，分别为 39.04% 和 39.42%，中等比例以上占了汇川耕地的 78.46%。

表 4-27　耕地土壤有效锰含量统计表

含量范围（mg/kg）	面积（hm²）	比例（%）	含量等级
<5	1 275.21	3.12	极低
5（含）～15	7 515.98	18.42	低
15（含）～30	16 088.83	39.42	中等
≥30	15 931.16	39.04	丰富
合计	40 811.18	100.00	—

旱地有效锰含量在 1.10～265.03mg/kg，平均值 22.59mg/kg，水田有效锰含量在 1.08～265.03mg/kg，平均值 26.39mg/kg，有效锰平均值水田比旱地高 3.80mg/kg，高 16.82%。低等级和极低等级比例水田都低于旱地，分别低 9.46% 和 1.12%，丰富和中等等级比例水田比旱地高，分别高 3.00% 和 7.58%，旱地和水田含量见统计表 4-28。

表 4 - 28　旱地和水田有效锰含量统计表

含量范围（mg/kg）	旱　地		水　田		含量等级
	面积（hm²）	比例（%）	面积（hm²）	比例（%）	
<5	1 021.35	3.43	253.86	2.31	极低
5（含）~15	6 253.87	20.96	1 262.11	11.50	低
15（含）~30	11 152.81	37.38	4 936.02	44.96	中等
≥30	11 405.33	38.23	4 525.83	41.23	丰富

四、有效铜

耕地土壤有效铜含量在 0.53~20.74mg/kg，平均值 2.79mg/kg，属于丰富级含量水平。最高值在团泽镇三联村，旱地，黄油泥土土种；最低值也在团泽镇三联村，旱地，灰砂黄泥土土种。汇川区耕地土壤有效铜含量统计见表 4 - 29，低等级和极低等级所占比例都为零，中等仅占 0.70%，丰富等级所占比例最大，达到 99.30%，说明汇川区耕地有效铜含量丰富。

表 4 - 29　耕地土壤有效铜含量统计表

含量范围（mg/kg）	面积（hm²）	比例（%）	含量等级
<0.1	0.00	0.00	极低
0.1（含）~0.2	0.00	0.00	低
0.2（含）~1.0	284.12	0.70	中等
≥1	40 527.06	99.30	丰富
合计	40 811.18	100.00	—

旱地有效铜含量在 0.53~20.74mg/kg，平均值 2.78mg/kg，水田有效锌含量在 00.57~19.07mg/kg，平均值 2.82mg/kg，有效铜平均值水田比旱地高 0.04mg/kg，高 1.44%。中等级所占比例水田高于旱地，高 0.24%，丰富等级所占比例旱地高于水田，高 0.24%；旱地和水田有效铜含量见统计表 4 - 30。

表 4 - 30　旱地和水田有效铜含量统计表

含量范围（mg/kg）	旱　地		水　田		含量等级
	面积（hm²）	比例（%）	面积（hm²）	比例（%）	
<0.1	0.00	0.00	0.00	0.00	极低
0.1（含）~0.2	0.00	0.00	0.00	0.00	低

（续）

含量范围（mg/kg）	旱　地		水　田		含量等级
	面积（hm²）	比例（%）	面积（hm²）	比例（%）	
0.2（含）~1.0	188.72	0.63	95.40	0.87	中等
≥1	29 644.64	99.37	10 882.42	99.13	丰富

五、有效锌

耕地土壤有效锌含量在0.20~12.53mg/kg，平均值1.73mg/kg，属于中等级含量水平。最低值在团泽镇三联村村，旱地，浅灰砂黄泥土土种；最高值在泗渡镇观坝村，旱地，盐砂土土种。汇川区耕地土壤有效锌含量统计见表4-31。耕地土壤有效锌极低等级所占比例最小，仅占0.46%；低等级所占比例不大，只有5.61%；中等级所占比例最大，达到52.19%，丰富等级所占比例也大，占41.74%。

表4-31　耕地土壤有效锌含量统计表

含量范围（mg/kg）	面积（hm²）	比例（%）	含量等级
<0.5	188.15	0.46	极低
0.5（含）~1	2 290.03	5.61	低
1（含）~2	21 299.19	52.19	中等
≥2	17 033.81	41.74	丰富
合计	40 811.18	100.00	—

旱地有效锌含量在0.20~12.53mg/kg，平均值1.69mg/kg，水田有效锌含量在0.28~12.53mg/kg，平均值1.79mg/kg，有效锌平均值水田比旱地高0.10mg/kg，高5.92%，相差不大。低级和极低等级比例水田和旱地相差不大，中等级、低等级和极低等级比例水田低于旱地，丰富等级比例水田比旱地高11.31%，旱地和水田有效锌含量见统计表4-32。

表4-32　旱地和水田有效锌含量统计表

含量范围（mg/kg）	旱　地		水　田		含量等级
	面积（hm²）	比例（%）	面积（hm²）	比例（%）	
<0.5	144.17	0.48	43.98	0.40	极低
0.5（含）~1	1 724.66	5.78	565.37	5.15	低
1（含）~2	16 420.85	55.04	4 878.34	44.44	中等
≥2	11 543.68	38.70	5 490.13	50.01	丰富

六、水溶态硼

耕地土壤水溶态硼含量在 0.16~1.06mg/kg，平均值 0.47mg/kg，属于低等级含量水平。最低值在董公寺街道办事处田沟村，旱地，大粉砂田土种；最高值在板桥镇娄山关村，旱地，灰砂泥土土种。汇川区耕地土壤水溶态硼含量统计见表 4-33。耕地土壤水溶态硼低等级所占比例最大，达到 63.15%，丰富等级所占比例最小，仅占 1.04%，表明汇川区耕地水溶态硼缺乏。

表 4-33　耕地土壤水溶态硼含量统计表

含量范围（mg/kg）	面积（hm²）	比例（%）	含量等级
<0.2	649.26	1.59	极低
0.2（含）~0.5	25 773.85	63.15	低
0.5（含）~1	13 965.29	34.22	中等
≥1	422.78	1.04	丰富
合计	40 811.18	100.00	—

旱地水溶态硼含量在 0.16~1.06mg/kg，平均值 0.47mg/kg，水田水溶态硼含量在 0.24~1.06mg/kg，平均值 0.45mg/kg，水溶态硼平均值水田和旱地相差不大，两者只差 0.02 mg/kg。各个等级所占比例旱地和水田相差不大，中等级和极低等级水田比旱地低，分别少 6.29% 和 1.10%，丰富等级和低等级所占比例水田比旱地高，分别高 1.94% 和 5.45%，旱地和水田水溶态硼含量见统计表 4-34。

表 4-34　旱地和水田水溶态硼含量统计表

含量范围（mg/kg）	旱　地		水　田		含量等级
	面积（hm²）	比例（%）	面积（hm²）	比例（%）	
<0.2	562.69	1.89	86.57	0.79	极低
0.2（含）~0.5	18 402.86	61.69	7 370.99	67.14	低
0.5（含）~1	10 714.08	35.91	3 251.21	29.62	中等
≥1	153.73	0.51	269.05	2.45	丰富

第五章
耕地地力评价

第一节　调查内容和方法

一、调查内容

按照耕地地力评价要求，调查内容包括：地理位置、地貌类型、地形部位、地面坡度、田面坡度、坡向、通常地下水位、最高地下水位、最深地下水位、常年降雨量、常年有效积温、常年无霜期、农田基础设施、排水能力、灌溉能力、水源条件、输水方式、灌溉方式、典型种植制度、常年产量水平、土壤类型、成土母质、剖面构型、土壤质地、土壤结构、障碍因素、侵蚀程度、耕层厚度、土体厚度、采样深度等。

同时开展施肥情况调查，调查内容包括：常年种植作物名称、播种时间、收获时间、产量水平，作物生长季节降水、灌溉、灾害及施肥情况（肥料品种、施肥时期、施肥方法、施肥量）等。

二、调查方法

根据汇川区行政区划图、土地利用现状图、土壤图，结合地形地貌、土壤类型、肥力高低、作物种类和管理水平，同时兼顾空间分布均匀性的原则，在室内预定调查点的数量和位置，形成调查点位图。原则上要求 $3.0 \sim 7.0 hm^2$ 布设一个样点，特殊情况下可加大布点密度，如优势农作物或经济作物种植区、现代高效农业示范园区、蔬菜种植基地、中药材种植基地等。实地选取地块用 GPS 定位仪定位，采用统一编号，若图上标明的位置在当地不具典型时，再实地另选有典型性的地块，并详细标明准确的经纬度、海拔高度以及相应的信息。

调查时间，在作物收获后或播种施肥前进行，大田作物在春耕或秋种前；果园在果品采摘后的第一次施肥前；幼树及未挂果果园，在清园扩穴施肥前。

第二节　土壤采集与分析

一、土壤采集

根据汇川区行政区划图、土地利用现状图、土壤图，在室内编制采样规划图；准备好 GPS 定位仪、木铲、锄头、竹片、采样袋（布袋）、采样标签、笔等工具。根据采样点规划图选定采样路线，到达点位所在地，同时向农民了解前季作物产量情况，将土壤类型、产量水平相近的区域，根据土壤样品采样数量，以 2～7hm² 划分为一个采样单元。在采样单元内，确定具有代表性、面积＞0.07hm² 的田块为采样田块。

在已确定的采样田块中，以 GPS 定位仪定位点位中心，向四周辐射多个分样点，一般情况下长方形地块用"S"法，近似正方形的地块用"X"法布置分样点，分样点数量一般在 15 个以上。在每个分样点，用木铲或锄头挖开一个 10～20cm 宽、0～20cm 深的断面，再用竹片将断面表层土壤削除，将多个点土壤充分混合后，摊在塑料布上，将大块的样品碾碎、混匀，铺成正方形，挑去石块、虫体、秸秆、根系等，划对角线将土样分成四份，把对角的两份分别合并成一份，保留一份，弃去一份，重复多次，直至达到样品要求的重量。试验、示范田基础样 2kg，一般农化样 1kg。取样时要避开路边、田埂、沟边、肥堆等特殊部位。对样品进行编号并填写好采样登记簿及内外标签，检查三者的一致性，确认后再进行下一样品的采集。汇川区共采集土壤样品 3 079 个，采样分布情况见彩图 14。

二、土样制备与分析

样品采集后，及时送到前处理室，放于木盘中或者塑料布上，摊成薄薄的一层，置于室内阴干。在土样半干时，剔除土壤以外侵入体（如石子、虫体、植物残茬等）和新生体（如铁锰结核和石灰核等），以除去非土壤组成部分。如果石子过多，应当将拣出的石子称重，记下百分比。不能及时送到前处理室的样品，及时在通风、干燥、避光的地方摊开于塑料膜或簸箕上，风干后及时送到前处理室。

将风干后的样品平铺在制样板上，用木棍或塑料棍碾压，压碎的土样要全部通过 2mm 孔径筛。未过筛的土粒必须重新碾压过筛，直至全部样品通过 2mm 孔径筛为止。过 2mm 孔径筛的土样可供 pH、碱解氮、速效钾、中微量元素等养分项目的测定。

将通过 2mm 孔径筛的土样用四分法取出一部分继续碾磨，使之全部通过 0.25mm 孔径筛，供有机质、全氮、全磷等项目的测定。将样品磨制好后，装入土壤专用样品袋，转入化验室的样品储藏室，按室内编号顺序有规律地摆放，待测。

检测项目包括 pH、有机质、全氮、碱解氮、有效磷、速效钾、缓效钾、有效铁、有效锰、有效铜、有效锌、有效硫、水溶性硼等 13 个指标。分析方法及质量控制参照《测土配方施肥技术规范》要求，分析项目与方法如表 5-1 所示。

表 5-1 土壤样品测试项目及分析方法汇总表

序号	测试项目	分析方法
1	土壤 pH	电位法测定，土液比 1：2.5
2	土壤有机质	油浴加热重铬酸钾氧化滴定法测定
3	土壤全氮	凯氏蒸馏法测定
4	土壤碱解氮	碱解扩散法测定
5	土壤有效磷	碳酸氢钠浸提-钼锑抗比色法测定
6	土壤速效钾	乙酸铵浸提-火焰光度计法测定

（续）

序号	测试项目	分析方法
7	土壤缓效钾	硝酸提取-火焰光度计法测定
8	土壤有效铁、锰、铜、锌	DTPA 浸提-原子吸收分光光度法
9	土壤水溶性硼	沸水浸提-姜黄素比色法测定
10	土壤有效硫	磷酸盐-乙酸浸提-硫酸钡比浊法测定

三、土壤检测质量控制

在检测过程中，主要采取以下质量控制措施：①严格按照《土壤分析技术规范》中的相关检测技术要求进行。②计量仪器设备定期进行计量检定和在使用前进行自检，确保设备运行正常，要求预热的仪器一定要达到预热时间方可进行检测，检测时的温度控制按照要求进行调整。③空白试验消除系统误差，每批样品做 2～3 个空白样，从待测试样的测定值中扣除空白值。④用从国家标准物质中心购买的国家二级标准溶液，建立标准曲线，标准曲线和线性相关系数达到 0.999 以上。每批样品都必须做标准曲线，并且重现性良好，每测 10 个样品用标准液进行校验，检查仪器情况，符合有关要求后再进行样品检测，如有测定值超过标准曲线最高点的待测液，稀释后再测定。⑤每批待测样品中加入 10% 的平行样，测定合格率达到 95%，如果平行样测定合格率小于 95%，该批样品重新测定，直到合格为止。⑥每批待测样中，10 个样品加入 1 个参比样（由贵州省土壤肥料工作总站提供），如果测得的参比样值在允许的误差范围内，则这批样品的测定值有效，如果参比样的测定值超出了误差允许范围，这批样需重新测定，直到合格。⑦通过不同检测室之间比对、同一检测室不同人员比对、盲样考核等方式提高化验人员检测水平。

第三节　基础数据库的建立

一、属性数据库的建立

1. 属性资料的收集整理

耕地地力评价以耕地的各种性状要素为基础，广泛收集与耕地地力评价有关的各类自然和社会经济资料。对所需要的属性资料进行整理，采用农业农村部提供的录入系统进行汇总，为耕地地力评价提供数据准备。

（1）属性数据采集标准

以"测土配方施肥数据字典"和《县域耕地资源管理信息系统数据字典》作为属性数据的采集标准，包含对每个指标完整的命名、格式、类型、取值区间等定义。在建立属性数据库时要按数据字典要求，制订统一的基础数据编码规则，进行属性数据录入。

（2）野外调查数据

主要包括地形地貌、成土母质、土壤类型、土层厚度、耕层质地、耕地利用现状、灌排条件、作物产量、施肥水平、坡度等。

（3）化验分析数据

包括土壤 pH、有机质、全氮、碱解氮、有效磷、缓效钾、速效钾、有效铁、有效锰、有效铜、有效锌、有效硫、水溶性硼等，由采集土壤样品化验分析得到。所有数据要统一量纲、规范有效位数等，每一个取样点必须用 GPS 定位仪定位。

（4）社会经济等属性资料

包括汇川区各镇（街道办事处）基本情况、自然资源状况描述；土壤志、土种志、土壤普查专题报告；各土种性状描述，包括其发生、发育、分布、生产性能、障碍因素等；全国第二次土壤普查资料，基本农田保护区划定资料；近 3 年农业生产统计资料、土壤监测、田间试验、各镇（街道办事处）化肥销售及使用情况、农作物布局等。

2. 数据资料审核录入

在录入数据库前，对所有调查表、试验数据和分析数据等资料进行系统的审查，对每个调查项目的描述进行规范化和标准化，对所有农化分析数据进行相应的统计分析，发现异常数据，分析原因，酌情处理。数据的分类编码是对数据资料进行有效管理的重要依据，采用数字表示的层次型分类编码体系，对属性数据进行分类编码，建立编码字典。采用 Excel 进行数据录入，最终以 dbf 格式保存入库，文字资料以 TXT 文件格式保存，图片资料以 JPG 格式保存。这些文件分别保存在相应的子目录下，其相对路径和文件名录入相应的属性数据库中。

二、空间数据库的建立

1. 空间数据库的内容

空间数据库的内容包括：汇川区土地利用现状图、土壤图、土壤养分图、行政区划图（村级）、地形图、交通图、水利图、采样点位图等。应用县域耕地资源管理信息系统 4.0 软件，采用数字化仪或扫描后屏幕数字化的方式录入，最终建立汇川区耕地地力评价空间数据库。

2. 图件资料的收集整理

收集整理的图件资料指印刷的各类地图、专题图、卫星照片以及数字化矢量和栅格图，主要有以下几种。

（1）地形图

统一采用原中国人民解放军总参谋部测绘局测绘的地形图。由于近年来公路、水系、地形地貌等变化较大，因此与水利、公路、规划、国土等部门联系收集有关最新图件资料对地形图进行了修正。

（2）土地利用现状图

近几年，国土部门开展了全国第二次土壤普查和基本农田调查工作，到国土部门收集这些图件资料，作为耕地地力评价的基础资料。

（3）行政区划图

收集最新行政区划图（含行政村边界），并确保名称、编码等的一致性。

（4）全国第二次土壤普查成果图

包括土壤图、土壤改良利用图、土壤养分图等。

（5）耕地地力调查点位图

在行政区划图、土地利用现状图、土壤图上准确标明耕地地力调查点位位置及编号。

3. 图件数字化

（1）数据采集标准

①确保评价结果的实用性及可操作性，并能充分利用汇川区评价的土壤调查、测试数据。②投影方式：高斯-克吕格投影，6 度分带。③坐标系及椭球参数：西安 80/克拉索夫斯基。④高程系统：1980 年国家高程基准。⑤野外调查 GPS 定位仪定位数据：初始数据采用经纬度，统一采用 World Geodetic System 1984 坐标系，并在调查表格中记载；装入 GIS 系统与图件匹配时，再投影转换为上述直角坐标系坐标。

（2）图件数字化

图件数字化采用 R2V 软件，数字化后以 shape 格式导出，在 ArcGIS 中进行图形编辑、改错，建立拓扑关系。然后进行坐标及投影转换。投影方式采用高斯-克吕格投影，6 度分带，坐标系及椭球参数采用西安 80/克拉索夫斯基；高程系统采用 1980 年国家高程基准；野外调查 GPS 定位仪定位数据的初始数据采用经纬度，统一采用 World Geodetic System 1984 坐标系，并在调查表格中记载，装入 GIS 系统与图件匹配时，再投影转换为上述直角坐标系坐标。

（3）图件数据质量控制

扫描影像能够区分图中各要素，若有线条不清晰现象，须重新扫描。

扫描影像数据经过角度纠正，纠正后的图幅下方两个内图廓点的连线与水平线的角度误差不超过 0.2°。

公里网格线交叉点为图形纠正控制点，每幅图应选取不少于 20 个控制点，纠正后控制点的点位绝对误差不超过 0.2mm（图面值）。

矢量化：要求图内各要素的采集无错漏现象，图层分类和命名符合统一的规范，各要素的采集与扫描数据相吻合，线划（点位）整体或部分偏移的距离不超过 0.3mm（图面值）。

所有数据层均具有严格的拓扑结构。面状图形数据中没有碎片多边形。图形数据及属性数据的输入正确。

（4）图件输出质量要求

图必须覆盖整个汇川区，不得丢漏。

图中要素必有项目包括评价单元图斑、各评价要素图斑和调查点位数据、线状地物、注记。要素的颜色、图案、线型等表示符合规范要求。

图外要素必有项目包括图名、图例、坐标系及高程系说明、成图比例尺、制图单位全称、制图时间等。

4. 属性数据库和空间数据库的连接

以建立的数据字典为基础，在数字化图件时对点、线、面（多边形）均赋予相应的属性编码，如在数字化土地利用现状图时，对每一多边形同时输入土地利用编码，从而建立空间数据库与属性数据库具有连接的共同字段和唯一索引。图件数字化完成后，在 ArcGIS 下调入相应的属性库，完成库间的连接，并对属性字段进行相应的整理，最终建立完整的具有相应属性要素的数字化地图。

三、评价单元的确定

评价单元的划分采用土壤图、土地利用现状图及行政区划图叠置划分的方法，即"土地利用现状类型-土壤类型-行政区划"的格式，位于同一个镇（街道办事处）的相同土壤单元及土地利用现状类型的地块组成一个评价单元。其中，土壤类型划分到土种，土地利用现状类型划分到二级利用类型。同一评价单元内的土壤类型相同，土地利用类型相同，交通、水利、经营管理方式等基本一致，用这种方法既克服了土地利用类型在性质上的不均一性，又克服了土壤类型在地域边界上的不一致性。同时，考虑了行政边界因素，使评价单元的行政隶属关系明确，便于将评价结果落实到实地。本次评价通过将土地利用现状图、土壤图及镇（街道办事处）级行政区划图进行叠置，划分生成汇川区耕地地力评价单元 17 843 个。

四、评价信息的提取

影响耕地地力的因子非常多，而且这些因子在计算机中的储存方式也不尽相同，如何准确地在评价单元中获取评价信息是关键的一环。由土壤图、土地利用现状图和行政区划图叠加生成评价单元图斑，在单元图斑内统计采样点。如果一个单元内有一个采样点，则该单元的数值就用该点的数值；如果一个单元内有多个采样点，则该单元的数值采用多个采样点的平均值（数值型取平均值，文本型取大样本值，下同）；如果某一单元内没有采样点，则该单元的值用与该单元相邻同土种的单元的值代替；如果没有同土种单元相邻，或相邻同土种单元也没有数据则可用与之较近的多个单元（数据）的平均值代替。

第四节　评价方法

耕地地力评价是根据耕地地力的基本影响因子对耕地的基础生产能力做出评价，可以客观地了解汇川区耕地的地力状况、土壤养分情况、土壤肥力水平和耕地退化等情况，为耕地利用和改良、耕地科学施肥管理和合理布局农业产业提供科学依据，促使农业增效、农民增收，促进现代山地高效农业发展和推动农业供给侧结构性改革。

一、评价依据

依据《全国耕地类型区、耕地地力等级划分》（NY/T 309—1996）、《耕地地力调查与质量评价技术规程》（NY/T 1634—2008）、《贵州省耕地地力等级划分标准》（DB52/T 435—2002）和《贵州省耕地地力评价技术规范》（DB52/T 435—2009）对汇川区耕地地力进行评价和等级划分。

二、评价原则

1. 综合因素与主导因素相结合原则

综合因素是指对耕地立地条件、剖面性状、耕层理化性状、障碍因素和土壤管理水平5个方面的因素进行全面的研究、分析与评价，以全面了解耕地地力状况。主导因素是指在特定的范围内对耕地地力起决定作用的因素，相对稳定的因素，在评价中要着重对其进行研究分析。因此，把综合因素与主导因素结合起来进行评价，才可以对耕地地力做出科学准确的评价。

2. 一致性与共性评价原则

不同区域的耕地立地条件、剖面性状、耕层理化性状、障碍因素和土壤管理水平等不同，耕地地力有很大差异。考虑区域内耕地地力的可比性，针对不同的耕地地力，选用统一的评价指标和标准，即地力评价不针对某一特殊土地利用类型。同时，鉴于耕地地力评价是对全年的作物生产潜力进行评价，评价指标的选择需要考虑全年的各季作物。

3. 评价结果稳定性原则

评价结果在一定时期内应具有一定的稳定性，能为一定时期内的耕地资源利用和改良提供依据。因此，在指标的选取上必须考虑评价指标的稳定性。

4. 定量和定性相结合的原则

影响耕地地力的因素中，有数值型函数，也有概念型函数，定量和定性要素共存，相互影响，相互作用。因此，为保证评价结果的准确性，宜采用定量和定性评价相结合的方法。总体上，为保证评价结果的客观性，尽量采用定量评价方法，对于可以量化的评价因子，如有机质、全氮、速效钾、有效磷等因子，按其数值参与计算。对于非数值量化的定性因子，如剖面构型、耕层质地等因子进行量化处理，确定其相应的指数。在评价因素筛选、权重赋值，评价标准、评级确定过程中尽量采用定量化数学模型。在此基础上充分利用人工智能和专家知识，对评价中间过程和评价结果进行必要的定性修正，从而保证评价结果的准确性。

5. 采用 GIS 支持的自动化评价原则

自动化、定量化的评价技术方法是当前耕地地力评价的重要方向，随着 GIS 技术在耕地地力评价中的不断应用和发展，耕地地力评价的精度和准确度不断提升。本次耕地地力评价基于数据库建立评价模型建立与 GIS 空间叠加分析模型的结合，采用县域耕地资源管理信息系统进行评价，实现全数字化、自动化评价流程，一定程度上代表了当前耕地地力评价的最新技术。

三、评价流程

评价技术流程归纳起来主要分为三个阶段或内容，评价技术路线如图 5－1 所示。

1. 准备阶段

主要是收集整理图件、资料，校核筛选测土配方施肥数据；建立数据库，包括空间数据库、属性数据库、专家知识库和模型库。

2. 评价阶段

首先是专家组根据指标选取原则，从汇川区耕地地力评价指标中选取反映本地实际情况的评价因子；然后应用 ArcGIS 软件，利用土壤图、土地利用现状图和行政区划图确定评价单元，从评价单元中获取数据，计算所选因子权重，采用累加法等方法对各单元进行评价，得出各单元评价结果数据；最后对各单元数据进行统计分析就得出了耕地地力评价结果。

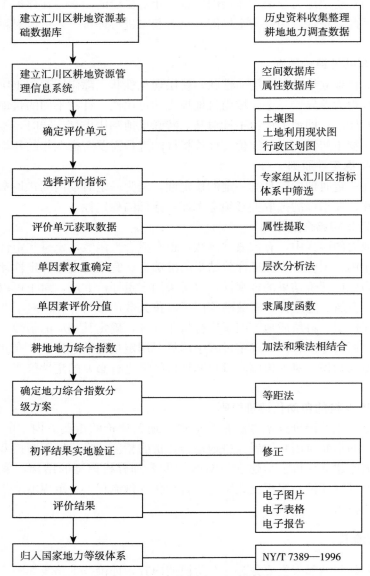

图 5-1 耕地地力评价技术路线图

3. 评价成果应用阶段

应用评价结果，把耕地地力归入国家地力等级体系，形成各种成果图件，编制耕地地力评价报告和专题研究报告等。

第五节 评价因子的选取及权重确定

正确进行参评因素的选取并确定其权重，是科学进行耕地地力评价的前提，直接关系评价结果的正确性、科学性和社会可接受性。

一、参评因素选取

因子筛选与权重确定是评价过程中的关键，尤其是土壤因素的选择。土壤是十分复杂的灰色系统，不可能将其所包含的全部信息提出来，由于影响耕地地力的因子间普遍存在着相关性，甚至信息彼此重叠，故进行耕地地力评价时没有必要将所有因子都考虑进去。为了排除人为主观性对选择评价因子的影响，使筛选的主导评价因子能较全面客观地反映评价区域耕地地力的现实状况，遵循稳定性、主导性、综合性、定量性等原则。采用德尔菲法，对影响耕地的立地条件、土体构型、理化性状等定性指标进行筛选。遵义市土肥站组织土壤肥料、植物栽培、农业技术推广、气象等业务成员建立耕地地力评价专家组，对指标进行分类，并多次咨询贵州大学农学院、贵州省土壤肥料工作总站、贵州省农业科学研究院有关专家，根据全国共用的耕地地力评价指标体系，针对汇川区的耕地资源特点，采用德尔斐法选取了剖面构型、土体厚度、pH、有效磷、缓效钾、耕层质地、有机质、成土母质、抗旱能力、地形部位、海拔、坡度共 12 个评价因子，这些评价因子对汇川区耕地地力影响比较大，区域内的变异明显，在时间序列上具有相对稳定性，与农业生产有密切关系，由此选择其为汇川区耕地地力评价的评价因素，建立评价因素指标体系。

二、权重确定

在耕地地力评价中，需要根据参评因素对耕地地力贡献确定其权重。确定权重的方法有很多，本次评价中采用层次分析法（AHP）来确定各参评因素的权重。

（一）建立层次结构

耕地地力为目标层（A 层），影响耕地地力的土体构型、理化性状、立地条件准则层（B 层），影响准则层的 12 个单项因素：剖面构型、土体厚度、pH、有效磷、缓效钾、耕层质地、有机质、成土母质、抗旱能力、地形部位、海拔、坡度为指标层（C 层），指标体系结构关系见表 5-2 所示。

表 5-2　耕地地力评价层次模型

目标层	准则层	指标层
耕地地力 A	土体构型 B_1	剖面构型 C_1
		土体厚度 C_2
	理化性状 B_2	pH C_3
		有效磷 C_4
		缓效钾 C_5
		耕层质地 C_6
		有机质 C_7
	立地条件 B_3	成土母质 C_8
		抗旱能力 C_9
		地形部位 C_{10}
		海拔 C_{11}
		坡度 C_{12}

（二）构建判别矩阵及一致性检验

判别矩阵是假定在地力评价中有 n 个因素，用 P_{ij} 表示因素 i 和 j 的相对重要性比较，这样就可以得到一个矩阵 $P=(P_{ij})$ $n\times n$，此矩阵代表了评价者对决策目标的认识和主观判断，即称之为判别矩阵。构建判别矩阵是层次分析关键的一步，根据表 5-3 标度法，专家组按照 B 层各因素对 A 层、C 层各因素对 B 层相应因素的相对重要性，给出数量化的评估。专家组评估的初步结果经合适的数学处理后反馈给各位专家，请专家确认。经多次征求意见形成表 5-4 至表 5-7 共 4 个判断矩阵。

表 5-3　判断矩阵标度的含义

标度	含义（因素 i 与 j 之间的重要性比较）
1	表示因素 i 与 j 具有同样重要性
3	表示因素 i 与 j 稍微重要
5	表示因素 i 与 j 明显重要
7	表示因素 i 与 j 强烈重要
9	表示因素 i 与 j 极端重要
2，4，6，8	上述两相邻判断的中值
倒数	比较因素 i 与 j 时的值

表 5-4　目标层判别矩阵

地力评价	土体构型	理化性状	立地条件	权重 W_i
土体构型	1.000 0	0.381 7	0.374 5	0.159 0
理化性状	2.620 0	1.000 0	0.980 4	0.416 4
立地条件	2.670 0	1.020 0	1.000 0	0.424 6

判断矩形一致性比例为 0；对总目标的权重为 1。

表 5-5　准则层（1）判别矩阵

土体构型	土体厚度	剖面构型	权重 W_i
土体厚度	1.000 0	0.826 4	0.452 5
剖面构型	1.210 0	1.000 0	0.547 5

土体构型：判断矩形一致性比例为 0；对总目标的权重为 0.159 0。

表 5-6　准则层（2）判别矩阵

理化性状	pH	有效磷	缓效钾	耕层质地	有机质	权重 W_i
pH	1.000 0	0.961 5	0.806 5	0.598 8	0.507 6	0.144 2

（续）

理化性状	pH	有效磷	缓效钾	耕层质地	有机质	权重 W_i
有效磷	1.040 0	1.000 0	0.833 3	0.617 3	0.510 2	0.148 5
缓效钾	1.240 0	1.200 0	1.000 0	0.740 7	0.609 8	0.177 8
耕层质地	1.670 0	1.620 0	1.350 0	1.000 0	0.826 4	0.240 1
有机质	1.970 0	1.960 0	1.640 0	1.210 0	1.000 0	0.289 3

理化性状：判断矩形一致性比例为 $2.650\ 278 \times 10^{-5}$；对总目标的权重为 0.416 4。

表 5-7　准则层（3）判别矩阵

立地条件	成土母质	抗旱能力	地形部位	海拔	坡度	权重 W_i
成土母质	1.000 0	0.892 9	0.854 7	0.662 3	0.578 0	0.153 1
抗旱能力	1.120 0	1.000 0	0.934 6	0.735 3	0.641 0	0.170 0
地形部位	1.170 0	1.070 0	1.000 0	0.775 2	0.675 7	0.180 0
海拔	1.510 0	1.360 0	1.290 0	1.000 0	0.869 6	0.231 4
坡度	1.730 0	1.560 0	1.480 0	1.150 0	1.000 0	0.265 6

立地条件：判断矩形一致性比例为 $1.085\ 65 \times 10^{-5}$；对总目标的权重为 0.424 6。

由此可见，本研究中各判断矩阵均具有满意的一致性，一致性检验通过，可以对各个评价因子进行层次总排序。

（三）层次总排序

对各层次进行总排序，并进行一次性检验，结果具有满意的一致性。同时，由于层次总排序结果即为评价因子的组合权重的排序，所以计算得到的组合权重即为耕地地力评价因子的权重。对各评价因子权重进行排序，从表 5-8 中可以看出，各评价因子对地力的影响程度综合排序如下：pH＜有效磷＜成土母质＜剖面构型＜抗旱能力＜缓效钾＜地形部位＜土体厚度＜海拔＜耕层质地＜坡度＜有机质，可见有机质对耕地地力影响最大。

表 5-8　各个因素的组合权重计算结果

准则层 A	指标名称	土体构型 B_1	理化性状 B_2	立地条件 B_3	权重 $\sum C_i$
土体构型	剖面构型	0.452 5			0.071 9
	土体厚度	0.547 5			0.087 0
理化性状	pH		0.144 2		0.060 1
	有效磷		0.148 5		0.061 8
	缓效钾		0.177 8		0.074 0
	耕层质地		0.240 1		0.100 0
	有机质		0.289 3		0.120 5

（续）

准则层 A	指标名称	土体构型 B_1	理化性状 B_2	立地条件 B_3	权重 $\sum C_i$
立地条件	成土母质			0.153 1	0.065 0
	抗旱能力			0.170 0	0.072 2
	地形部位			0.180 0	0.076 4
	海拔			0.231 4	0.098 2
	坡度			0.265 6	0.112 8

三、参评因素属性值获取

在确定好评价单元并建立好评价指标体系后，需要将选定的评价因素值添加到评价单元的属性表中，这就涉及评价因子值的获取问题。在 GIS 中有栅格与矢量两种数据结构。相应地，耕地地力评价可以基于这两种数据结构进行。数据结构不同，其评价单元中的评价因子值提取方式也不同，从而形成不同的评价模式。本次评价采用栅格矢量混合数据评价模式，这种模式的优点是它的评价单元采用了矢量模式的划分方法，继承了矢量模式最大的优点即空间分辨率高、评价结果容易落实的特点，同时也避免了栅格评价模式过程中所产生的斑点噪声，充分利用 ArcGIS 的空间分析功能，不需要对数据进行格式的转换，大大减少了工作量，并且这种模式的数据量、运算复杂度介于矢量模式和栅格模式之间，运算时间比栅格模式要低。尤其是它在评价因子属性值提取方面所采用的取均值的方法获得土壤肥料工作者们的认可和推崇。

（一）土壤有机质、有效磷、缓效钾、pH 因素值的获取

对于土壤有机质、有效磷、缓效钾、pH 因素值的获取，通过野外采集的土壤样品进行化验得出数据，用统计的方法进行 kriging 空间插值来获得。首先，将采样点调查及分析数据按照经纬度在 ArcGIS 9.3 中进行布点。然后，利用其中的统计分析（Geostatistical Analyst）模块选择最优的插值模型进行 kriging 空间插值，得到各因子的空间分布图。最后，同样使用确定的评价单元图通过空间分析（Spatial Analyst）模块下的区域统计（Zonal Statistics）功能来提取每个评价单元范围内的有机质、有效磷、缓效钾、pH 因素的平均值，并将该值赋给相应的评价单元，最终实现这些因素值的提取。

（二）抗旱能力、地形部位、成土母质、剖面构型、土体厚度、坡度、耕层质地因素值的获取

抗旱能力、地形部位、成土母质、剖面构型、土体厚度、坡度、耕层质地相对定性的评价因素，由于没有相应的专题图，因此其值不能通过 GIS 中的空间分析功能直接进行提取，只能通过土壤采样点的调查数据得到。本次评价的土壤调查样点分布较为均匀，在采集土壤时，对各样点的抗旱能力、地形部位、成土母质、剖面构型、土体厚度、坡度、耕层质地因素进行了详细地调查，而这些因素在空间上一定范围内存在相对的一致性，也就是说在一定的采样密度下，每个采样点附近的评价单元的这些因素的值可以用该样点的

值代替，即以点代面来实现评价单元中对抗旱能力、地形部位、成土母质、剖面构型、土体厚度、坡度、耕层质地因素值的获取。

（三）海拔因素值的获取

海拔因素值的获取首先是利用 ArcGIS 9.3 软件将数字化的汇川区地形图生成数字高程模型（DEM）。在生成的 DEM 的基础上，利用 ArcGIS 9.3 中的空间分析（Spatial Analyst）模块下的表面分析（Surface Analysis）功能来提取每个评价单元范围内海拔高度的平均值，并将其赋给对应的评价单元，从而实现海拔因素值的提取。

四、模糊综合评价模型的建立

耕地地力评价模型是一个灰色系统，系统内部各要素之间与其地力之间关系十分复杂，且评价中也存在着许多不严格、模糊性的概念，因此采用模糊综合评价方法来进行耕地地力的评价。

在建立了评价指标体系后，由于单因素间的数据量纲不同，不能直接用来衡量该因素对耕地地力的影响程度。因此，必须对参评的因素进行标准化处理。各因素对耕地地力的影响程度是一个模糊的概念，在模糊评价中以隶属度来划分客观事物中的模糊界线，隶属度可以用隶属函数来表达。

根据模糊数学理论，将选定的评价指标与耕地生产能力的关系分为戒上型、峰型、直线型和概念型 4 种类型的隶属函数。

1. 戒上型函数模型

$$y_i = \begin{cases} 0, & u_i \leqslant u_t \\ 1/[1 + a_i(u_i - c_i)^2], & u_t < u_i < c_i, (i = 1, 2, \cdots, m) \\ 1, & c_i \leqslant u_i \end{cases}$$

式中，y_i 为第 i 个因素分值；u_i 为样品观测值；c_i 为标准指标；u_t 为指标下限值。

2. 峰型函数模型

$$y_i = \begin{cases} 0, & u_t > u_{t1} \text{ 或 } u_i < u_{t2} \\ 1/[1 + a_i(u_i - c_i)^2], & u_{t1} < u_i < u_{t2}, (i = 1, 2, \cdots, m) \\ 1, & u_i = c_i \end{cases}$$

式中，u_{t1}、u_{t2} 分别为指标上、下限值。

3. 直线型（正直线和负直线）

$$y_i = au_i + b$$

式中，u_i 为样品观测值。

4. 概念型

这类指标其性状是定性的、综合的，与耕地地力之间是一种非线性的关系，如地形部位、耕层质地、坡度、剖面构型、成土母质，这类因素的评价可采用德尔斐法直接给出隶属度。

在本次评价中根据汇川区耕地资源特点选出的 12 项评价因素，对于戒上型、峰型、直线型 3 种函数，用德尔斐法邀请专家对一组实测值评估出相应的隶属度，根据相关数据的回归分析和专家经验，确定各因素的分值等级序列。并根据这两组数据用 SPSS10.0 拟合隶属函数，计算出隶属函数的参数。根据所选单因素对耕地地力影响及各自特点，综合各专家的意见，把各参评因素分为不同的函数类型，pH 和有机质为峰型、海拔为负直线型，土体厚度为正直线型，抗旱能力、有机质、有效磷、缓效钾为戒上型，成土母质、地形部位、坡度、剖面构型和耕层质地为概念型。各因素的隶属度见表 5-9 至表 5-14。

表 5-9　耕地地力评价隶属度

函数类型	项目	方程	a 值	b 值	c 值	u_t 值	
土体厚度	正直线型	$y=b+a\times u$	0.001 2	−0.08	—	6.81	91.92
抗旱能力	戒上型	$y=1/[1+a\times(u-c)^2]$	0.008 2	—	28.42	−82.29	28.42
海拔	负直线型	$y=b-a\times u$	0.001	1.6	—	600.00	1 600.00
pH	峰型	$y=1/[1+a\times(u-c)^2]$	0.33	—	6.50	−10.91	23.91
有机质	峰型	$y=1/[1+a\times(u-c)^2]$	0.001 2	—	51.21	−232.54	334.97
有效磷	戒上型	$y=1/[1+a\times(u-c)^2]$	0.000 47	—	78.64	−384.60	78.64
缓效钾	戒上型	$y=1/[1+a\times(u-c)^2]$	0.000 009	—	651.44	−2 681.90	651.44
抗旱能力	戒上型	$y=1/[1+a\times(u-c)^2]$	0.008 2	—	27.42	−82.29	28.42

表 5-10　成土母质隶属度及其描述

隶属度	描　述
1	河流沉积物、溪/河流冲积物
0.8	砂页岩坡积残积物、灰绿色/青灰色页岩坡积残积物、老风化壳、老风化壳/页岩/泥页岩坡积残积物、泥质白云岩/石灰岩坡积残积物、泥质石灰岩坡积残积物、石灰岩坡积残积物、中性/钙质紫色砂页岩坡积残积物、砂页岩风化坡积残积物、石灰岩坡积物
0.6	变余砂岩/砂岩/石英砂岩等风化残积物、白云灰岩/白云岩坡积残积物、老风化壳/黏土岩/泥页岩/板岩坡积残积物、泥岩/页岩/板岩等坡积残积物、砂页岩/砂岩/板岩坡积残积物、石灰岩/白云岩坡积残积物、酸性紫红色砂岩/砾岩坡积残积物、酸性紫色页岩坡积残积物、页岩/板岩坡积残积物、页岩坡积残积物、中性/钙质紫色页岩坡积残积物、紫红色砂页岩/紫色砂岩/砾岩坡积残积物、棕紫色页岩坡积残积物、钙质紫色页岩坡积物
0.4	泥灰岩坡积残积物、泥岩/页岩坡积残积物、泥岩/页岩坡积残积物、砂岩坡积残积物、白云岩坡积残积物、酸性紫红色泥岩/页岩坡积残积物、碳酸盐岩类坡积残积物、紫色泥岩坡积残积物、紫色泥岩坡积残积物、钙质紫色页岩/砾岩残坡积物
0.2	硅质灰岩/钙质砾岩/白云岩坡积残积物、白云质灰岩、燧石灰岩坡积残积物、湖沼沉积物、碳质页岩坡积残积物

表 5 - 11　耕层质地隶属度及其描述

隶属度	描　　述
1	中壤
0.9	轻壤
0.8	沙壤
0.7	重壤
0.6	轻黏
0.4	中黏
0.2	重黏、松沙

表 5 - 12　剖面构型隶属度及其描述

隶属度	描　　述
1	Aa - Ap - W - C、Aa - Ap - W - C/Aa - Ap - W - G、A - AP - AC - C、A - P - B - C、A - AP - AC - R
0.9	A - B - C、A - AC - C
0.6	Aa - Ap - P - C、Aa - Ap - P - C/Aa - Ap - P - B、A - AH - R
0.4	Aa - Apg - G、Aa - Ap - C、Aa - Ap - G
0.3	Aag - Apg - G/Aag - Apg - G - C、Aa - Ap - E、A - E - B - C、A - C、A - BC - C、Ae - APe - E、A - BC - C/A - C、A - AP - AC - R
0.1	Aa - G - Pw、M - G - Wg - C

表 5 - 13　地形部位隶属度及其描述

隶属度	描　　述
1	盆地
0.9	丘陵坡脚
0.8	丘陵坡腰、低山坡脚
0.7	低山坡腰、丘陵坡顶
0.6	低山坡顶、低中山坡脚
0.5	低中山坡腰
0.3	低中山坡顶、中中山坡脚
0.3	中中山坡腰
0.2	中中山坡顶

表 5 - 14　坡度隶属度及其描述

隶属度	描　述
1	耕地坡度级＝Ⅰ
0.8	耕地坡度级＝Ⅱ
0.6	耕地坡度级＝Ⅲ
0.3	耕地坡度级＝Ⅳ
0.1	耕地坡度级＝Ⅴ

五、耕地地力等级的确定

利用累加模型计算耕地地力综合指数（IFI），即对于每个评价单元的耕地地力综合指数：

$$IFI = \sum F_i \times C_i \quad (i = 1, 2, 3, \cdots, n)$$

式中，IFI 为耕地地力综合指数；F_i 为第 i 个评价指标隶属度；C_i 为第 i 个评价因子的组合权重。

将参评因子的隶属度值进行加权组合得到每个评价单元的综合评价分值，以其大小表示耕地地力。

耕地地力等级划分一般采用等间距法、数轴法和累积曲线法。本次评价参考《全国耕地类型区、耕地地力等级划分》（NY/T 309—1996）和《贵州省耕地地力评价技术规范》（DB52/T—2009），以耕地地力综合指数为依据，采用等间距分级法将汇川区耕地地力分为 6 个等级。

第六章
耕地地力等级划分及其特征

第一节 耕地地力等级划分

一、汇川区耕地地力等级划分

第二次土地调查（2011年底）汇川区耕地面积为 40 811.18hm²。其中，水田 10 977.82hm²，旱地 29 833.36hm²，分别占汇川区耕地总面积的 26.90%、73.10%。此次汇川区耕地地力等级划分以汇川区第二次土地调查的耕地面积为基础数据，计算出各地力等级面积。

利用"耕地资源管理信息系统"软件，结合汇川区实际情况，通过综合分析，将汇川区耕地划分为一级地、二级地、三级地、四级地、五级地和六级地。其中，一级地面积为 2 981.08hm²，占汇川区耕地总面积的 7.30%；二级地为 4 578.28hm²，占汇川区耕地总面积的 11.22%；三级地 7 144.12hm²，占汇川区耕地总面积的 17.51%；四级地为 11 444.90hm²，占汇川区耕地总面积的 28.04%；五级地为 9 184.55hm²，占汇川区耕地总面积的 22.51%；六级地为 5 478.25hm²，占汇川区耕地总面积的 13.42%。

依据农业部1997年颁布的《全国耕地类型区、耕地地力等级划分》（NY/T 309—1996）标准和《贵州省耕地地力等级划分标准》（DB52/T 435—2002）等，将汇川区耕地等级归入全国等级。具体过程如下：①实地调查每一等级的粮食产量（全年粮食产量），对照《贵州省耕地地力等级划分标准》（DB52/T 435—2002）；②根据全国耕地地力等级划分要求，依据全年粮食单产水平，全国将西南水田耕地地力划分为一等地至十等地 10 个等级，全年粮食产量＞13 500kg/hm² 为一等地，小于 1 500 kg/hm² 为十等地，每 1 500kg/hm² 为1个等级差；将旱耕地划分为五等地至九等地 5 个等级，全年粮食产量＞7 500kg/hm² 为五等地，＜3 000 kg/hm² 为九等地，每 1 500kg/hm² 为1个等级差。根据此划分标准，结合汇川区六个地力等级的粮食产量、土壤肥力等综合因素，分别将汇川区耕地地力按水田和旱地进行划分，划分结果为：汇川区水田全年粮食产量＞4 500kg/hm²，并将汇川区的一级地水田（全年粮食产量＞12 000kg/hm²）划为全国水田等级的二等地，二级地水田（全年粮食产量 10 500～12 000kg/hm²）划为全国水田等级的三等地，三级地水田（全年粮食产量 9 000～10 500kg/hm²）划为全国水田等级的四等地，四级地水田（全年粮食产量 7 500～9 000kg/hm²）划为全国水田等级的五等地，五级地水田（全年粮食产量6 000～7 500kg/hm²）划为全国水田等级的六等地，六级地水田（全年粮食产量 4 500～6 000kg/hm²）划为全国水田等级的七等地；汇川区旱地全年粮食产量＞

4 500kg/hm²，并将汇川区一、二级旱地（全年粮食产量＞7 500kg/hm²）划为全国旱地等级的五等地，三、四级旱地（全年粮食产量 6 000～7 500kg/hm²）划为全国旱地等级的六等地，五、六级旱地（全年粮食产量 4 500～6 000kg/hm²）划为全国旱地等级的七等地，结果详见表 6-1。地力分布图见彩图 15，彩图 16。

表 6-1　汇川区耕地地力评价结果面积统计表

耕地等级	耕地面积（hm²）	占汇川区耕地总面积比例（%）	其中：水田				其中：旱地			
			面积（hm²）	归并到全国水田等级	占汇川区水田面积比例（%）	占汇川区耕地面积比例（%）	面积（hm²）	归并到全国旱地等级	占汇川区旱地面积比例（%）	占汇川区耕地面积比例（%）
一级地	2 981.08	7.30	2 713.99	二等地	24.72	6.65	267.09	五等地	0.89	0.65
二级地	4 578.28	11.22	3 196.39	三等地	29.12	7.83	1 381.89	五等地	4.63	3.39
三级地	7 144.12	17.51	2 165.93	四等地	19.73	5.31	4 978.19	六等地	16.69	12.20
四级地	11 444.90	28.04	1 770.20	五等地	16.12	4.34	9 674.70	六等地	32.43	23.71
五级地	9 184.55	22.51	959.17	六等地	8.74	2.35	8 225.38	七等地	27.57	20.15
六级地	5 478.25	13.42	172.14	七等地	1.57	0.42	5 306.11	七等地	17.79	13.00
合计	40 811.18	100.00	10 977.82	—	100.00	26.90	29 833.36	—	100.00	73.10

二、不同肥力等级面积及比例

根据汇川区各等级耕地的分布特点，综合第二次土壤普查及本次土壤养分检测等有关信息，为了进一步指导好农业生产、农民施肥，为科学施肥提供依据，将汇川区一、二级耕地划为上等肥力耕地，面积为 7 559.36hm²，占汇川区耕地总面积的 18.52%；三、四级耕地划为中等肥力耕地，面积为 18 589.02hm²，占汇川区耕地总面积的 45.55%；五、六级耕地划为下等肥力耕地，面积为 14 662.80hm²，占汇川区耕地总面积的 35.93%（表 6-2、表 6-3）。

由表 6-2 可知，汇川区上等肥力耕地中旱地面积 1 648.98hm²，占汇川区耕地面积的 4.04%，水田面积 5 910.38hm²，占汇川区耕地面积的 14.48%；中等肥力耕地中旱地面积 14 652.99hm²，占汇川区耕地面积的 35.90%，水田面积 3 936.13hm²，占汇川区耕地面积的 9.65%；下等肥力耕地中旱地面积 13 531.49hm²，占汇川区耕地面积的 33.16%，水田面积 1 131.31hm²，占汇川区耕地面积的 2.77%。

从汇川区不同肥力等级耕地在各镇（街道办事处）分布看（表 6-2），上等肥力耕地以团泽镇分布居多，占汇川区耕地总面积的 5.00%；其次为高坪街道办事处，占汇川区耕地总面积的 4.53%；再次为泗渡镇，占汇川区耕地总面积的 2.93%；板桥镇占汇川区耕地总面积的 1.45%；芝麻镇上等肥力耕地所占面积比例最小，为 0.16%。中等肥力耕地以团泽镇分布居多，占汇川区耕地总面积的 6.99%；其次为山盆镇，占汇川区耕地总面积的 6.48%；再次为高坪街道办事处，占汇川区耕地总面积的 5.44%；泗渡镇占汇川区耕地总面积的 4.46%；松林镇占汇川区耕地总面积的 4.44%；沙湾镇占汇川区耕地总

表6-2　汇川区不同肥力耕地面积分布情况（占汇川区耕地面积）

镇（街道办事处）	上等地				中等地				下等地				合计	
	水田面积(hm²)	所占比例(%)	旱地面积(hm²)	所占比例(%)	水田面积(hm²)	所占比例(%)	旱地面积(hm²)	所占比例(%)	水田面积(hm²)	所占比例(%)	旱地面积(hm²)	所占比例(%)	水田占比(%)	旱地占比(%)
毛石镇	149.80	0.37	19.94	0.05	408.01	1.00	1 125.98	2.76	226.64	0.55	1 657.48	4.06	1.92	6.87
山盆镇	346.88	0.85	100.09	0.25	584.05	1.43	2 061.52	5.05	309.75	0.76	2 620.13	6.42	3.04	11.71
芝麻镇	41.65	0.10	25.34	0.06	75.08	0.19	1 262.77	3.09	28.99	0.07	1 397.72	3.43	0.36	6.58
松林镇	132.82	0.33	121.29	0.30	406.90	1.00	1 407.02	3.44	147.13	0.36	1 509.22	3.70	1.69	7.45
沙湾镇	333.83	0.81	200.08	0.49	438.62	1.08	1 332.68	3.27	164.18	0.40	1 502.88	3.68	2.29	7.43
团泽镇	1 799.76	4.41	242.40	0.59	570.18	1.40	2 243.60	5.50	24.34	0.06	1 119.00	2.74	5.87	8.83
板桥镇	546.81	1.34	43.49	0.11	185.05	0.45	1 267.02	3.10	49.05	0.12	834.62	2.05	1.91	5.26
泗渡镇	817.53	2.00	382.99	0.93	409.74	1.01	1 406.27	3.45	69.94	0.17	886.67	2.17	3.17	6.56
高坪街道办事处	1 528.31	3.74	321.90	0.79	514.42	1.26	1 706.23	4.18	68.34	0.17	1 553.17	3.81	5.17	8.78
董公寺街道办事处	182.21	0.45	100.90	0.25	301.36	0.73	463.83	1.14	42.95	0.11	266.29	0.65	1.29	2.04
高桥街道办事处	30.78	0.08	90.56	0.22	42.72	0.10	375.97	0.92	0.00	0.00	184.31	0.45	0.18	1.59
合计	5 910.38	14.48	1 648.98	4.04	3 936.13	9.65	14 652.89	35.90	1 131.31	2.77	13 531.49	33.16	26.9	73.10

表6-3 汇川区不同肥力耕地面积分布情况（占本行政区域）

镇（街道办事处）	上等地				中等地				下等地				合计	
	水田面积(hm²)	所占比例(%)	旱地面积(hm²)	所占比例(%)	水田面积(hm²)	所占比例(%)	旱地面积(hm²)	所占比例(%)	水田面积(hm²)	所占比例(%)	旱地面积(hm²)	所占比例(%)	水田占比(%)	旱地占比(%)
毛石镇	149.80	4.18	19.94	0.55	408.01	11.37	1 125.98	31.39	226.64	6.31	1 657.48	46.20	21.86	78.14
山盆镇	346.88	5.76	100.09	1.66	584.05	9.70	2 061.52	34.23	309.75	5.14	2 620.13	43.51	20.60	79.40
芝麻镇	41.65	1.47	25.34	0.89	75.08	2.65	1 262.77	44.60	28.99	1.03	1 397.72	49.36	5.15	94.85
松林镇	132.82	3.56	121.29	3.26	406.90	10.93	1 407.02	37.78	147.13	3.95	1 509.22	40.52	18.44	81.56
沙湾镇	333.83	8.41	200.08	5.03	438.62	11.04	1 332.68	33.55	164.18	4.13	1 502.88	37.84	23.58	76.42
团泽镇	1 799.76	30.00	242.40	4.04	570.18	9.50	2 243.60	37.40	24.34	0.41	1 119.00	18.65	39.91	60.09
板桥镇	546.81	18.69	43.49	1.49	185.05	6.32	1 267.02	43.30	49.05	1.68	834.62	28.52	26.69	73.31
泗渡镇	817.53	20.58	382.99	9.64	409.74	10.31	1 406.27	35.39	69.94	1.76	886.67	22.32	32.65	67.35
高坪街道办事处	1 528.31	26.85	321.90	5.65	514.42	9.04	1 706.23	29.97	68.34	1.20	1 553.17	27.29	37.09	62.91
董公寺街道办事处	182.21	13.42	100.90	7.43	301.36	22.20	463.83	34.17	42.95	3.16	266.29	19.62	38.78	61.22
高桥街道办事处	30.78	4.25	90.56	12.5	42.72	5.90	375.97	51.90	0.00	0.00	184.31	25.45	10.15	89.85
合计	5 910.38	14.48	1 648.98	4.04	3 936.13	9.65	14 652.89	35.90	1 131.31	2.77	13 531.49	33.16	26.90	73.10

面积的 4.35%；毛石镇占汇川区耕地总面积的 3.76%；板桥镇占汇川区耕地总面积的 3.55%；芝麻镇占汇川区耕地总面积的 3.28%；董公寺街道办事处占汇川区耕地总面积的 1.87%；高桥街道办事处所占面积比例最小，为 1.02%。

下等肥力耕地以山盆镇分布居多，占汇川区耕地总面积的 7.18%；其次为毛石镇，占汇川区耕地总面积的 4.61%；再次为沙湾镇占汇川区耕地总面积的 4.08%；松林镇占汇川区耕地总面积的 4.06%；芝麻镇占汇川区耕地总面积的 3.50%；高桥街道办事处所占面积比例最小，为 0.45%。

从各镇（街道办事处）不同肥力等级耕地在本行政区域分布看（表 6-3），中等肥力占本行政区域耕地面积较大的镇（街道办事处）居多。

上等肥力耕地占本行政区域耕地面积比例最大的为团泽镇，为 34.04%；其次为高坪街道办事处，占 32.50%；泗渡镇占 30.22%；董公寺街道办事处占 20.85%；板桥镇占 20.18%；高桥街道办事处占 16.75%；芝麻镇最低，占 2.36%。

中等肥力耕地占本行政区域耕地面积比例最大的为高桥街道办事处，为 57.80%；其次为董公寺街道办事处，占 56.37%；高坪街道办事处最小，占 39.01%。

下等肥力耕地占本行政区域耕地面积比例最大的为毛石镇，为 52.51%；其次为芝麻镇，占 50.39%；山盆镇占 48.65%；松林镇占 44.47%；团泽镇最小，为 19.06%。

三、汇川区耕地地力等级分布

总体看，一级地占汇川区耕地总面积的 7.30%，其中水田占一级地面积的 91.04%，旱地占一级地面积的 8.96%。一级地主要分布在高坪街道办事处、团泽镇、泗渡镇、板桥镇，其面积分别为 796.90hm²、783.73hm²、580.62hm²、362.98hm²，分别占汇川区一级地面积的 26.73%、26.29%、19.48%、12.18%。

二级地占汇川区耕地总面积的 11.22%，其中水田占二级地面积的 69.82%，旱地占二级地面积的 30.18%。二级地主要分布在团泽镇、高坪街道办事处、泗渡镇、沙湾镇，其面积分别为 1 258.43hm²、1 053.31hm²、619.90hm²、380.44hm²，分别占汇川区二级地面积的 27.49%、23.01%、13.54%、8.31%。

三级地占汇川区耕地总面积的 17.51%，其中水田占三级地面积的 30.32%，旱地占三级地面积的 69.68%。三级地主要分布在团泽镇、山盆镇、高坪街道办事处、沙湾镇，其面积分别为 1 280.56hm²、1 104.32hm²、995.53hm²、786.15hm²，分别占汇川区三级地面积的 17.92%、15.46%、13.93%、11.00%。

四级地占汇川区耕地总面积的 28.04%，其中水田占四级地面积的 15.47%，旱地占四级地面积的 84.53%。四级地主要分布在山盆镇、团泽镇、泗渡镇、松林镇、高坪街道办事处，其面积分别为 1 541.25hm²、1 533.22hm²、1 268.40hm²、1 225.74hm²、1 225.12hm²，分别占汇川区四级地面积的 13.47%、13.40%、11.08%、10.71%、10.70%。

五级地占汇川区耕地总面积的 22.51%，其中水田占五级地面积的 10.44%，旱地占五级地面积的 89.56%。五级地主要分布在山盆镇、高坪街道办事处、毛石镇、松林镇、沙湾镇，其面积分别为 1 473.65hm²、1 233.94hm²、1 107.08hm²、1 063.66hm²、888.43hm²，分别占汇川区五级地面积的 16.05%、13.44%、12.05%、11.58%、9.67%。

六级地占汇川区耕地总面积的 13.42％，其中水田占六级地面积的 3.14％，旱地占六级地面积的 96.86％。六级地主要分布在山盆镇、沙湾镇、毛石镇、松林镇、芝麻镇，其面积分别为 1 456.23hm²、778.63hm²、777.04hm²、592.69hm²、572.01hm²，分别占汇川区六级地面积的 26.58％、14.21％、14.19％、10.82％、10.44％。汇川区各镇（街道办事处）耕地地力等级分布详见表 6-4、表 6-5。

表 6-4　汇川区各镇（街道办事处）耕地地力等级分布统计表（hm²）

镇（街道办事处）	耕地			一级地			二级地			三级地		
	合计	水田	旱地	小计	水田	旱地	小计	水田	旱地	小计	水田	旱地
毛石镇	3 587.85	784.45	2 803.40	75.20	75.20	0.00	94.54	74.60	19.94	451.16	172.95	278.21
山盆镇	6 022.42	1 240.68	4 781.74	87.30	87.20	0.10	359.67	259.68	99.99	1 104.32	272.07	832.25
芝麻镇	2 831.55	145.72	2 685.83	12.00	9.16	2.84	54.99	32.49	22.50	400.50	45.31	355.19
松林镇	3 724.38	686.85	3 037.53	46.55	44.73	1.82	207.56	88.09	119.47	588.18	180.56	407.62
沙湾镇	3 972.27	936.63	3 035.64	153.47	125.34	28.13	380.44	208.49	171.95	786.15	241.43	544.72
团泽镇	5 999.28	2 394.28	3 605.00	783.73	674.89	108.84	1 258.43	1 124.87	133.56	1 280.56	444.72	835.84
板桥镇	2 926.04	780.91	2 145.13	362.98	362.98	0.00	227.32	183.83	43.49	326.41	62.07	264.34
泗渡镇	3 973.14	1 297.21	2 675.93	580.62	530.11	50.51	619.90	287.42	332.48	547.61	240.20	307.41
高坪街道办事处	5 692.37	2 111.07	3 581.30	796.90	756.48	40.42	1 053.31	771.83	281.48	995.53	303.02	692.51
董公寺街道办事处	1 357.54	526.52	831.02	57.35	38.02	19.33	225.76	144.19	81.57	401.32	187.86	213.46
高桥街道办事处	724.34	73.50	650.84	24.98	9.88	15.10	96.36	20.90	75.46	262.38	15.74	246.64
合计	40 811.18	10 977.82	29 833.36	2 981.08	2 713.99	267.09	4 578.28	3 196.39	1 381.89	7 144.12	2 165.93	4 978.19

镇（街道办事处）	四级地			五级地			六级地		
	小计	水田	旱地	小计	水田	旱地	小计	水田	旱地
毛石镇	1 082.83	235.06	847.77	1 107.08	189.38	917.70	777.04	37.26	739.78
山盆镇	1 541.25	311.98	1 229.27	1 473.65	277.68	1 195.97	1 456.23	32.07	1 424.16
芝麻镇	937.35	29.77	907.58	854.70	20.29	834.41	572.01	8.70	563.31
松林镇	1 225.74	226.34	999.40	1 063.66	132.03	931.63	592.69	15.10	577.59
沙湾镇	985.15	197.19	787.96	888.43	149.73	738.70	778.63	14.45	764.18
团泽镇	1 533.22	125.46	1 407.76	878.08	24.34	853.74	265.26	0.00	265.26
板桥镇	1 125.66	122.98	1 002.68	701.72	40.54	661.18	181.95	8.51	173.44
泗渡镇	1 268.40	169.54	1 098.86	615.78	69.94	545.84	340.83	0.00	340.83
高坪街道办事处	1 225.12	211.40	1 013.72	1 233.94	44.49	1 189.45	387.57	23.85	363.72
董公寺街道办事处	363.87	113.50	250.37	184.67	10.75	173.92	124.57	32.20	92.37
高桥街道办事处	156.31	26.98	129.33	182.84	0.00	182.84	1.47	0.00	1.47
合计	11 444.90	1 770.20	9 674.70	9 184.55	959.17	8 225.38	5 478.25	172.14	5 306.11

表 6-5 汇川区各镇（街道办事处）耕地地力等级统计

镇（街道办事处）	项 目	一级地	二级地	三级地	四级地	五级地	六级地	合计
毛石镇	面积（hm²）	75.20	94.54	451.16	1 082.83	1 107.08	777.04	3 587.85
	占该区域耕地面积比例（%）	2.10	2.63	12.57	30.18	30.86	21.66	100.00
	占汇川区耕地面积比例（%）	0.19	0.23	1.11	2.65	2.71	1.90	8.79
山盆镇	面积（hm²）	87.30	359.67	1 104.32	1 541.25	1 473.65	1 456.23	6 022.42
	占该区域耕地面积比例（%）	1.45	5.97	18.34	25.59	24.47	24.18	100.00
	占汇川区耕地面积比例（%）	0.21	0.88	2.71	3.78	3.61	3.57	14.76
芝麻镇	面积（hm²）	12.00	54.99	400.50	937.35	854.70	572.01	2 831.55
	占该区域耕地面积比例（%）	0.42	1.94	14.15	33.10	30.19	20.20	100.00
	占汇川区耕地面积比例（%）	0.03	0.14	0.98	2.30	2.09	1.40	6.94
松林镇	面积（hm²）	46.55	207.56	588.18	1 225.74	1 063.66	592.69	3 724.38
	占该区域耕地面积比例（%）	1.25	5.57	15.79	32.91	28.56	15.92	100.00
	占汇川区耕地面积比例（%）	0.12	0.51	1.44	3.00	2.61	1.45	9.13
沙湾镇	面积（hm²）	153.47	380.44	786.15	985.15	888.43	778.63	3 972.27
	占该区域耕地面积比例（%）	3.86	9.58	19.79	24.80	22.37	19.60	100.00
	占汇川区耕地面积比例（%）	0.37	0.93	1.93	2.41	2.18	1.91	9.73
团泽镇	面积（hm²）	783.73	1 258.43	1 280.56	1 533.22	878.08	265.26	5 999.28
	占该区域耕地面积比例（%）	13.06	20.98	21.35	25.56	14.64	4.42	100.00
	占汇川区耕地面积比例（%）	1.92	3.08	3.14	3.76	2.15	0.65	14.7
板桥镇	面积（hm²）	362.98	227.32	326.41	1 125.66	701.72	181.95	2 926.04
	占该区域耕地面积比例（%）	12.41	7.77	11.16	38.47	23.98	6.22	100.00
	占汇川区耕地面积比例（%）	0.89	0.56	0.80	2.76	1.72	0.44	7.17

（续）

镇（街道办事处）	项 目	一级地	二级地	三级地	四级地	五级地	六级地	合计
泗渡镇	面积（hm²）	580.62	619.90	547.61	1 268.40	615.78	340.83	3 973.14
	占该区域耕地面积比例（%）	14.61	15.60	13.78	31.93	15.50	8.58	100.00
	占汇川区耕地面积比例（%）	1.42	1.52	1.34	3.11	1.51	0.83	9.73
高坪街道办事处	面积（hm²）	796.90	1 053.31	995.53	1 225.12	1 233.94	387.57	5 692.37
	占该区域耕地面积比例（%）	14.00	18.50	17.49	21.52	21.68	6.81	100.00
	占汇川区耕地面积比例（%）	1.95	2.58	2.44	3.00	3.03	0.95	13.95
董公寺街道办事处	面积（hm²）	57.35	225.76	401.32	363.87	184.67	124.57	1 357.54
	占该区域耕地面积比例（%）	4.23	16.63	29.56	26.80	13.60	9.18	100.00
	占汇川区耕地面积比例（%）	0.14	0.55	0.99	0.89	0.45	0.31	3.33
高桥街道办事处	面积（hm²）	24.98	96.36	262.38	156.31	182.84	1.47	724.34
	占该区域耕地面积比例（%）	3.45	13.30	36.23	21.58	25.24	0.20	100.00
	占汇川区耕地面积比例（%）	0.06	0.24	0.64	0.38	0.45	0.00	1.77

第二节 一 级 地

一、面积与分布

一级地面积 2 981.08hm²，占汇川区耕地面积的 7.30%。其中水田面积 2 713.99hm²，旱地面积 267.09hm²，分别占一级地面积的 91.04% 和 8.96%。一级地主要分布在高坪街道办事处、团泽镇、泗渡镇、板桥镇，分别占汇川区一级地面积的 26.73%、26.29%、19.48%、12.18%，详见表 6-6。

表 6-6　汇川区各镇（街道办事处）一级地面积和比例统计表

镇（街道办事处）	一级地		占汇川区耕地面积比例（%）	占该区域耕地面积比例（%）	其中：水田		其中：旱地	
	面积（hm²）	占一级地比例（%）			面积（hm²）	占该区域一级地比例（%）	面积（hm²）	占该区域一级地比例（%）
毛石镇	75.20	2.52	0.19	2.10	75.20	100.00	0.00	0.00

（续）

镇（街道办事处）	一级地		占汇川区耕地面积比例（%）	占该区域耕地面积比例（%）	其中：水田		其中：旱地	
	面积（hm²）	占一级地比例（%）			面积（hm²）	占该区域一级地比例（%）	面积（hm²）	占该区域一级地比例（%）
山盆镇	87.30	2.93	0.21	1.45	87.20	99.89	0.10	0.11
芝麻镇	12.00	0.40	0.03	0.42	9.16	76.33	2.84	23.67
松林镇	46.55	1.56	0.11	1.25	44.73	96.09	1.82	3.91
沙湾镇	153.47	5.15	0.38	3.86	125.34	81.67	28.13	18.33
团泽镇	783.73	26.29	1.92	13.06	674.89	86.11	108.84	13.89
板桥镇	362.98	12.18	0.89	12.41	362.98	100.00	0.00	0.00
泗渡镇	580.62	19.48	1.42	14.61	530.11	91.30	50.51	8.70
高坪街道办事处	796.90	26.73	1.95	14.00	756.48	94.93	40.42	5.07
董公寺街道办事处	57.35	1.92	0.14	4.22	38.02	66.29	19.33	33.71
高桥街道办事处	24.98	0.84	0.06	3.45	9.88	39.55	15.10	60.45
合计	2 981.08	100.00	7.30	7.30	2 713.99	91.04	267.09	8.96

二、土壤主要理化性状

（一）pH

一级地土壤 pH 为 4.5（含）～5.5 的耕地面积占一级地面积的 3.68%，5.5（含）～6.5 的耕地面积占一级地面积的 29.17%；6.5（含）～7.5 的耕地面积占一级地面积的 18.23%，7.5（含）～8.5 的耕地面积占一级地面积的 48.53%；≥8.5 的耕地面积占一级地面积的 0.39%，除 pH≥8.5 外，其余 pH 等级中水田面积及比例均大于旱地面积及比例（表 6-7）。

表 6-7　汇川区一级地土壤 pH 各等级面积和比例

项目	地类	<4.5	4.5（含）～5.5	5.5（含）～6.5	6.5（含）～7.5	7.5（含）～8.5	≥8.5
面积（hm²）	耕地	0.00	109.72	869.72	543.47	1 446.67	11.50
	水田	0.00	106.67	789.15	438.99	1 379.18	0.00
	旱地	0.00	3.05	80.57	104.48	67.49	11.50
占一级地面积比例（%）	耕地	0.00	3.68	29.17	18.23	48.53	0.39
	水田	0.00	3.58	26.47	14.73	46.26	0.00
	旱地	0.00	0.10	2.70	3.50	2.27	0.39

（二）有机质

一级地土壤有机质含量为 10.80～78.10g/kg，平均值 38.08g/kg，属于丰富水平。10（含）～20g/kg 的耕地面积占一级地面积的 0.36％，20（含）～30g/kg 的耕地面积占一级地面积的 3.88％，30（含）～40g/kg 的耕地面积占一级地面积的 27.55％，≥40g/kg 的耕地面积占一级地面积的 68.21％。一级地水田有机质平均值为 38.03g/kg、旱地有机质含量为 38.42g/kg，旱地略高于水田，有机质含量各个等级水田面积及比例均大于旱地面积及比例（表 6-8）。

表 6-8　汇川区一级地土壤有机质含量各等级面积和比例

项目	地类	<6g/kg	6（含）～10g/kg	10（含）～20g/kg	20（含）～30g/kg	30（含）～40g/kg	≥40g/kg
面积（hm²）	耕地	0.00	0.00	10.62	115.60	821.45	2 033.41
	水田	0.00	0.00	10.62	104.04	725.77	1 873.56
	旱地	0.00	0.00	0.00	11.56	95.68	159.85
占一级地面积比例（％）	耕地	0.00	0.00	0.36	3.88	27.55	68.21
	水田	0.00	0.00	0.36	3.49	24.34	62.85
	旱地	0.00	0.00	0.00	0.39	3.21	5.36

（三）全氮

一级地土壤全氮含量为 1.0（含）～1.5g/kg 的耕地面积占一级地面积的 3.32％，1.5（含）～2.0g/kg 的耕地面积占一级地面积的 18.37％，≥2.0g/kg 的耕地面积占一级地面积的 78.31％，土壤全氮含量各等级水田面积及比例均大于旱地面积及比例（表 6-9）。

表 6-9　汇川区一级地土壤全氮含量各等级面积和比例

项目	地类	<0.5g/kg	0.5（含）～0.75g/kg	0.75（含）～1.0g/kg	1.0（含）～1.5g/kg	1.5（含）～2.0g/kg	≥2.0g/kg
面积（hm²）	耕地	0.00	0.00	0.00	98.86	547.68	2 334.54
	水田	0.00	0.00	0.00	84.10	451.29	2 178.60
	旱地	0.00	0.00	0.00	14.76	96.39	155.94
占一级地面积比例（％）	耕地	0.00	0.00	0.00	3.32	18.37	78.31
	水田	0.00	0.00	0.00	2.82	15.14	73.08
	旱地	0.00	0.00	0.00	0.50	3.23	5.23

（四）碱解氮

一级地土壤碱解氮含量为 50（含）～100mg/kg 的耕地面积占一级地面积的 1.76％，

100（含）～150mg/kg 的耕地面积占一级地面积的 8.43％，150（含）～200mg/kg 的耕地面积占一级地面积的 62.91％；200（含）～250mg/kg 的耕地面积占一级地面积的 23.03％；≥250mg/kg 的耕地面积占一级地面积的 3.87％。土壤碱解氮含量各等级水平水田面积及比例均大于旱地面积及比例（表 6-10）。

表 6-10　汇川区一级地土壤碱解氮含量各等级面积和比例

项目	地类	<50mg/kg	50（含）～100mg/kg	100（含）～150mg/kg	150（含）～200mg/kg	200（含）～250mg/kg	≥250mg/kg
面积（hm²）	耕地	0.00	52.38	251.28	1 875.41	686.72	115.29
	水田	0.00	46.50	213.41	1 704.45	638.71	110.92
	旱地	0.00	5.88	37.87	170.96	48.01	4.37
占一级地面积比例（％）	耕地	0.00	1.76	8.43	62.91	23.03	3.87
	水田	0.00	1.56	7.16	57.18	21.42	3.72
	旱地	0.00	0.20	1.27	5.73	1.61	0.15

（五）有效磷

一级地土壤有效磷含量为 5（含）～10mg/kg 的耕地面积占一级地面积的 1.85％，10（含）～20mg/kg 的耕地面积占一级地面积的 19.31％，20（含）～40mg/kg 的耕地面积占一级地面积的 72.32％，≥40mg/kg 的耕地面积占一级地面积的 6.52％，有效磷含量各等级水田面积及比例均大于旱地面积及比例（表 6-11）。

表 6-11　汇川区一级地土壤有效磷含量各等级面积和比例

项目	地类	<3mg/kg	3（含）～5mg/kg	5（含）～10mg/kg	10（含）～20mg/kg	20（含）～40mg/kg	≥40mg/kg
面积（hm²）	耕地	0.00	0.00	55.11	575.79	2 155.79	194.39
	水田	0.00	0.00	52.59	568.36	1 971.39	121.65
	旱地	0.00	0.00	2.52	7.43	184.40	72.74
占一级地面积比例（％）	耕地	0.00	0.00	1.85	19.31	72.32	6.52
	水田	0.00	0.00	1.77	19.06	66.13	4.08
	旱地	0.00	0.00	0.08	0.25	6.19	2.44

（六）速效钾

一级地土壤速效钾含量<30mg/kg 的耕地面积占一级地面积的 0.07％；30（含）～50mg/kg 的耕地面积占一级地面积的 0.60％；50（含）～100mg/kg 的耕地面积占一级地面积的 6.09％；100（含）～150mg/kg 的耕地面积占一级地面积的 41.60％；150（含）～

200mg/kg 的耕地面积占一级地面积的 32.05％；≥200mg/kg 的耕地面积占一级地面积的 19.59％。速效钾含量各等级水田面积及比例大于旱地面积及比例（表 6-12）。

表 6-12　汇川区一级地土壤速效钾含量各等级面积和比例

项目	地类	＜30mg/kg	30（含）～50mg/kg	50（含）～100mg/kg	100（含）～150mg/kg	150（含）～200mg/kg	≥200mg/kg
面积（hm²）	耕地	1.98	17.82	181.63	1 240.27	955.44	583.94
	水田	1.98	15.31	166.13	1 101.59	876.41	552.57
	旱地	0.00	2.51	15.50	138.68	79.03	31.37
占一级地面积比例（％）	耕地	0.07	0.60	6.09	41.60	32.05	19.59
	水田	0.07	0.51	5.57	36.95	29.40	18.54
	旱地	0.00	0.09	0.52	4.65	2.65	1.05

（七）缓效钾

一级地土壤缓效钾含量＜100mg/kg 的耕地面积占一级地面积的 1.35％；100（含）～150mg/kg 的耕地面积占一级地面积的 4.73％，150（含）～200mg/kg 的耕地面积占一级地面积的 30.10％，200（含）～250mg/kg 的耕地面积占一级地面积的 21.57％，250（含）～300mg/kg 的耕地面积占一级地面积的 22.07％，≥300mg/kg 的耕地面积占一级地面积的 20.18％，缓效钾含量各等级水田面积及比例大于旱地面积及比例（表 6-13）。

表 6-13　汇川区一级地土壤缓效钾含量各等级面积及比例

项目	地类	＜100mg/kg	100（含）～150mg/kg	150（含）～200mg/kg	200（含）～250mg/kg	250（含）～300mg/kg	≥300mg/kg
面积（hm²）	耕地	40.26	140.9	897.34	642.99	658.12	601.47
	水田	40.26	120.68	783.75	588.50	590.62	590.18
	旱地	0.00	20.22	113.59	54.49	67.50	11.29
占一级地面积比例（％）	耕地	1.35	4.73	30.10	21.57	22.07	20.18
	水田	1.35	4.05	26.29	19.74	19.81	19.80
	旱地	0.00	0.68	3.81	1.83	2.26	0.38

（八）质地

一级地中黏土所占比例较大，其次为壤土，沙土所占比例较小（表 6-14）。黏土面积占汇川区一级地面积比例的 69.34％，水田所占比例大于旱地；壤土面积占汇川区一级地面积比例的 30.26％，旱地所占比例小于水田；沙土面积占汇川区一级地面积比例的 0.40％，水田所占比例小于旱地。

表6-14　汇川区一级地土壤质地面积和比例

质地	耕　地		旱　地			水　田		
	面积（hm²）	占比例（%）	面积（hm²）	占一级地比例（%）	占一级旱地比例（%）	面积（hm²）	占一级地比例（%）	占一级水田比例（%）
沙土	11.85	0.40	7.33	0.25	2.74	4.52	0.15	0.17
壤土	901.94	30.26	127.55	4.28	47.76	774.39	25.98	28.53
黏土	2 067.29	69.34	132.21	4.43	49.50	1 935.08	64.91	71.30
合计	2 981.08	100.00	267.09	8.96	100.00	2 713.99	91.04	100.00

三、立地条件

（一）地貌

一级地坝地面积为598.97hm²，占一级地面积的20.09%，水田面积大于旱地面积；一级地丘陵面积为562.24hm²，占一级地面积的18.86%，旱地面积小于水田面积；一级地山地面积为1 819.87hm²，占一级地面积的61.05%，旱地面积小于水田面积（表6-15）。

表6-15　汇川区一级地地貌类型面积和比例

地貌类型	耕　地			旱　地			水　田		
	面积（hm²）	占总耕地比例（%）	占一级地比例	面积（hm²）	占一级地比例（%）	占一级旱地比例（%）	面积（hm²）	占一级地比例（%）	占一级水田比例（%）
坝地	598.97	1.47	20.09	39.36	1.32	14.74	559.61	18.77	20.62
丘陵	562.24	1.38	18.86	81.08	2.72	30.36	481.16	16.14	17.73
山地	1 819.87	4.45	61.05	146.65	4.92	54.90	1 673.22	56.13	61.65
合计	2 981.08	7.30	100.00	267.09	8.96	100.00	2 713.99	91.04	100.00

（二）坡度

一级地6°（含）～15°坡度面积最大，为1 288.69hm²，占一级地面积的43.23%；其后依次为2°（含）～6°、0°～2°、15°（含）～25°，面积分别为1 169.06hm²、350.08hm²、166.98hm²，分别占一级地面积的39.22%、11.74%、5.60%；≥25°坡度面积最小，为6.27hm²，占一级地面积的0.21%（表6-16）。

表6-16　汇川区一级地坡度分级面积和比例

坡度	耕　地		旱　地			水　田		
	面积（hm²）	比例（%）	面积（hm²）	占一级地比例（%）	占一级旱地比例（%）	面积（hm²）	占一级地比例（%）	占一级水田比例（%）
0°～2°	350.08	11.74	0.00	0.00	0.00	350.08	11.74	12.90

（续）

坡度	耕 地		旱 地			水 田		
	面积 （hm²）	比例 （%）	面积 （hm²）	占一级地 比例（%）	占一级 旱地比例 （%）	面积 （hm²）	占一级 地比例 （%）	占一级 水田比例 （%）
2°（含）～6°	1 169.06	39.22	43.79	1.47	16.40	1 125.27	37.75	41.46
6°（含）～15°	1 288.69	43.23	144.61	4.85	54.14	1 144.08	38.38	42.16
15°（含）～25°	166.98	5.60	78.69	2.64	29.46	88.29	2.96	3.25
≥25°	6.27	0.21	0.00	0.00	0.00	6.27	0.21	0.23
合计	2 981.09	100.00	267.09	8.96	100.00	2 713.99	91.04	100.00

（三）海拔

一级地分布在海拔＜800m 的面积为 44.42hm²，占一级地面积的 1.48%；800（含）～1 000m 的面积为 2 679.67hm²，占一级地面积的 89.89%；1 000（含）～1 200m 的面积为 243.51hm²，占一级地面积的 8.17%；1 200（含）～1 400m 的面积为 13.78hm²，占一级地面积的 0.46%（表 6-17）。

表 6-17　汇川区一级地海拔分段面积和比例

海拔（m）	耕 地		旱 地			水 田		
	面积 （hm²）	比例 （%）	面积 （hm²）	占一级 地比例 （%）	占一级 旱地比 例（%）	面积 （hm²）	占一级 地比例（%）	占一级水 田比例 （%）
＜800	44.42	1.48	2.34	0.08	0.88	41.78	1.40	1.54
800（含）～1 000	2 679.67	89.89	246.28	8.26	92.21	2 433.39	81.63	89.66
1 000（含）～1 200	243.51	8.17	18.47	0.62	6.91	225.04	7.55	8.29
1 200（含）～1 400	13.78	0.46	0.00	0.00	0.00	13.78	0.46	0.51
≥1 400	0.00	0.00	0.00	0.00	0.00	0.00	0.00	0.00
合计	2 981.08	100.00	267.09	8.96	100.00	2 713.99	91.04	100.00

四、土壤类型

一级地土壤类型主要有水稻土、黄壤、石灰土，分别占一级地面积的 91.04%、5.59%、2.73%。

一级地土种主要有灰油泥田、暗豆面泥田、黄泡泥田、粉砂泥田、大土泥田、小粉油泥田、黄泥田、大粉砂泥田、豆面泥田、黄泥土、黄砂泥田、灰砂泥土、豆瓣黄泥田，分别占一级地面积的 23.07%、16.90%、10.29%、10.19%、8.10%、4.57%、4.00%、3.81%、2.05%、1.74%、1.73%、1.65%、1.64%。

一级地成土母质主要有白云灰岩/白云岩坡积残积物、老风化壳/黏土岩/泥页岩/板岩坡积残积物、砂页岩坡积残积物、石灰岩坡积残积物、老风化壳/页岩/泥页岩坡积残积物、老风化壳、泥岩/页岩/板岩等坡积残积物，分别占一级地面积的 39.69％、22.54％、13.74％、8.10％、6.82％、3.25％、1.60％。

一级地剖面构型主要有 Aa - Ap - P - C、Aa - Ap - W - C、A - B - C、A - AC - C，分别占一级地面积的 57.28％、32.61％、3.35％、2.62％。

五、生产性能

一级地主要位于坝地和丘陵，田间机耕道、生产便道、沟渠等基础设施建设相对较好，抗旱能力及排灌能力较强，交通条件便利，土体较厚，养分含量高，易于耕作，易于各种作物生长，保肥、保水能力强。主要种植模式为水稻-油菜、水稻-蔬菜-蔬菜、玉米-马铃薯、玉米-马铃薯-蔬菜、玉米-红薯、蔬菜-蔬菜-蔬菜、玉米-蔬菜、高粱-绿肥、蔬菜-蔬菜，一年两熟或三熟，耕地复种指数较高，耕地利用较好，水田常年周年产量 12 000kg/hm² 以上，旱地 7 500kg/hm² 以上。

第三节 二 级 地

一、面积与分布

二级地面积 4 578.28hm²，占汇川区耕地总面积的 11.22％。其中水田面积 3 196.39hm²，旱地面积 1 381.89hm²，分别占二级地面积的 69.82％和 30.18％。二级地主要分布在团泽镇、高坪街道办事处、泗渡镇、沙湾镇，分别占汇川区二级地面积的 27.49％、23.01％、13.54％、8.31％，详见表6-18。

表6-18 汇川区各镇（街道办事处）二级地面积和比例统计表

镇（街道办事处）	二级地		占汇川区耕地面积比例（％）	占该区域耕地面积比例（％）	其中：水田		其中：旱地	
	面积（hm²）	占二级地比例（％）			面积（hm²）	占该区域二级地比例（％）	面积（hm²）	占该区域二级地比例（％）
毛石镇	94.54	2.06	0.23	2.64	74.60	78.91	19.94	21.09
山盆镇	359.67	7.86	0.88	5.97	259.68	72.20	99.99	27.80
芝麻镇	54.99	1.20	0.14	1.94	32.49	59.08	22.50	40.92
松林镇	207.56	4.53	0.51	5.57	88.09	42.44	119.47	57.56
沙湾镇	380.44	8.31	0.93	9.58	208.49	54.80	171.95	45.20
团泽镇	1 258.43	27.49	3.08	20.98	1 124.87	89.39	133.56	10.61
板桥镇	227.32	4.97	0.56	7.77	183.83	80.87	43.49	19.13
泗渡镇	619.90	13.54	1.52	15.60	287.42	46.37	332.48	53.63
高坪街道办事处	1 053.31	23.01	2.58	18.50	771.83	73.28	281.48	26.72
董公寺街道办事处	225.76	4.93	0.55	16.63	144.19	63.87	81.57	36.13
高桥街道办事处	96.36	2.10	0.24	13.30	20.90	21.69	75.46	78.31
合计	4 578.28	100.00	11.22	11.22	3 196.39	69.82	1 381.89	30.18

二、土壤主要理化性状

（一）pH

二级地土壤 pH<4.5 的耕地面积 1.17hm²，占二级地面积的 0.02%，所占比例较小，全部为旱地；4.5（含）～5.5 的耕地面积占二级地面积的 7.24%，5.5（含）～6.5 的耕地面积占二级地面积的 26.99%，6.5（含）～7.5 的耕地面积占二级地面积的 19.43%，7.5（含）～8.5 的耕地面积占二级地面积的 42.22%，≥8.5 的耕地面积占二级地面积的 2.10%；除<4.5 和≥8.5 外，pH 各等级水田面积及比例大于旱地面积及比例（表6－19）。

表6－19　汇川区二级地土壤 pH 各等级面积和比例

项目	地类	<4.5	4.5（含）～5.5	5.5（含）～6.5	6.5（含）～7.5	7.5（含）～8.5	≥8.5
面积（hm²）	耕地	1.17	331.53	1 235.52	889.58	2 024.46	96.02
	水田	0.00	284.95	925.34	457.19	1 528.91	0.00
	旱地	1.17	46.58	310.18	432.39	495.55	96.02
占二级地面积比例（%）	耕地	0.02	7.24	26.99	19.43	44.22	2.10
	水田	0.00	6.22	20.21	9.99	33.39	0.00
	旱地	0.02	1.02	6.78	9.44	10.82	2.10

（二）有机质

二级地土壤有机质含量<10g/kg 的耕地面积 3.63hm²，占二级地面积的 0.08%，全部为水田；10（含）～20g/kg 的耕地面积占二级地面积的 1.04%，20（含）～30g/kg 的耕地面积占二级地面积的 9.59%；30（含）～40g/kg 的耕地面积占二级地面积的 40.13%；≥40g/kg 的耕地面积占二级地面积的 49.16%；土壤有机质含量各等级水田面积及比例大于旱地面积及比例（表6－20）。

表6－20　汇川区二级地土壤有机质含量各等级面积和比例

项目	地类	<6g/kg	6（含）～10g/kg	10（含）～20g/kg	20（含）～30g/kg	30（含）～40g/kg	≥40g/kg
面积（hm²）	耕地	0.00	3.63	47.51	439.22	1 837.15	2 250.77
	水田	0.00	3.63	46.69	289.81	1 417.65	1 438.61
	旱地	0.00	0.00	0.82	149.41	419.50	812.16
占二级地面积比例（%）	耕地	0.00	0.08	1.04	9.59	40.13	49.16
	水田	0.00	0.08	1.02	6.33	30.97	31.42
	旱地	0.00	0.00	0.02	3.26	9.16	17.74

（三）全氮

二级地土壤全氮含量<1.0g/kg 的耕地面积 0.43hm²，占二级地面积的 0.01%，所占

比例很小；1.0（含）～1.5g/kg 的耕地面积占二级地面积的 6.20％，1.5（含）～2.0g/kg 的耕地面积占二级地面积的 31.66％，≥2.0g/kg 的耕地面积占二级地面积的 62.13％，土壤全氮含量各等级旱地面积及比例小于水田面积及比例（表 6-21）。

表 6-21　汇川区二级地土壤全氮含量各等级面积和比例

项目	地类	<0.5g/kg	0.5（含）～0.75g/kg	0.75（含）～1.0g/kg	1.0（含）～1.5g/kg	1.5（含）～2.0g/kg	≥2.0g/kg
面积（hm²）	耕地	0.00	0.00	0.43	283.93	1 449.37	2 844.55
	水田	0.00	0.00	0.31	187.12	1 038.89	1 970.07
	旱地	0.00	0.00	0.12	96.81	410.48	874.48
占二级地面积比例（％）	耕地	0.00	0.00	0.01	6.20	31.66	62.13
	水田	0.00	0.00	0.01	4.09	22.69	43.03
	旱地	0.00	0.00	0.00	2.11	8.97	19.10

（四）碱解氮

二级地土壤碱解氮含量为 50（含）～100mg/kg 的耕地面积占二级地面积的 2.88％，100（含）～150mg/kg 的耕地面积占二级地面积的 20.86％，150（含）～200mg/kg 的耕地面积占二级地面积的 52.04％，200（含）～250mg/kg 的耕地面积占二级地面积的 18.33％；≥250mg/kg 的耕地面积占二级地面积的 5.89％，碱解氮含量各等级水田面积及比例均大于旱地面积及比例（表 6-22）。

表 6-22　汇川区二级地土壤碱解氮含量各等级面积和比例

项目	地类	<50mg/kg	50（含）～100mg/kg	100（含）～150mg/kg	150（含）～200mg/kg	200（含）～250mg/kg	≥250mg/kg
面积（hm²）	耕地	0.00	131.66	954.97	2 382.49	839.42	269.74
	水田	0.00	86.04	706.47	1 660.52	599.02	144.34
	旱地	0.00	45.62	248.50	721.97	240.40	125.40
占二级地面积比例（％）	耕地	0.00	2.88	20.86	52.04	18.33	5.89
	水田	0.00	1.88	15.43	36.27	13.09	3.15
	旱地	0.00	1.00	5.43	15.77	5.24	2.74

（五）有效磷

二级地土壤有效磷含量<10mg/kg 的耕地面积占二级地面积的 1.43％，10（含）～20mg/kg 的耕地面积占二级地面积的 25.43％；20（含）～40mg/kg 的耕地面积占二级地面积的 64.04％；≥40mg/kg 的耕地面积占二级地面积的 9.10％；二级地有效磷含量除≥40 mg/kg 外，其余各等级水田面积及比例均大于旱地面积及比例（表 6-23）。

表 6-23 汇川区二级地土壤有效磷含量各等级面积和比例

项目	地类	<3mg/kg	3（含）～5mg/kg	5（含）～10mg/kg	10（含）～20mg/kg	20（含）～40mg/kg	≥40mg/kg
面积（hm²）	耕地	0.00	0.00	65.57	1 164.17	2 931.86	416.68
	水田	0.00	0.00	33.62	1 018.62	2 006.05	138.10
	旱地	0.00	0.00	31.95	145.55	925.81	278.58
占二级地面积比例（%）	耕地	0.00	0.00	1.43	25.43	64.04	9.10
	水田	0.00	0.00	0.73	22.25	43.82	3.02
	旱地	0.00	0.00	0.70	3.18	20.22	6.08

（六）速效钾

二级地土壤速效钾含量＜30mg/kg的耕地面积占二级地面积的0.08%，30（含）～50mg/kg的耕地面积占二级地面积的1.00%，50（含）～100mg/kg的耕地面积占二级地面积的10.16%，100（含）～150mg/kg的耕地面积占二级地面积的42.06%，100（含）～150mg/kg的耕地面积占二级地面积的31.29%，≥200mg/kg的耕地面积占二级地面积的15.40%。二级地速效钾含量各等级除30（含）～50mg/kg外，其余各等级水田面积及比例均大于旱地面积及比例（表6-24）。

表 6-24 汇川区二级地土壤速效钾含量各等级面积和比例

项目	地类	<30mg/kg	30（含）～50mg/kg	50（含）～100mg/kg	100（含）～150mg/kg	150（含）～200mg/kg	≥200mg/kg
面积（hm²）	耕地	3.73	45.75	465.33	1 925.83	1 432.37	705.27
	水田	3.73	17.72	341.13	1 419.69	1 050.18	363.94
	旱地	0.00	28.03	124.20	506.14	382.19	341.33
占二级地面积比例（%）	耕地	0.08	1.00	10.16	42.06	31.29	15.40
	水田	0.08	0.39	7.45	31.01	22.94	7.95
	旱地	0.00	0.61	2.71	11.06	8.35	7.46

（七）缓效钾

二级地土壤缓效钾含量＜100mg/kg的耕地面积126.01hm²，占二级地面积的2.75%；100（含）～150mg/kg的耕地面积占二级地面积的5.12%，150（含）～200mg/kg的耕地面积占二级地面积的17.92%，200（含）～250mg/kg的耕地面积占二级地面积的24.86%，250（含）～300mg/kg的耕地面积占二级地面积的25.50%，≥300mg/kg的耕地面积占二级地面积的23.85%，二级地缓效钾含量各等级水田面积及比例均大于旱地面积及比例（表6-25）。

表 6-25　汇川区二级地土壤缓效钾含量各等级面积和比例

项目	地类	<100mg/kg	100（含）～150mg/kg	150（含）～200mg/kg	200（含）～250mg/kg	250（含）～300mg/kg	≥300mg/kg
面积（hm²）	耕地	126.01	234.56	820.3	1 137.91	1 167.48	1 092.02
	水田	78.86	158.34	573.66	785.28	886.47	713.78
	旱地	47.15	76.22	246.64	352.63	281.01	378.24
占二级地面积比例（%）	耕地	2.75	5.12	17.92	24.86	25.50	23.85
	水田	1.72	3.46	12.53	17.16	19.36	15.59
	旱地	1.03	1.66	5.39	7.70	6.14	8.26

（八）质地

二级地中壤土所占比例较大，其次为黏土，沙土所占比例较小。壤土占汇川区二级地面积比例的 51.56%，水田所占比例大于旱地；黏土占汇川区二级地面积比例的 43.28%，水田所占比例大于旱地；沙土占汇川区二级地面积比例的 5.16%，旱地所占比例大于水田（表 6-26）。

表 6-26　汇川区二级地土壤质地面积和比例

质地	耕　　地		旱　　地			水　　田		
	面积（hm²）	比例（%）	面积（hm²）	占二级地比例（%）	占二级旱地比例（%）	面积（hm²）	占二级地比例（%）	占二级水田比例（%）
沙土	236.09	5.16	153.02	3.34	11.07	83.07	1.82	2.60
壤土	2 360.81	51.56	804.26	17.56	58.20	1 556.55	34.00	48.70
黏土	1 981.38	43.28	424.61	9.28	30.73	1 556.77	34.00	48.70
合计	4 578.28	100.00	1 381.89	30.18	100.00	3 196.39	69.82	100.00

三、立地条件

（一）地貌

二级地坝地面积为 57.23hm²，占二级地面积的 1.25%，水田面积及比例大于旱地面积及比例；二级地丘陵面积为 348.38hm²，占二级地面积的 7.61%，水田面积及比例大于旱地面积及比例；二级地山地面积为 4 172.67hm²，占二级地面积的 91.14%，旱地面积及比例小于水田面积及比例（表 6-27）。

表 6-27　汇川区二级地地貌类型面积和比例

地貌类型	耕　　地			旱　　地			水　　田		
	面积（hm²）	占总耕地比例（%）	占二级地比例（%）	面积（hm²）	占二级地比例（%）	占二级旱地比例（%）	面积（hm²）	占二级地比例（%）	占二级水田比例（%）
坝地	57.23	0.14	1.25	6.16	0.13	0.44	51.07	1.12	1.60

（续）

地貌类型	耕 地			旱 地			水 田		
	面积（hm²）	占总耕地比例（%）	占二级地比例（%）	面积（hm²）	占二级地比例（%）	占二级旱地比例（%）	面积（hm²）	占二级地比例（%）	占二级水田比例（%）
丘陵	348.38	0.85	7.61	73.21	1.60	5.30	275.17	6.01	8.61
山地	4 172.67	10.23	91.14	1 302.52	28.45	94.26	2 870.15	62.69	89.79
合计	4 578.28	11.22	100.00	1 381.89	30.18	100.00	3 196.39	69.82	100.00

（二）坡度

二级地6°（含）～15°面积最大，为2 350.96hm²，占二级地面积的51.35%；其后依次为15（含）°～25°、2（含）°～6°、≥25°，其面积分别为1 304.62、602.86、285.67hm²，分别占二级地面积的28.49%、13.17%、6.24%；0°～2°面积最小，为34.17hm²，占二级地面积的0.75%（表6-28）。

表6-28 汇川区二级地坡度分级面积和比例

坡度	耕 地		旱 地			水 田		
	面积（hm²）	占二级地比例（%）	面积（hm²）	占二级地比例（%）	占二级旱地比例（%）	面积（hm²）	占二级地比例（%）	占二级水田比例（%）
0°～2°	34.17	0.75	1.19	0.03	0.09	32.98	0.72	1.03
2°（含）～6°	602.86	13.17	19.98	0.44	1.45	582.88	12.73	18.24
6°（含）～15°	2 350.96	51.35	815.39	17.81	59.00	1 535.57	33.54	48.04
15°（含）～25°	1 304.62	28.49	484.26	10.57	35.04	820.36	17.92	25.66
≥25°	285.67	6.24	61.07	1.33	4.42	224.60	4.91	7.03
合计	4 578.28	100.00	1 381.89	30.18	100.00	3 196.39	69.82	100.00

（三）海拔

二级地分布在海拔<800m的耕地面积为134.74hm²，占二级地面积的2.95%；800（含）～1 000m的耕地面积为3 265.80hm²，占二级地面积的71.33%；1 000（含）～1 200m的耕地面积为1 025.09hm²，占二级地面积的22.39%；1 200（含）～1 400m的耕地面积为152.51hm²，占二级地面积的3.33%；≥1 400m的耕地面积为0.14hm²（表6-29）。

表6-29 汇川区二级地海拔分段面积和比例

海拔（m）	耕 地		旱 地			水 田		
	面积（hm²）	占二级地比例（%）	面积（hm²）	占二级地比例（%）	占二级旱地比例（%）	面积（hm²）	占二级地比例（%）	占二级水田比例（%）
<800	134.74	2.95	29.15	0.64	2.11	105.59	2.31	3.30

（续）

海拔（m）	耕　地		旱　地			水　田		
	面积（hm²）	占二级地比例（%）	面积（hm²）	占二级地比例（%）	占二级旱地比例（%）	面积（hm²）	占二级地比例（%）	占二级水田比例（%）
800（含）～1 000	3 265.80	71.33	815.85	17.82	59.04	2 449.95	53.51	76.65
1 000（含）～1 200	1 025.09	22.39	443.83	9.69	32.12	581.26	12.70	18.18
1 200（含）～1 400	152.51	3.33	93.06	2.03	6.73	59.45	1.30	1.86
≥1 400	0.14	0.00	0.00	0.00	0.00	0.14	0.00	0.01
合计	4 578.28	100.00	1 381.89	30.18	100.00	3 196.42	69.82	100.00

四、土壤属性

二级地土壤类型主要有水稻土、黄壤、石灰土、紫色土，分别占二级地面积的69.82%、14.71%、12.73%、2.51%。

土种主要有粉砂泥田、黄泡泥田、灰砂泥土、大土泥田、豆面黄泥田、紫泥田、黄泡油泥土、大粉砂泥田、黄砂泥田、豆面泥土、粉油砂土、黏底砂泥田、豆瓣黄泥田、黄泥土，分别占二级地面积的 20.74%、9.42%、7.00%、6.24%、5.15%、4.62%、4.20%、4.07%、3.68%、2.82%、2.23%、1.91%、1.81%、1.77%。

二级地成土母质主要有白云灰岩/白云岩坡积残积物、砂页岩坡积残积物、石灰岩坡积残积物、老风化壳/黏土岩/泥页岩/板岩坡积残积物、中性/钙质紫色砂页岩坡积残积物、砂页岩风化坡积残积物、泥岩/页岩/板岩等坡积残积物、老风化壳/页岩/泥页岩坡积残积物、灰绿色/青灰色页岩坡积残积物、石灰岩/白云岩坡积残积物，分别占二级地面积的 37.42%、15.84%、7.42%、6.06%、4.56%、4.26%、3.76%、3.23%、2.94%、2.66%。

二级地剖面构型主要有 Aa‑Ap‑P‑C、A‑B‑C、A‑AC‑C、Aa‑Ap‑W‑C、Aa‑Ap‑C，分别占二级地面积的57.06%、12.09%、10.93%、7.27%、4.31%。

五、生产性能

二级地主要位于山地，坝地和丘陵较少。田间机耕道、生产便道、沟渠等基础设施建设不足，抗旱能力及排灌能力中等，交通条件较好。主要种植模式为水稻‑油菜、水稻‑蔬菜、玉米‑马铃薯、玉米‑马铃薯‑蔬菜、玉米‑红薯、蔬菜‑蔬菜‑蔬菜、玉米‑蔬菜、高粱‑绿肥、蔬菜‑蔬菜等，一年两熟或三熟，耕地复种指数较高，耕地利用较好，常年水田年产量 10 500kg/hm² 以上，旱地 6 000kg/hm² 以上。

第四节　三　级　地

一、面积与分布

三级地面积 7 144.12hm²，占汇川区耕地总面积的 17.51%。其中水田面积

2 165.93hm²，旱地面积 4 978.19hm²，分别占三级地面积的 30.32％和 69.68％。三级地主要分布在团泽镇、山盆镇、高坪街道办事处、沙湾镇，分别占汇川区三级地面积的 17.92％、15.46％、13.93％、11.00％，详见表 6 - 30。

表 6 - 30　汇川区各镇（街道办事处）三级地面积分布统计表

镇（街道办事处）	三级地		占汇川区耕地面积比例（％）	占该区域耕地面积比例（％）	其中：水田		其中：旱地	
	面积（hm²）	占三级地比例（％）			面积（hm²）	占该区域三级地比例（％）	面积（hm²）	占该区域三级地比例（％）
毛石镇	451.16	6.32	1.11	12.57	172.95	38.33	278.21	61.67
山盆镇	1 104.32	15.46	2.71	18.34	272.07	24.64	832.25	75.36
芝麻镇	400.50	5.61	0.98	14.14	45.31	11.31	355.19	88.69
松林镇	588.18	8.23	1.44	15.79	180.56	30.70	407.62	69.30
沙湾镇	786.15	11.00	1.93	19.79	241.43	30.71	544.72	69.29
团泽镇	1 280.56	17.92	3.14	21.35	444.72	34.73	835.84	65.27
板桥镇	326.41	4.57	0.80	11.16	62.07	19.02	264.34	80.98
泗渡镇	547.61	7.67	1.34	13.78	240.20	43.86	307.41	56.14
高坪街道办事处	995.53	13.93	2.44	17.49	303.02	30.44	692.51	69.56
董公寺街道办事处	401.32	5.62	0.98	29.56	187.86	46.81	213.46	53.19
高桥街道办事处	262.38	3.67	0.64	36.22	15.74	6.00	246.64	94.00
合计	7 144.12	100.00	17.51	17.51	2 165.93	30.32	4 978.19	69.68

二、土壤主要理化性状

（一）pH

三级地土壤 pH＜4.5 的耕地面积占三级地面积的 0.05％，4.5（含）～5.5 的耕地面积占三级地面积的 7.97％，5.5（含）～6.5 的耕地面积占三级地面积的 20.57％，6.5（含）～7.5 的耕地面积占三级地面积的 22.05％，7.5（含）～8.5 的耕地面积占三级地面积的 48.01％，≥8.5 的耕地面积占三级地面积的 1.35％，三级地各个等级水田面积及比例均小于旱地面积及比例（表 6 - 31）。

表 6 - 31　汇川区三级地土壤 pH 各等级面积和比例

项目	地类	＜4.5	4.5（含）～5.5	5.5（含）～6.5	6.5（含）～7.5	7.5（含）～8.5	≥8.5
面积（hm²）	耕地	3.60	569.66	1 469.55	1 574.99	3 429.71	96.61
	水田	0.00	169.03	600.05	265.09	1 131.76	0.00
	旱地	3.60	400.63	869.50	1 309.90	2 297.95	96.61

（续）

项目	地类	<4.5	4.5（含）～5.5	5.5（含）～6.5	6.5（含）～7.5	7.5（含）～8.5	≥8.5
占三级地面积比例（%）	耕地	0.05	7.97	20.57	22.05	48.01	1.35
	水田	0.00	2.37	8.40	3.71	15.84	0.00
	旱地	0.05	5.61	12.17	18.34	32.17	1.35

（二）有机质

三级地土壤有机质含量为 30（含）～40g/kg 的耕地面积占三级地面积的 47.00%，≥40g/kg 的耕地面积占三级地面积的 33.65%，20（含）～30g/kg 的耕地面积占三级地面积的 15.56%，10（含）～20g/kg 的耕地面积占三级地面积的 3.37%，6（含）～10g/kg 的耕地面积占三级地面积的 0.38%，<6g/kg 的耕地面积占三级地面积的比例很小，仅占 0.04%。三级地有机质含量除<6g/kg 外，其余各个等级水田面积及比例均小于旱地（表 6-32）。

表 6-32　汇川区三级地土壤有机质含量各等级面积和比例

项目	地类	<6g/kg	6（含）～10g/kg	10（含）～20g/kg	20（含）～30g/kg	30（含）～40g/kg	≥40g/kg
面积（hm²）	耕地	2.80	27.19	240.60	1 111.82	3 357.99	2 403.72
	水田	1.57	12.83	83.66	388.34	983.43	696.10
	旱地	1.23	14.36	156.94	723.48	2 374.56	1 707.62
占三级地面积比例（%）	耕地	0.04	0.38	3.37	15.56	47.00	33.65
	水田	0.02	0.18	1.17	5.43	13.77	9.75
	旱地	0.02	0.20	2.20	10.13	33.23	23.90

（三）全氮

三级地土壤全氮含量≥2.0g/kg 的耕地面积占三级地面积的 53.80%；1.5（含）～2.0g/kg 的耕地面积占三级地面积的 38.16%；1.0（含）～1.5g/kg 的耕地面积占三级地面积的 7.73%；0.75（含）～1.0g/kg 的耕地面积占三级地面积的 0.29%；<0.75g/kg 的耕地面积占三级地面积的很小，仅占三级地面积的 0.02%。三级地面积中全氮除 0.75～1.0g/kg 外，其余各等级水田面积及比例均小于旱地（表 6-33）。

表 6-33　汇川区三级地土壤全氮含量各等级面积和比例

项目	地类	<0.5g/kg	0.5（含）～0.75g/kg	0.75（含）～1.0g/kg	1.0（含）～1.5g/kg	1.5（含）～2.0g/kg	≥2.0g/kg
面积（hm²）	耕地	0.00	1.06	20.82	552.52	2 726.51	3 843.21
	水田	0.00	0.00	12.82	188.67	743.96	1 220.48
	旱地	0.00	1.06	8.00	363.85	1 982.55	2 622.73

（续）

项目	地类	＜0.5g/kg	0.5（含）～0.75g/kg	0.75（含）～1.0g/kg	1.0（含）～1.5g/kg	1.5（含）～2.0g/kg	≥2.0g/kg
占三级地面积比例（％）	耕地	0.00	0.02	0.29	7.73	38.16	53.80
	水田	0.00	0.00	0.18	2.64	10.41	17.09
	旱地	0.00	0.02	0.11	5.09	27.75	36.71

（四）碱解氮

三级地土壤碱解氮含量＜50mg/kg的耕地面积较小，仅占三级地面积的0.20％。50（含）～100mg/kg的耕地面积占三级地面积的3.07％；100（含）～150mg/kg的耕地面积占三级地面积的21.31％；150（含）～200mg/kg的耕地面积占三级地面积的52.43％；200（含）～250mg/kg的耕地面积占三级地面积的16.05％；≥250mg/kg的耕地面积占三级地面积的6.94％，碱解氮含量各个等级水田面积及比例均小于旱地面积及比例（表6-34）。

表6-34 汇川区三级地土壤碱解氮含量各等级面积和比例

项目	地类	＜50mg/kg	50（含）～100mg/kg	100（含）～150mg/kg	150（含）～200mg/kg	200（含）～250mg/kg	≥250mg/kg
面积（hm²）	耕地	14.36	219.02	1 522.39	3 745.86	1 146.42	496.07
	水田	1.91	60.31	395.55	1 224.00	332.25	151.91
	旱地	12.45	158.71	1 126.84	2 521.86	814.17	344.16
占三级地面积比例（％）	耕地	0.20	3.07	21.31	52.43	16.05	6.94
	水田	0.03	0.85	5.54	17.13	4.65	2.12
	旱地	0.17	2.22	15.77	35.30	11.40	4.82

（五）有效磷

三级地土壤有效磷含量＜3mg/kg的耕地面积占三级地面积的0.01％，5（含）～10mg/kg的耕地面积占三级地面积的3.65％，10（含）～20mg/kg的耕地面积占三级地面积的30.08％，20（含）～40mg/kg的耕地面积占三级地面积的58.34％，≥40mg/kg的耕地面积占三级地面积的7.92％，三级地有效磷含量除＜3mg/kg和≥40mg/kg外，其余各等级水田面积及比例均小于旱地面积及比例（表6-35）。

表6-35 汇川区三级地土壤有效磷含量各等级面积和比例

项目	地类	＜3mg/kg	3（含）～5mg/kg	5（含）～10mg/kg	10（含）～20mg/kg	20（含）～40mg/kg	≥40mg/kg
面积（hm²）	耕地	0.92	0.00	260.95	2 148.96	4 167.65	565.64
	水田	0.92	0.00	77.12	839.85	1 180.34	67.70
	旱地	0.00	0.00	183.83	1 309.11	2 987.31	497.94

（续）

项目	地类	<3mg/kg	3（含）～5mg/kg	5（含）～10mg/kg	10（含）～20mg/kg	20（含）～40mg/kg	≥40mg/kg
占三级地面积比例（%）	耕地	0.01	0.00	3.65	30.08	58.34	7.92
	水田	0.01	0.00	1.08	11.76	16.52	0.95
	旱地	0.00	0.00	2.57	18.32	41.82	6.97

（六）速效钾

三级地土壤速效钾含量<30mg/kg 的耕地面积占三级地面积的 0.03%，30（含）～50mg/kg 的耕地面积占三级地面积的 1.99%，50（含）～100mg/kg 的耕地面积占三级地面积的 15.44%，100（含）～150mg/kg 的耕地面积占三级地面积的 47.70%，150（含）～200mg/kg 的耕地面积占三级地面积的 21.75%，≥200mg/kg 的耕地面积占三级地面积的 13.09%，三级地速效钾含量各个等级水田面积及比例小于旱地面积及比例（表 6-36）。

表 6-36　汇川区三级地土壤速效钾含量各等级面积和比例

项目	地类	<30mg/kg	30（含）～50mg/kg	50（含）～100mg/kg	100（含）～150mg/kg	150（含）～200mg/kg	≥200mg/kg
面积（hm²）	耕地	2.34	142.25	1 103.27	3 407.97	1 553.55	934.74
	水田	0.52	28.92	437.01	964.72	444.14	290.62
	旱地	1.82	113.33	666.26	2 443.25	1 109.41	644.12
占三级地面积比例（%）	耕地	0.03	1.99	15.44	47.70	21.75	13.09
	水田	0.01	0.40	6.12	13.50	6.22	4.07
	旱地	0.02	1.59	9.32	34.20	15.53	9.02

（七）缓效钾

三级地土壤缓效钾含量<100mg/kg 的耕地面积占三级地面积的 3.85%，100（含）～150mg/kg 的耕地面积占三级地面积的 9.93%，150（含）～200mg/kg 的耕地面积占三级地面积的 19.77%，200（含）～250mg/kg 的耕地面积占三级地面积的 25.47%，250（含）～300mg/kg 的耕地面积占三级地面积的 18.92%，≥300mg/kg 的耕地面积占三级地面积的 22.06%，三级地缓效钾含量各等级水田面积及比例小于旱地面积及比例（表 6-37）。

表 6-37　汇川区三级地土壤缓效钾含量各等级面积和比例

项目	地类	<100mg/kg	100（含）～150mg/kg	150（含）～200mg/kg	200（含）～250mg/kg	250（含）～300mg/kg	≥300mg/kg
面积（hm²）	耕地	274.83	709.28	1 412.95	1 819.50	1 351.41	1 576.15
	水田	63.56	335.30	478.18	493.52	445.83	349.54
	旱地	211.27	373.98	934.77	1 325.98	905.58	1 226.61

（续）

项目	地类	<100mg/kg	100（含）~150mg/kg	150（含）~200mg/kg	200（含）~250mg/kg	250（含）~300mg/kg	≥300mg/kg
占三级地面积比例（%）	耕地	3.85	9.93	19.77	25.47	18.92	22.06
	水田	0.89	4.70	6.69	6.91	6.24	4.89
	旱地	2.96	5.23	13.08	18.56	12.68	17.17

（八）质地

三级地中壤土所占比例较大，其次为黏土，沙土所占比例最小。壤土占汇川区三级地面积的58.69%，旱地所占比例大于水田；黏土占汇川区三级地面积的37.64%，旱地所占比例大于水田；沙土占汇川区三级地面积的3.67%，旱地所占比例小于水田（表6-38）。

表6-38 汇川区三级地土壤质地面积和比例

质地	耕 地		旱 地			水 田		
	面积（hm²）	占三级地比例（%）	面积（hm²）	占三级地比例（%）	占三级旱地比例（%）	面积（hm²）	占三级耕地比例（%）	占三级水田比例（%）
沙土	262.43	3.67	15.24	0.21	0.31	247.19	3.46	11.41
壤土	4 192.58	58.69	3 224.76	45.14	64.78	967.82	13.55	44.69
黏土	2 689.11	37.64	1 738.19	24.33	34.91	950.92	13.31	43.90
合计	7 144.12	100.00	4 978.19	69.68	100.00	2 165.93	30.32	100.00

三、立地条件

（一）地貌

三级地坝地面积66.99hm²，占三级地面积的0.94%。其中水田面积及比例大于旱地面积及比例；三级地丘陵面积402.24hm²，占三级地面积的5.63%，其中水田面积及比例小于旱地面积及比例；三级地山地面积6 674.89hm²，占三级地面积的93.43%，其中水田面积小于旱地面积（表6-39）。

表6-39 汇川区三级地地貌类型面积和比例

地貌类型	耕 地			旱 地			水 田		
	面积（hm²）	占总耕地比例（%）	占三级地比例（%）	面积（hm²）	占三级地比例（%）	占三级旱地比例（%）	面积（hm²）	占三级地比例（%）	占三级水田比例（%）
坝地	66.99	0.16	0.94	4.34	0.06	0.09	62.65	0.88	2.89

（续）

地貌类型	耕　地			旱　地			水　田		
	面积（hm²）	占总耕地比例（%）	占三级地比例（%）	面积（hm²）	占三级地比例（%）	占三级旱地比例（%）	面积（hm²）	占三级地比例（%）	占三级水田比例（%）
丘陵	402.24	0.99	5.63	341.35	4.78	6.86	60.89	0.85	2.81
山地	6 674.89	16.36	93.43	4 632.50	64.84	93.05	2 042.39	28.59	94.30
合计	7 144.12	17.51	100.00	4 978.19	69.68	100.00	2 165.93	30.32	100.00

（二）坡度

三级地坡度 15°（含）～25°面积最大，为 3 012.62hm²，占三级地面积的 42.17%；其后依次为 6°（含）～15°、≥25°、2°（含）～6°，其面积分别为 2 970.62hm²、856.54hm²、268.28hm²，分别占三级地面积的 41.58%、11.99%、3.76%；0°～2°坡度面积最小，为 36.06hm²，占三级地面积的 0.50%（表 6-40）。

表 6-40　汇川区三级地坡度分级面积和比例

坡　度	耕　地		旱　地			水　田		
	面积（hm²）	占三级地比例（%）	面积（hm²）	占三级地比例（%）	占三级旱地比例（%）	面积（hm²）	占三级地比例（%）	占三级水田比例（%）
0°～2°	36.06	0.50	1.24	0.01	0.02	34.82	0.49	1.61
2°（含）～6°	268.28	3.76	94.71	1.33	1.90	173.57	2.43	8.01
6°（含）～15°	2 970.62	41.58	1 747.65	24.46	35.11	1 222.97	17.12	56.46
15°（含）～25°	3 012.62	42.17	2 512.99	35.18	50.48	499.63	6.99	23.07
≥25°	856.54	11.99	621.60	8.70	12.49	234.94	3.29	10.85
合计	7 144.12	100.00	4 978.19	69.68	100.00	2 165.93	30.32	100.00

（三）海拔

三级地面积主要分布在海拔<800m 的地区，面积为 284.70hm²，占三级地面积的 3.99%；800（含）～1 000m 的耕地面积为 4 034.46hm²，占三级地面积的 56.47%；1 000（含）～1 200m 的耕地面积为 2 408.20hm²，占三级地面积的 33.71%；1 200（含）～1 400m 的耕地面积为 398.60hm²，占三级地面积的 5.58%；≥1 400m 的耕地面积为 18.16hm²，占三级地面积的 0.25%（表 6-41）。

表 6-41　汇川区三级地海拔分段面积和比例

海拔（m）	耕　地		旱　地			水　田		
	面积（hm²）	占三级地比例（%）	面积（hm²）	占三级地比例（%）	占三级旱地比例（%）	面积（hm²）	占三级地比例（%）	占三级水田比例（%）
<800	284.70	3.99	227.37	3.18	4.57	57.33	0.80	2.65

（续）

海拔（m）	耕 地		旱 地			水 田		
	面积（hm²）	占三级地比例（%）	面积（hm²）	占三级地比例（%）	占三级旱地比例（%）	面积（hm²）	占三级地比例（%）	占三级水田比例（%）
800（含）～1 000	4 034.46	56.47	2 641.89	36.98	53.07	1 392.57	19.49	64.29
1 000（含）～1 200	2 408.20	33.71	1 782.31	24.95	35.80	625.89	8.76	28.90
1 200（含）～1 400	398.60	5.58	309.14	4.33	6.21	89.46	1.25	4.13
≥1 400	18.16	0.25	17.48	0.24	0.35	0.68	0.01	0.03
合计	7 144.12	100.00	4 978.19	69.68	100.00	2 165.93	30.32	100.00

四、土壤属性

三级地土壤类型主要有石灰土、水稻土、黄壤、紫色土，占三级地面积的32.57%、30.32%、25.19%、11.60%。

三级地土种主要有灰砂泥土、砾质黄泡泥土、粉砂泥田、大土泥土、中性紫泥土、小粉黄土、豆面泥土、胶泥土、中性羊肝土、小粉土、盐砂土、黄泡泥田、死胶泥土。分别占三级地面积的 14.04%、8.68%、6.54%、6.34%、6.13%、4.25%、3.52%、3.43%、3.35%、2.62%、2.49%、2.47%、2.43%。

三级地成土母质主要有白云灰岩/白云岩坡积残积物、石灰岩坡积残积物、砂页岩/砂岩/板岩坡积残积物、石灰岩/白云岩坡积残积物、砂页岩坡积残积物、棕紫色页岩坡积残积物、泥质石灰岩坡积残积物、泥岩/页岩/板岩等坡积残积物、紫红色砂页岩/紫色砂岩/砾岩坡积残积物，分别占三级地面积的24.83%、11.70%、8.68%、8.45%、7.91%、6.13%、5.85%、3.78%、3.35%。

三级地剖面构型主要有 Aa-Ap-P-C、A-B-C、A-AC-C、A-C，分别占三级地面积的21.65%、19.76%、16.59%、12.64%。

五、生产性能

三级地主要位于山地，坝地和丘陵较少。田间机耕道、生产便道、沟渠等基础设施建设不足，抗旱能力及灌溉能力弱，交通条件一般。主要种植模式为水稻-油菜、水稻-蔬菜、玉米-马铃薯、玉米-红薯、玉米-蔬菜、高粱-绿肥、蔬菜-蔬菜等，一年一熟或两熟，耕地复种指数较高，耕地利用较好，常年周年产量水田9 000kg/hm²以上，旱地6 000kg/hm²以上。

第五节　四　级　地

一、面积与分布

四级地面积11 444.90hm²，占汇川区耕地总面积的28.04%。其中，水田面积1 770.20hm²，旱地面积9 674.70hm²，分别占四级地面积的15.47%和84.53%。四级地主要分布在山盆镇、团泽镇、泗渡镇、松林镇、高坪街道办事处、板桥镇，分别占汇川区四级地面积的 13.47％、13.40％、11.08％、10.71％、10.70％、9.84％，详见表 6-42。

表 6-42　汇川区各镇（街道办事处）四级地面积和比例

镇（街道办事处）	四级地		占汇川区耕地面积比例（％）	占该区域耕地面积比例（％）	其中：水田		其中：旱地	
	面积（hm²）	占四级地比例（％）			面积（hm²）	占该区域四级地比例（％）	面积（hm²）	占该区域四级地比例（％）
毛石镇	1 082.83	9.46	2.65	30.18	235.06	21.71	847.77	78.29
山盆镇	1 541.25	13.47	3.78	25.59	311.98	20.24	1 229.27	79.76
芝麻镇	937.35	8.19	2.30	33.10	29.77	3.18	907.58	96.82
松林镇	1 225.74	10.71	3.00	32.91	226.34	18.47	999.40	81.53
沙湾镇	985.15	8.61	2.41	24.80	197.19	20.02	787.96	79.98
团泽镇	1 533.22	13.40	3.76	25.56	125.46	8.18	1 407.76	91.82
板桥镇	1 125.66	9.84	2.76	38.47	122.98	10.93	1 002.68	89.07
泗渡镇	1 268.40	11.08	3.11	31.92	169.54	13.37	1 098.86	86.63
高坪街道办事处	1 225.12	10.70	3.00	21.52	211.40	17.26	1 013.72	82.74
董公寺街道办事处	363.87	3.18	0.89	26.80	113.50	31.19	250.37	68.81
高桥街道办事处	156.31	1.37	0.38	21.58	26.98	17.26	129.33	82.74
合计	11 444.90	100.00	28.04	28.04	1 770.20	15.47	9 674.70	84.53

二、土壤主要理化性状

（一）pH

四级地土壤 pH 4.5（含）～5.5 的耕地面积占 9.40％，5.5（含）～6.5 的耕地面积占 25.81％，6.5（含）～7.5 的耕地面积占 14.81％，7.5（含）～8.5 的耕地面积占 48.23％，≥8.5 的耕地面积占 1.75％，四级地面积中 pH 各个等级水田面积及比例均小于旱地面积及比例（表 6-43）。

表 6-43　汇川区四级地土壤 pH 各个等级面积和比例

项目	地类	＜4.5	4.5（含）～5.5	5.5（含）～6.5	6.5（含）～7.5	7.5（含）～8.5	≥8.5
面积（hm²）	耕地	0.00	1 075.08	2 954.3	1 695.34	5 519.76	200.42
	水田	0.00	160.53	360.72	263.16	985.79	0.00
	旱地	0.00	914.55	2 593.58	1 432.18	4 533.97	200.42

（续）

项目	地类	＜4.5	4.5（含）～ 5.5	5.5（含）～ 6.5	6.5（含）～ 7.5	7.5（含）～ 8.5	≥8.5
占四级地 面积比例 （％）	耕地	0.00	9.40	25.81	14.81	48.23	1.75
	水田	0.00	1.41	3.15	2.30	8.61	0.00
	旱地	0.00	7.99	22.66	12.51	39.62	1.75

（二）有机质

四级地土壤有机质含量为30（含）～40g/kg的耕地面积占四级地面积的39.00％，≥40g/kg的耕地面积占四级地面积的31.96％，20（含）～30g/kg的耕地面积占四级地面积的22.62％，10（含）～20g/kg的耕地面积占四级地面积的5.96％，6（含）～10g/kg的耕地面积占四级地面积的0.28％，含量＜6g/kg面积很小，仅占四级地面积的0.18％。四级地土壤有机质含量各个等级水田面积及比例小于旱地面积及比例（表6－44）。

表6－44　汇川区四级地土壤有机质含量各等级面积和比例

项目	地类	＜6g/kg	6（含）～ 10g/kg	10（含）～ 20g/kg	20（含）～ 30g/kg	30（含）～ 40g/kg	≥40g/kg
面积 （hm²）	耕地	20.96	31.73	681.71	2 588.86	4 463.19	3 658.45
	水田	6.16	0.00	150.28	520.09	604.42	489.25
	旱地	14.8	31.73	531.43	2 068.77	3 858.77	3 169.20
占四级地 面积比例 （％）	耕地	0.18	0.28	5.96	22.62	39.00	31.96
	水田	0.05	0.00	1.32	4.55	5.28	4.27
	旱地	0.13	0.28	4.64	18.07	33.72	27.69

（三）全氮

四级地土壤全氮含量＜0.75g/kg的耕地面积很小，仅占四级地面积的0.01％，全部为旱地；0.75（含）～1.0g/kg的耕地面积占四级地面积的1.03％，1.0（含）～1.5g/kg的耕地面积占四级地面积的10.16％，1.5（含）～2.0g/kg的耕地面积占四级地面积的42.57％，≥2.0g/kg的耕地面积占四级地面积的46.23％，四级地中土壤全氮含量各个等级水田面积及比例小于旱地面积及比例（表6－45）。

表6－45　汇川区四级地土壤全氮含量各等级面积和比例

项目	地类	＜0.5g/kg	0.5（含）～ 0.75g/kg	0.75（含）～ 1.0g/kg	1.0（含）～ 1.5g/kg	1.5（含）～ 2.0g/kg	≥2g/kg
面积 （hm²）	耕地	0.00	0.58	118.18	1 163.04	4 871.63	5 291.47
	水田	0.00	0.00	3.62	213.10	785.79	767.69
	旱地	0.00	0.58	114.56	949.94	4 085.84	4 523.78

（续）

项目	地类	<0.5g/kg	0.5（含）～ 0.75g/kg	0.75（含）～ 1.0g/kg	1.0（含）～ 1.5g/kg	1.5（含）～ 2.0g/kg	≥2g/kg
占四级地 面积比例 （％）	耕地	0.00	0.01	1.03	10.16	42.57	46.23
	水田	0.00	0.00	0.03	1.86	6.87	6.71
	旱地	0.00	0.01	1.00	8.30	35.70	39.52

（四）碱解氮

四级地土壤碱解氮含量＜50mg/kg 面积较少，耕地面积占四级地面积的 0.48％，50（含）～100mg/kg 的耕地面积占四级地面积的 4.54％，100（含）～150mg/kg 的耕地面积占四级地面积的 28.49％，150（含）～200mg/kg 的耕地面积占四级地面积的 49.50％，200（含）～250mg/kg 的耕地面积占四级地面积的 12.70％，≥250mg/kg 的耕地面积占四级地面积的 4.29％，四级地碱解氮含量各个等级水田面积及比例均小于旱地面积及比例（表 6-46）。

表 6-46 汇川区四级地土壤碱解氮含量各等级面积和比例

项目	地类	<50mg/kg	50（含）～ 100mg/kg	100（含）～ 150mg/kg	150（含）～ 200mg/kg	200（含）～ 250mg/kg	≥250mg/kg
面积 （hm²）	耕地	54.77	519.76	3 260.47	5 665.39	1 453.12	491.39
	水田	8.21	89.75	456.14	756.30	341.13	118.67
	旱地	46.56	430.01	2 804.33	4 909.09	1 111.99	372.72
占四级地 面积比例 （％）	耕地	0.48	4.54	28.49	49.50	12.70	4.29
	水田	0.07	0.78	3.99	6.61	2.98	1.04
	旱地	0.41	3.76	24.50	42.89	9.72	3.25

（五）有效磷

四级地土壤有效磷含量为 3（含）～5mg/kg 的耕地面积占四级地面积的 0.21％，5（含）～10mg/kg 的耕地面积占四级地面积的 2.74％，10（含）～20mg/kg 的耕地面积占四级地面积的 26.29％，20（含）～40mg/kg 的耕地面积占四级地面积的 65.51％，≥40mg/kg 的耕地面积占四级地面积的 5.25％，除有效磷含量 3～5mg/kg 外，其余四级地有效磷含量等级的水田面积及比例均小于旱地面积及比例（表 6-47）。

表 6-47 汇川区四级地土壤有效磷含量各等级面积和比例

项目	地类	<3mg/kg	3（含）～ 5mg/kg	5（含）～ 10mg/kg	10（含）～ 20mg/kg	20（含）～ 40mg/kg	≥40mg/kg
面积 （hm²）	耕地	0.00	24.55	313.28	3 009.34	7 497.4	600.33
	水田	0.00	14.07	68.23	672.36	941.69	73.85
	旱地	0.00	10.48	245.05	2 336.98	6 555.71	526.48

（续）

项目	地类	<3mg/kg	3（含）~ 5mg/kg	5（含）~ 10mg/kg	10（含）~ 20mg/kg	20（含）~ 40mg/kg	≥40mg/kg
占四级地 面积比例 （％）	耕地	0.00	0.21	2.74	26.29	65.51	5.25
	水田	0.00	0.12	0.60	5.87	8.23	0.65
	旱地	0.00	0.09	2.14	20.42	57.28	4.60

（六）速效钾

四级地土壤速效钾含量<30 mg/kg 的耕地面积占四级地面积的 0.09％，30（含）~
50mg/kg 的耕地面积占四级地面积的 0.82％，50（含）~100mg/kg 的耕地面积占四级地
面积的 17.04％，100（含）~150mg/kg 的耕地面积占四级地面积的 40.21％，150
（含）~200mg/kg 的耕地面积占四级地面积的 19.69％，≥200mg/kg的耕地面积占四级地
面积的 22.15％。四级地速效钾含量除<30mg/kg 外，其余各等级水田面积及比例小于旱
地面积及比例（表 6-48）。

表 6-48　汇川区四级地土壤速效钾含量各等级面积和比例

项目	地类	<30mg/kg	30（含）~ 50mg/kg	50（含）~ 100mg/kg	100（含）~ 150mg/kg	150（含）~ 200mg/kg	≥200mg/kg
面积 （hm²）	耕地	10.25	94.13	1 950.18	4 601.98	2 252.91	2 535.45
	水田	7.41	28.34	353.70	719.73	439.88	221.14
	旱地	2.84	65.79	1 596.48	3 882.25	1 813.03	2 314.31
占四级地 面积比例 （％）	耕地	0.09	0.82	17.04	40.21	19.69	22.15
	水田	0.06	0.25	3.09	6.29	3.85	1.93
	旱地	0.03	0.57	13.95	33.92	15.84	20.22

（七）缓效钾

四级地土壤缓效钾含量<100mg/kg 的耕地面积占四级地面积的 4.76％，100（含）~
150mg/kg 的耕地面积占四级地面积的 10.31％，150（含）~200mg/kg 的耕地面积占四级地
面积的 18.39％，200（含）~250mg/kg 的耕地面积占四级地面积的 17.59％，250（含）~
300mg/kg 的耕地面积占四级地面积的 23.91％，≥300mg/kg 的耕地面积占四级地面积的
25.04％。四级地缓效钾含量各等级水田面积及比例小于旱地面积及比例（表 6-49）。

表 6-49　汇川区四级地土壤缓效钾含量各等级面积和比例

项目	地类	<100mg/kg	100（含）~ 150mg/kg	150（含）~ 200mg/kg	200（含）~ 250mg/kg	250（含）~ 300mg/kg	≥300mg/kg
面积 （hm²）	耕地	544.26	1 180.35	2 105.02	2 013.03	2 736.64	2 865.60
	水田	111.41	275.3	421.01	287.48	376.13	298.87
	旱地	432.85	905.05	1 684.01	1 725.55	2 360.51	2 566.73

（续）

项目	地类	<100mg/kg	100（含）~150mg/kg	150（含）~200mg/kg	200（含）~250mg/kg	250（含）~300mg/kg	≥300mg/kg
占四级地面积比例（%）	耕地	4.76	10.31	18.39	17.59	23.91	25.04
	水田	0.98	2.40	3.68	2.51	3.29	2.61
	旱地	3.78	7.91	14.71	15.08	20.62	22.43

（八）质地

四级地壤土所占比例较大，其次为黏土，沙土所占比例最小。壤土占汇川区四级地面积比例的49.45%，旱地所占比例大于水田；黏土占汇川区四级地面积比例的46.46%，旱地所占比例大于水田；沙土占汇川区四级地面积比例的4.09%，旱地所占比例小于水田（表6-50）。

表6-50 汇川区四级地土壤质地面积和比例

质地	耕地		旱地			水田		
	面积（hm²）	占四级地比例（%）	面积（hm²）	占四级地比例（%）	占四级旱地比例（%）	面积（hm²）	占四级地比例（%）	占四级水田比例（%）
沙土	468.45	4.09	91.72	0.80	0.95	376.73	3.29	21.28
壤土	5 659.20	49.45	4 974.14	43.46	51.41	685.06	5.99	38.70
黏土	5 317.25	46.46	4 608.84	40.27	47.64	708.41	6.19	40.02
合计	11 444.90	100.00	9 674.70	84.53	100.00	1 770.20	15.47	100.00

三、立地条件

（一）地貌

四级地坝地面积10.75hm²，占四级地面积的0.09%，全部为旱地；四级地丘陵面积277.73hm²，占四级地面积的2.43%，水田面积及比例小于旱地面积及比例；四级地山地面积11 156.42hm²，占四级地面积的97.48%，水田面积小于旱地面积（表6-51）。

表6-51 汇川区四级地地貌类型面积和比例

地貌类型	耕地			旱地			水田		
	面积（hm²）	占总耕地比例（%）	占四级地比例（%）	面积（hm²）	占四级地比例（%）	占四级旱地比例（%）	面积（hm²）	占四级地比例（%）	占四级水田比例（%）
坝地	10.75	0.03	0.09	10.75	0.09	0.11	0.00	0.00	0.00
丘陵	277.73	0.68	2.43	246.34	2.15	2.55	31.39	0.28	1.77
山地	11 156.42	27.33	97.48	9 417.61	82.29	97.34	1 738.81	15.19	98.23
合计	11 444.90	28.04	100.00	9 674.70	84.53	100.00	1 770.20	15.47	100.00

（二）坡度

四级地坡度在15°（含）～25°面积最大，为5 040.89hm²，占四级地面积的44.04％；其后依次为≥25°、6°（含）～15°、2°（含）～6°，其面积分别为3 434.24hm²、2 882.58hm²、87.13hm²，分别占四级地面积的30.01％、25.19％、0.76％；0°～2°坡度面积最小，为0.06hm²，占四级地面积的0.000 5％（表6-52）。

表6-52　汇川区四级地坡度分段面积和比例

坡　度	耕　地		旱　地			水　田		
	面积（hm²）	占四级地比例（％）	面积（hm²）	占四级地比例（％）	占四级旱地比例（％）	面积（hm²）	占四级地比例（％）	占四级水田比例（％）
0°～2°	0.06	0.000 5	0.06	0.000 5	0.006	0.00	0.00	0.00
2°（含）～6°	87.13	0.76	19.75	0.17	0.21	67.38	0.59	3.81
6°（含）～15°	2 882.58	25.19	2 083.14	18.20	21.53	799.44	6.99	45.16
15°（含）～25°	5 040.89	44.04	4 441.63	38.81	45.91	599.26	5.23	33.85
≥25°	3 434.24	30.01	3 130.12	27.35	32.35	304.12	2.66	17.18
合计	11 444.90	100.00	9 674.70	84.53	100.00	1 770.20	15.47	100.00

（三）海拔

四级地分布在海拔＜800m的耕地面积为367.16hm²，占四级地面积的3.21％；800（含）～1 000m的耕地面积为3 870.34hm²，占四级地面积的33.82％；1 000（含）～1 200m的耕地面积为5 505.59hm²，占四级地面积的48.11％；1 200（含）～1 400m的耕地面积为1 607.55hm²，占四级地面积的14.04％；≥1 400m的耕地面积为94.26hm²，占四级地面积的0.82％（表6-53）。

表6-53　汇川区四级地海拔统计表

海拔（m）	耕　地		旱　地			水　田		
	面积（hm²）	占四级地比例（％）	面积（hm²）	占四级地比例（％）	占四级旱地比例（％）	面积（hm²）	占四级地比例（％）	占四级水田比例（％）
＜800	367.16	3.21	283.18	2.48	2.93	83.98	0.73	4.75
800（含）～1 000	3 870.34	33.82	3 116.80	27.23	32.21	753.54	6.59	42.57
1 000（含）～1 200	5 505.59	48.11	4 685.41	40.94	48.43	820.18	7.17	46.33
1 200（含）～1 400	1 607.55	14.04	1 496.49	13.07	15.47	111.06	0.97	6.27
≥1 400	94.26	0.82	92.82	0.81	0.96	1.44	0.01	0.08
合计	11 444.90	100.00	9 674.70	84.53	100.00	1 770.20	15.47	100.00

四、土壤类型

四级地土壤类型主要有石灰土、黄壤、水稻土、紫色土，分别占四级地面积的39.86％、34.21％、15.47％、9.78％。

四级地土种主要有灰砂泥土、砾质黄泡泥土、小粉黄土、大土泥土、胶泥土、岩泥土、浅灰砂黄泥土、灰砂黄泥土、盐砂土，分别占四级地面积的13.73％、8.41％、7.12％、5.90％、5.64％、5.54％、5.45％、4.50％、4.50％。

四级地成土母质主要有白云灰岩/白云岩坡积残积物、石灰岩/白云岩坡积残积物、石灰岩坡积残积物、泥质石灰岩坡积残积物、砂页岩/砂岩/板岩坡积残积物、白云岩坡积残积物、棕紫色页岩坡积残积物、砂页岩坡积残积物、白云质灰岩/燧石灰岩坡积残积物，分别占四级地面积的19.37％、18.09％、12.02％、8.65％、8.41％、4.54％、4.49％、3.93％、2.53％。

四级地剖面构型主要有A-B-C、A-BC-C、A-AC-C、A-C，分别占四级地面积的21.57、15.92％、15.22％、13.30％。

五、生产性能

四级地主要位于山地，坝地和丘陵较少。田间机耕道、生产便道、沟渠等基础设施建设不足，抗旱能力及灌溉能力弱，交通条件较差。主要种植模式为水稻-油菜、水稻、玉米-马铃薯、玉米、玉米-红薯、蔬菜-蔬菜、玉米-蔬菜、高粱-绿肥、高粱、蔬菜-蔬菜等，一年一熟或两熟，耕地复种指数较不高，耕地利用不好，常年周年产量水田7 500kg/hm² 以上，旱地4 500kg/hm² 以上。

第六节　五　级　地

一、面积与分布

五级地面积9 184.55hm²，占汇川区耕地总面积的22.51％。其中，水田面积959.17hm²，旱地面积8 225.38hm²，分别占五级地面积的10.44％和89.56％。五级地主要分布在山盆镇、高坪街道办事处、毛石镇、松林镇、沙湾镇，分别占汇川区五级地面积的16.05％、13.44％、12.05％、11.58％、9.67％，详见表6-54。

表6-54　汇川区各镇（街道办事处）五级地面积和比例

镇（街道办事处）	五级地		占汇川区耕地面积比例（％）	占该区域耕地面积比例（％）	其中：水田		其中：旱地	
	面积（hm²）	占五级地比例（％）			面积（hm²）	占该区域五级地比例（％）	面积（hm²）	占该区域五级地比例（％）
毛石镇	1 107.08	12.05	2.71	30.86	189.38	17.11	917.70	82.89
山盆镇	1 473.65	16.05	3.61	24.47	277.68	18.84	1 195.97	81.16
芝麻镇	854.70	9.31	2.10	30.18	20.29	2.37	834.41	97.63

（续）

镇（街道办事处）	五级地		占汇川区耕地面积比例（％）	占该区域耕地面积比例（％）	其中：水田		其中：旱地	
	面积（hm²）	占五级地比例（％）			面积（hm²）	占该区域五级地比例（％）	面积（hm²）	占该区域五级地比例（％）
松林镇	1 063.66	11.58	2.61	28.56	132.03	12.41	931.63	87.59
沙湾镇	888.43	9.67	2.18	22.37	149.73	16.85	738.70	83.15
团泽镇	878.08	9.56	2.15	14.64	24.34	2.77	853.74	97.23
板桥镇	701.72	7.64	1.72	23.98	40.54	5.78	661.18	94.22
泗渡镇	615.78	6.70	1.51	15.50	69.94	11.36	545.84	88.64
高坪街道办事处	1 233.94	13.44	3.02	21.68	44.49	3.61	1 189.45	96.39
董公寺街道办事处	184.67	2.01	0.45	13.60	10.75	5.82	173.92	94.18
高桥街道办事处	182.84	1.99	0.45	25.24	0.00	0.00	182.84	100.00
合计	9 184.55	100.00	22.51	22.51	959.17	10.44	8 225.38	89.56

二、土壤主要理化性状

（一）pH

五级地土壤 pH＜4.5 的耕地面积 0.57hm²，占五级地面积的 0.01％，面积最少，全部为旱地；4.5（含）～5.5 的耕地面积占五级地面积的 14.15％，5.5（含）～6.5 的耕地面积占五级地面积的 26.45％，6.5（含）～7.5 的耕地面积占五级地面积的 11.58％，7.5（含）～8.5 的耕地面积占五级地面积的 46.58％，≥8.5 的耕地面积占五级地面积的 1.23％，五级地面积中 pH 各等级水田面积及比例均小于旱地面积及比例（表 6-55）。

表 6-55 汇川区五级地土壤 pH 各等级面积和比例

项目	地类	＜4.5	4.5（含）～5.5	5.5（含）～6.5	6.5（含）～7.5	7.5（含）～8.5	≥8.5
面积（hm²）	耕地	0.57	1 299.65	2 429.41	1 064.12	4 277.80	113.00
	水田	0.00	67.05	120.89	142.96	628.27	0.00
	旱地	0.57	1 232.60	2 308.52	921.16	3 649.53	113.00
占五级地面积比例（％）	耕地	0.01	14.15	26.45	11.58	46.58	1.23
	水田	0.00	0.73	1.32	1.55	6.84	0.00
	旱地	0.01	13.42	25.13	10.03	39.74	1.23

（二）有机质

五级地土壤有机质含量为 30（含）～40g/kg 的耕地面积占五级地面积的 38.28％，20（含）～30g/kg 的耕地面积占五级地面积的 31.64％，≥40g/kg 的耕地面积占五级地面积的 23.26％，10（含）～20g/kg 的耕地面积占五级地面积的 6.02％，＜6g/kg 的耕地面积占五级地面积的 0.55％，6（含）～10g/kg 的耕地面积占五级地面积的 0.25％。除有机质含量＜6g/kg 外，其余五级地土壤有机质含量各等级的水田面积及比例均小于旱地面积及比例（表 6-56）。

表 6-56　汇川区五级地土壤有机质含量各等级面积和比例

项目	地类	＜6g/kg	6（含）～10g/kg	10（含）～20g/kg	20（含）～30g/kg	30（含）～40g/kg	≥40g/kg
面积（hm²）	耕地	50.71	22.56	552.94	2 906.11	3 515.75	2 136.48
	水田	25.65	7.49	145.27	354.97	340.14	85.65
	旱地	25.06	15.07	407.67	2 551.14	3 175.61	2 050.83
占五级地面积比例（％）	耕地	0.55	0.25	6.02	31.64	38.28	23.26
	水田	0.28	0.09	1.58	3.86	3.70	0.93
	旱地	0.27	0.16	4.44	27.78	34.58	22.33

（三）全氮

五级地土壤全氮含量为 0.75（含）～1.0g/kg 的耕地面积占五级地面积的 0.50％，1.0（含）～1.5g/kg 的耕地面积占五级地面积的 11.69％，1.5（含）～2.0g/kg 的耕地面积占五级地面积的 49.11％，≥2.0g/kg 的耕地面积占五级地面积的 38.70％，五级地中土壤全氮含量各等级水田面积及比例小于旱地面积及比例（表 6-57）。

表 6-57　汇川区五级地土壤全氮含量各等级面积和比例

项目	地类	＜0.5g/kg	0.5（含）～0.75g/kg	0.75（含）～1.0g/kg	1.0（含）～1.5g/kg	1.5（含）～2.0g/kg	≥2.0g/kg
面积（hm²）	耕地	0.00	0.00	45.98	1 073.99	4 510.68	3 553.9
	水田	0.00	0.00	0.29	197.80	456.71	304.37
	旱地	0.00	0.00	45.7	876.18	4 053.97	3 249.53
占五级地面积比例（％）	耕地	0.00	0.00	0.50	11.69	49.11	38.70
	水田	0.00	0.00		2.15	4.97	3.32
	旱地	0.00	0.00	0.50	9.54	44.14	35.38

（四）碱解氮

五级地土壤碱解氮含量＜50mg/kg 的耕地面积较小，仅占五级地面积的 0.03％；50（含）～100mg/kg 的耕地面积占五级地面积的 4.90％，100（含）～150mg/kg 的耕地面积占五级地面积的 35.10％，150（含）～200mg/kg 的耕地面积占五级地面积的 43.76％，

200（含）～250mg/kg 的耕地面积占五级地面积的 12.98％，≥250mg/kg 的耕地面积占五级地面积的 3.23％，五级地碱解氮含量除＜50mg/kg 外，其余各等级水田面积及比例均小于旱地面积及比例（表 6 - 58）。

表 6 - 58　汇川区五级地土壤碱解氮含量各等级面积和比例

项目	地类	＜50mg/kg	50（含）～100mg/kg	100（含）～150mg/kg	150（含）～200mg/kg	200（含）～250mg/kg	≥250mg/kg
面积（hm²）	耕地	2.51	450.13	3 223.45	4 018.92	1 192.39	297.15
	水田	1.83	36.16	426.36	316.00	170.40	8.42
	旱地	0.68	413.97	2 797.09	3 702.92	1 021.99	288.73
占五级地面积比例（％）	耕地	0.03	4.90	35.10	43.76	12.98	3.23
	水田	0.02	0.39	4.64	3.44	1.86	0.09
	旱地	0.01	4.51	30.45	40.32	11.13	3.14

（五）有效磷

五级地土壤有效磷含量＜3mg/kg 的耕地面积占五级地面积的 0.13％，3（含）～5mg/kg 的耕地面积占五级地面积的 0.01％，5（含）～10mg/kg 的耕地面积占五级地面积的 3.07％，10（含）～20mg/kg 的耕地面积占五级地面积的 33.54％，20（含）～40mg/kg 的耕地面积占五级地面积的 59.81％，≥40 mg/kg 的耕地面积占五级地面积的 3.44％，五级地有效磷含量各等级水田面积及比例均小于旱地面积及比例（表 6 - 59）。

表 6 - 59　汇川区五级地土壤有效磷含量各等级面积和比例

项目	地类	＜3	3（含）～5mg/kg	5（含）～10mg/kg	10（含）～20mg/kg	20（含）～40mg/kg	≥40mg/kg
面积（hm²）	耕地	11.87	1.03	281.6	3 080.74	5 492.96	316.35
	水田	0.00	0.00	36.85	333.91	534.35	54.06
	旱地	11.87	1.03	244.75	2 746.83	4 958.61	262.29
占五级地面积比例（％）	耕地	0.13	0.01	3.07	33.54	59.81	3.44
	水田	0.00	0.00	0.40	3.63	5.82	0.59
	旱地	0.13	0.01	2.66	29.91	53.99	2.86

（六）速效钾

五级地土壤速效钾含量＜30mg/kg 的耕地面积占五级地面积的 0.92％，30（含）～50mg/kg 的耕地面积占五级地面积的 1.31％，50（含）～100mg/kg 的耕地面积占五级地面积的 19.13％，100（含）～150mg/kg 的耕地面积占五级地面积的 43.41％，150（含）～200mg/kg 的耕地面积占五级地面积的 23.38％，≥200mg/kg 的耕地面积占五级地面积的 11.85％，五级地速效钾含量各等级水田面积及比例小于旱地面积及比例（表 6 - 60）。

表 6 - 60 汇川区五级地土壤速效钾含量各等级面积和比例

项目	地类	<30mg/kg	30（含）～50mg/kg	50（含）～100mg/kg	100（含）～150mg/kg	150（含）～200mg/kg	≥200mg/kg
面积（hm²）	耕地	84.92	119.86	1 757.25	3 987.35	2 146.86	1 088.31
	水田	0.00	10.66	223.22	397.89	196.33	131.07
	旱地	84.92	109.20	1 534.03	3 589.46	1 950.53	957.24
占五级地面积比例（%）	耕地	0.92	1.31	19.13	43.41	23.38	11.85
	水田	0.00	0.12	2.43	4.33	2.14	1.42
	旱地	0.92	1.19	16.70	39.08	21.24	10.43

（七）缓效钾

五级地土壤缓效钾含量<100mg/kg 的耕地面积占五级地面积的 8.46%，100（含）～150mg/kg 的耕地面积占五级地面积的 10.42%，150（含）～200mg/kg 的耕地面积占五级地面积的 23.51%，200（含）～250mg/kg 的耕地面积占五级地面积的 19.43%，250（含）～300mg/kg 的耕地面积占五级地面积的 22.28%，≥300mg/kg 的耕地面积占五级地面积的 15.90%，五级地缓效钾含量各等级水田面积及比例小于旱地面积及比例（表 6 - 61）。

表 6 - 61 汇川区五级地土壤缓效钾含量分级及面积比例

项目	地类	<100mg/kg	100（含）～150mg/kg	150（含）～200mg/kg	200（含）～250mg/kg	250（含）～300mg/kg	≥300mg/kg
面积（hm²）	耕地	777.20	957.22	2 159.58	1 784.53	2 046.04	1 459.98
	水田	146.08	143.27	367.89	148.36	72.78	80.79
	旱地	631.12	813.95	1 791.69	1 636.17	1 973.26	1 379.19
占五级地面积比例（%）	耕地	8.46	10.42	23.51	19.43	22.28	15.90
	水田	1.59	1.56	4.00	1.62	0.79	0.88
	旱地	6.87	8.86	19.51	17.81	21.49	15.02

（八）质地

五级地中壤土所占比例较大，其次为黏土，沙土所占比例最小。壤土占汇川区五级地面积比例的 52.63%，旱地所占比例大于水田；黏土占汇川区五级地面积比例的 37.75%，旱地所占比例大于水田；沙土占汇川区五级地面积比例的 9.62%，旱地所占比例大于水田（表 6 - 62）。

表 6 - 62 汇川区五级地土壤质地面积和比例

质地	耕 地		旱 地			水 田		
	面积（hm²）	占五级地比例（%）	面积（hm²）	占五级地比例（%）	占五级旱地比例（%）	面积（hm²）	占五级地比例（%）	占五级水田比例（%）
沙土	883.72	9.62	589.22	6.42	7.16	294.50	3.20	30.70

（续）

质地	耕 地		旱 地			水 田		
	面积（hm²）	占五级地比例（%）	面积（hm²）	占五级地比例（%）	占五级旱地比例（%）	面积（hm²）	占五级地比例（%）	占五级水田比例（%）
壤土	4 833.82	52.63	4 399.38	47.90	53.49	434.44	4.73	45.29
黏土	3 467.01	37.75	3 236.78	35.24	39.35	230.33	2.51	24.01
合计	9 184.55	100.00	8 225.38	89.56	100.00	959.17	10.44	100.00

三、立地条件

（一）地貌

五级地无坝地；丘陵面积48.75hm²，占五级地面积的0.53%，水田面积及比例小于旱地面积及比例；五级地山地面积9 135.80hm²，占五级地面积的99.47%，水田面积小于旱地面积（表6-63）。

表6-63　汇川区五级地地貌类型面积和比例

地貌类型	耕 地			旱 地			水 田		
	面积（hm²）	占总耕地比例（%）	占五级地比例（%）	面积（hm²）	占五级地比例（%）	占五级旱地比例（%）	面积（hm²）	占五级地比例（%）	占五级水田比例（%）
坝地	0.00	0.00	0.00	0.00	0.00	0.00	0.00	0.00	0.00
丘陵	48.75	0.12	0.53	34.72	0.38	0.42	14.03	0.15	1.46
山地	9 135.80	22.39	99.47	8 190.66	89.18	99.58	945.14	10.29	98.54
合计	9 184.55	22.51	100.00	8 225.38	89.56	100.00	959.17	10.44	100.00

（二）坡度

五级地≥25°坡度面积最大，为4 562.15hm²，占五级地面积的49.67%；其后依次为15°（含）～25°、6°（含）～15°、2°（含）～6°，面积分别为3 518.74hm²、1 099.67hm²、3.99hm²，分别占五级地面积的38.31%、11.97%、0.05%（表6-64）。

表6-64　汇川区五级地坡度分段面积和比例

坡 度	耕 地		旱 地			水 田		
	面积（hm²）	占五级地比例（%）	面积（hm²）	占五级地比例（%）	占五级旱地比例（%）	面积（hm²）	占五级地比例（%）	占五级水田比例（%）
0°～2°	0.00	0.00	0.00	0.00	0.00	0.00	0.00	0.00
2°（含）～6°	3.99	0.05	3.15	0.04	0.04	0.84	0.01	0.09
6°（含）～15°	1 099.67	11.97	872.31	9.50	10.61	227.36	2.47	23.70

（续）

坡　度	耕　地		旱　地			水　田		
	面积 （hm²）	占五级 地比例 （%）	面积 （hm²）	占五级 地比例 （%）	占五级 旱地比 例（%）	面积 （hm²）	占五级 地比例 （%）	占五级 水田比 例（%）
15°（含）~25°	3 518.74	38.31	3 142.45	34.21	38.20	376.29	4.10	39.23
≥25°	4 562.15	49.67	4 207.47	45.81	51.15	354.68	3.86	36.98
合计	9 184.55	100.00	8 225.38	89.56	100.00	959.17	10.44	100.00

（三）海拔

五级地分布在海拔＜800m 的耕地面积为 484.77hm²，占五级地面积的 5.28%；800（含）~1 000m 的耕地面积为 2 293.19hm²，占五级地面积的 24.96%；1 000（含）~1 200m 的耕地面积为 4 421.25hm²，占五级地面积的 48.14%；1 200（含）~1 400m 的耕地面积为 1 912.14hm²，占五级地面积的 20.82%；≥1 400m 的耕地面积为 73.20hm²，占五级地面积的 0.80%（表 6-65）。

表 6-65　汇川区五级地海拔分段面积和比例

海拔（m）	耕　地		旱　地			水　田		
	面积 （hm²）	占五级 地比例 （%）	面积 （hm²）	占五级 地比例 （%）	占五级旱 地比例 （%）	面积 （hm²）	占五级 地比例 （%）	占五级 水田比 例（%）
＜800	484.77	5.28	426.65	4.65	5.19	58.12	0.63	6.06
800（含）~1 000	2 293.19	24.96	2 046.72	22.28	24.88	246.47	2.68	25.70
1 000（含）~1 200	4 421.25	48.14	3 866.64	42.10	47.01	554.61	6.04	57.82
1 200（含）~1 400	1 912.14	20.82	1 813.77	19.75	22.05	98.37	1.07	10.25
≥1 400	73.20	0.80	71.60	0.78	0.87	1.60	0.02	0.17
合计	9 184.55	100.00	8 225.38	89.56	100.00	959.17	10.44	100.00

四、土壤属性

五级地土壤类型有黄壤、石灰土、水稻土、紫色土，分别占五级地面积的 40.31%、39.18%、10.44%、8.67%。

五级地土种主要有盐砂土、砾质黄泡泥土、灰砂泥土、浅灰砂黄泥土、大土泥土、黄砂泥土、岩泥土、中性羊肝土、小粉黄土、漂洗灰砂泥土、粉砂泥田，分别占五级地面积的 16.78%、11.92%、7.20%、6.24%、5.46%、5.38%、5.32%、4.68%、4.12%、3.76%、3.09%。

五级地成土母质主要有白云岩坡积残积物、石灰岩/白云岩坡积残积物、砂页岩/砂岩/板岩坡积残积物、石灰岩坡积残积物、白云灰岩/白云岩坡积残积物、变余砂岩/砂岩/石英砂岩等风化残积物、紫红色砂页岩/紫色砂岩/砾岩坡积残积物、碳酸盐岩类坡积残积物、砂页岩坡积残积物、泥质石灰岩坡积残积物、白云质灰岩/燧石灰岩坡积残积物，分别占五级地面积的 17.15％、15.44％、11.92％、11.08％、10.93％、5.48％、4.68％、3.93％、3.55％、3.42％、2.49％。

五级地剖面构型主要有 A－C、A－BC－C、A－B－C、A－AC－C、A－BC－C/A－C，分别占五级地面积的 23.93％、22.51％、17.94％、7.82％、4.68％。

五、生产性能

五级地主要位于山地，田间机耕道、生产便道、沟渠等基础设施建设缺乏，抗旱能力及灌溉能力弱，交通条件差。主要种植模式为水稻-油菜、水稻、玉米-马铃薯、玉米、玉米-红薯、蔬菜-蔬菜、玉米-蔬菜、高粱-绿肥、高粱、蔬菜-蔬菜等，一年一熟或两熟，耕地复种指数较不高，耕地利用不好，常年周年产量水田 6 000kg/hm² 以上，旱地 3 000kg/hm² 以上。

第七节 六 级 地

一、面积与分布

六级地面积 5 478.25hm²，占汇川区耕地面积的 13.42％。其中，水田面积 172.14hm²，旱地面积 5 306.11hm²，分别占六级地面积的 3.14％和 96.86％。六级地主要分布在山盆镇、沙湾镇、毛石镇、松林镇和芝麻镇，分别占汇川区六级地面积的 26.58％、14.21％、14.19％、10.82％、10.44％，详见表 6－66。

表 6－66　汇川区各镇（街道办事处）六级地面积和比例

镇（街道办事处）	六级地		占汇川区耕地面积比例（％）	占该区域耕地面积比例（％）	其中：水田		其中：旱地	
	面积（hm²）	占六级地比例（％）			面积（hm²）	占该区域六级地比例（％）	面积（hm²）	占该区域六级地比例（％）
毛石镇	777.04	14.19	1.90	21.66	37.26	4.80	739.78	95.20
山盆镇	1 456.23	26.58	3.57	24.18	32.07	2.20	1 424.16	97.80
芝麻镇	572.01	10.44	1.40	20.20	8.70	1.52	563.31	98.48
松林镇	592.69	10.82	1.45	15.91	15.10	2.55	577.59	97.45
沙湾镇	778.63	14.21	1.91	19.60	14.45	1.86	764.18	98.14
团泽镇	265.26	4.84	0.65	4.42	0.00	0.00	265.26	100.00
板桥镇	181.95	3.32	0.45	6.22	8.51	4.68	173.44	95.32
泗渡镇	340.83	6.22	0.83	8.58	0.00	0.00	340.83	100.00
高坪街道办事处	387.57	7.08	0.95	6.81	23.85	6.15	363.72	93.85
董公寺街道办事处	124.57	2.27	0.31	9.18	32.20	25.85	92.37	74.15
高桥街道办事处	1.47	0.03	0.00	0.20	0.00	0.00	1.47	100.00
合计	5 478.25	100.00	13.42	13.42	172.14	3.14	5 306.11	96.86

二、土壤主要理化性状

(一) pH

六级地土壤 pH 4.5 (含)～5.5 的耕地面积占六级地面积的 19.78%，5.5 (含)～6.5 的耕地面积占六级地面积的 22.00%，6.5 (含)～7.5 的耕地面积占六级地面积的 11.18%，7.5～8.5 的耕地面积占六级地面积的 45.81%，≥8.5 的耕地面积很少，仅占六级地面积的 1.23%，全部为旱地，六级地 pH 各等级水田面积及比例均小于旱地面积及比例 (表 6-67)。

表 6-67 汇川区六级地土壤 pH 各等级面积和比例

项目	地类	<4.5	4.5 (含)～5.5	5.5 (含)～6.5	6.5 (含)～7.5	7.5 (含)～8.5	≥8.5
面积 (hm²)	耕地	0.00	1 083.36	1 205.27	612.64	2 509.75	67.23
	水田	0.00	32.05	28.44	25.55	86.10	0.00
	旱地	0.00	1 051.31	1 176.83	587.09	2 423.65	67.23
占六级地面积比例 (%)	耕地	0.00	19.78	22.00	11.18	45.81	1.23
	水田	0.00	0.59	0.52	0.46	1.57	0.00
	旱地	0.00	19.19	21.48	10.72	44.24	1.23

(二) 有机质

六级地土壤有机质含量为 30 (含)～40g/kg 的耕地面积占六级地面积的 43.68%；20 (含)～30g/kg 的耕地面积占六级地面积的 35.83%；≥40g/kg 的耕地面积占六级地面积的 10.87%；10 (含)～20g/kg 的耕地面积占六级地面积的 8.19%；<6g/kg 的耕地面积占六级地面积的 1.05%；6 (含)～10g/kg 的耕地面积占六级地面积的 0.38%，六级地土壤有机质含量各等级水田面积及比例小于旱地面积及比例 (表 6-68)。

表 6-68 汇川区六级地土壤有机质含量各等级面积和比例

项目	地类	<6g/kg	6 (含)～10g/kg	10 (含)～20g/kg	20 (含)～30g/kg	30 (含)～40g/kg	≥40g/kg
面积 (hm²)	耕地	57.22	20.53	448.72	1 962.94	2 393.30	595.54
	水田	2.56	0.00	26.90	40.61	72.01	30.06
	旱地	54.66	20.53	421.82	1 922.33	2 321.29	565.48
占六级地面积比例 (%)	耕地	1.05	0.38	8.19	35.83	43.68	10.87
	水田	0.05	0.00	0.49	0.74	1.31	0.55
	旱地	1.00	0.38	7.70	35.09	42.37	10.32

(三) 全氮

六级地土壤全氮含量为 0.5 (含)～0.75g/kg 的耕地面积占六级地面积的 0.76%，

0.75（含）～1.0g/kg 的耕地面积占六级地面积的 0.54％，1.0（含）～1.5g/kg 的耕地面积占六级地面积的 18.39％，1.5（含）～2.0g/kg 的耕地面积占六级地面积的 53.36％，≥2.0g/kg的耕地面积占六级地面积的 26.95％，六级地土壤全氮含量各等级水田面积及比例小于旱地面积及比例（表6-69）。

表6-69　汇川区六级地土壤全氮含量各等级面积和比例

项目	地类	<0.5g/kg	0.5（含）～0.75g/kg	0.75（含）～1.0g/kg	1.0（含）～1.5g/kg	1.5（含）～2.0g/kg	≥2.0g/kg
面积 （hm²）	耕地	0.00	41.86	29.59	1 007.24	2 922.97	1 476.59
	水田	0.00	0.00	33.94	67.01	71.19
	旱地	0.00	41.86	29.59	973.30	2 855.97	1 405.39
占六级地 面积比例 （％）	耕地	0.00	0.76	0.54	18.39	53.36	26.95
	水田	0.00	0.00	0.00	0.62	1.22	1.30
	旱地	0.00	0.76	0.54	17.77	52.14	25.65

（四）碱解氮

六级地土壤碱解氮含量为 50（含）～100mg/kg 的耕地面积占六级地面积的 5.26％，100（含）～150mg/kg 的耕地面积占六级地面积的 43.66％，150（含）～200mg/kg 的耕地面积占六级地面积的 36.46％，200（含）～250mg/kg 的耕地面积占六级地面积的 12.86％，≥250mg/kg的耕地面积占六级地面积的 1.76％，六级地碱解氮含量各等级水田面积及比例均小于旱地面积及比例（表6-70）。

表6-70　汇川区六级地土壤碱解氮含量各等级面积和比例

项目	地类	<50mg/kg	50（含）～100mg/kg	100（含）～150mg/kg	150（含）～200mg/kg	200（含）～250mg/kg	≥250mg/kg
面积 （hm²）	耕地	0.00	288.31	2 391.58	1 997.33	704.72	96.31
	水田	0.00	2.85	64.16	64.51	40.62	0.00
	旱地	0.00	285.46	2 327.42	1 932.82	664.10	96.31
占六级地 面积比例 （％）	耕地	0.00	5.26	43.66	36.46	12.86	1.76
	水田	0.00	0.05	1.17	1.18	0.74	0.00
	旱地	0.00	5.21	42.49	35.28	12.12	1.76

（五）有效磷

六级地土壤有效磷含量为 3（含）～5mg/kg 的耕地面积占六级地面积的 0.33％，5（含）～10mg/kg 的耕地面积占六级地面积的 4.06％，10（含）～20mg/kg 的耕地面积占六级地面积的 41.34％，20（含）～40mg/kg 的耕地面积占六级地面积的 52.85％，≥40mg/kg 的耕地面积占六级地面积的 1.42％，六级地有效磷含量各等级水田面积及比例均小于旱地面积及比例（表6-71）。

表 6-71 汇川区六级地土壤有效磷含量各等级面积和比例

项目	地类	<3mg/kg	3（含）~5mg/kg	5（含）~10mg/kg	10（含）~20mg/kg	20（含）~40mg/kg	≥40mg/kg
面积（hm²）	耕地	0.00	18.22	222.47	2 264.75	2 895.09	77.72
	水田	0.00	0.00	21.16	85.09	55.16	10.73
	旱地	0.00	18.22	201.31	2 179.66	2 839.93	66.99
占六级地面积比例（%）	耕地	0.00	0.33	4.06	41.34	52.85	1.42
	水田	0.00	0.00	0.38	1.55	1.01	0.20
	旱地	0.00	0.33	3.68	39.79	51.84	1.22

（六）速效钾

六级地土壤速效钾含量<30mg/kg 的耕地面积占六级地面积的 0.72%，30（含）~50mg/kg 的耕地面积占六级地面积的 4.75%，50（含）~100mg/kg 的耕地面积占六级地面积的 20.58%，100（含）~150mg/kg 的耕地面积占六级地面积的 41.06%，150（含）~200mg/kg 的耕地面积占六级地面积的 20.09%，≥200mg/kg 的耕地面积占六级地面积的 12.80%，六级地速效钾含量各等级水田面积及比例小于旱地面积及比例（表 6-72）。

表 6-72 汇川区六级地土壤速效钾含量各等级面积和比例

项目	地类	<30mg/kg	30（含）~50mg/kg	50（含）~100mg/kg	100（含）~150mg/kg	150（含）~200mg/kg	≥200mg/kg
面积（hm²）	耕地	39.58	259.96	1 127.62	2 249.47	1 100.63	700.99
	水田	0.49	4.30	26.85	71.12	32.03	37.35
	旱地	39.09	255.66	1 100.77	2 178.35	1 068.60	663.64
占六级地面积比例（%）	耕地	0.72	4.75	20.58	41.06	20.09	12.80
	水田	0.01	0.08	0.49	1.30	0.58	0.68
	旱地	0.71	4.67	20.09	39.76	19.51	12.12

（七）缓效钾

六级地土壤缓效钾含量<100mg/kg 的耕地面积占六级地面积的 13.64%，100（含）~150mg/kg 的耕地面积占六级地面积的 15.40%，150（含）~200mg/kg 的耕地面积占六级地面积的 24.05%，200（含）~250mg/kg 的耕地面积占六级地面积的 20.40%，250（含）~300mg/kg 的耕地面积占六级地面积的 12.04%，≥300mg/kg 的耕地面积占六级地面积的 14.47%，六级地缓效钾含量各等级水田面积及比例小于旱地面积及比例（表 6-73）。

表6-73 汇川区六级地土壤缓效钾含量各等级面积和比例

项目	地类	<100mg/kg	100（含）~150mg/kg	150（含）~200mg/kg	200（含）~250mg/kg	250（含）~300mg/kg	≥300mg/kg
面积 （hm²）	耕地	747.51	843.46	1 317.37	1 117.42	659.64	792.85
	水田	38.90	30.53	55.12	30.63	0.00	16.96
	旱地	708.61	812.93	1 262.25	1 086.79	659.64	775.89
占六级地 面积比例 （%）	耕地	13.64	15.40	24.05	20.40	12.04	14.47
	水田	0.70	0.56	1.01	0.56	0.00	0.31
	旱地	12.94	14.84	23.04	19.84	12.04	14.16

（八）质地

六级地中壤土所占比例最大，其次为黏土，沙土所占比例最小。壤土占汇川区六级地面积比例的46.96%，旱地所占比例大于水田；黏土占汇川区六级地面积比例的36.03%，旱地所占比例大于水田；沙土占汇川区六级地面积比例的17.01%，水田所占比例小于旱地（表6-74）。

表6-74 汇川区六级地土壤质地面积和比例

质地	耕地		旱地			水田		
	面积 （hm²）	占六级 地比例 （%）	面积 （hm²）	占六级 地比例 （%）	占六级 旱地比 例（%）	面积 （hm²）	占六级 地比例 （%）	占六级 水田比 例（%）
沙土	931.72	17.01	900.93	16.45	16.98	30.79	0.56	17.89
壤土	2 572.77	46.96	2 511.80	45.85	47.34	60.97	1.11	35.42
黏土	1 973.76	36.03	1 893.38	34.56	35.68	80.38	1.47	46.69
合计	5 478.25	100.00	5 306.11	96.86	100.00	172.14	3.14	100.00

三、立地条件

（一）地貌

六级地无坝地，丘陵面积25.87hm²，占六级地面积的0.47%，其中水田面积及比例小于旱地面积及比例；六级地山地面积5 452.37hm²，占六级地面积的99.53%，其中水田面积小于旱地面积（表6-75）。

表6-75 汇川区六级地地貌类型面积和比例

地貌类型	耕地			旱地			水田		
	面积 （hm²）	占总耕 地比例 （%）	占六级 地比例 （%）	面积 （hm²）	占六级 地比例 （%）	占六级 旱地比 例（%）	面积 （hm²）	占六级 地比例 （%）	占六级 水田比 例（%）
坝地	0.00	0.00	0.00	0.00	0.00	0.00	0.00	0.00	0.00

（续）

地貌类型	耕地			旱地			水田		
	面积（hm²）	占总耕地比例（%）	占六级地比例（%）	面积（hm²）	占六级地比例（%）	占六级旱地比例（%）	面积（hm²）	占六级地比例（%）	占六级水田比例（%）
丘陵	25.88	0.06	0.47	19.85	0.36	0.37	6.03	0.11	3.50
山地	5 452.37	13.36	99.53	5 286.26	96.50	99.63	166.11	3.03	96.50
合计	5 478.25	13.42	100.00	5 306.11	96.86	100.00	172.14	3.14	100.00

（二）坡度

六级地≥25°坡度面积最大，为3 366.38hm²，占六级地面积的61.45%；其后依次为15°（含）～25°、6°（含）～15°、2°（含）～6°，其面积分别为1 789.95hm²、321.38hm²、0.54hm²，分别占六级地面积的32.67%、5.87%、0.01%（表6-76）。

表6-76 汇川区六级地坡度分段面积和比例

坡度	耕地		旱地			水田		
	面积（hm²）	占六级地比例（%）	面积（hm²）	占六级地比例（%）	占六级旱地比例（%）	面积（hm²）	占六级地比例（%）	占六级水田比例（%）
0°～2°	0.00	0.00	0.00	0.00	0.00	0.00	0.00	0.00
2°（含）～6°	0.54	0.01	0.54	0.01	0.01	0.00	0.00	0.00
6°（含）～15°	321.38	5.87	291.26	5.32	5.49	30.12	0.55	17.50
15°（含）～25°	1 789.95	32.67	1 752.38	31.99	33.03	37.57	0.68	21.82
≥25°	3 366.38	61.45	3 261.93	59.54	61.47	104.45	1.91	60.68
合计	5 478.25	100.00	5 306.11	96.86	100.00	172.14	3.14	100.00

（三）海拔

六级地分布在海拔<800m的耕地面积为293.57hm²，占六级地面积的5.36%；800（含）～1 000m的耕地面积为1 036.43hm²，占六级地面积的18.92%；1 000（含）～1 200m的耕地面积为2 717.57hm²，占六级地面积的49.60%；1 200（含）～1 400m的耕地面积为1 259.95hm²，占六级地面积的23.00%；≥1 400m的耕地面积为170.73hm²，占六级地面积的3.12%（表6-77）。

表6-77 汇川区六级地海拔分段面积和比例

海拔（m）	耕地		旱地			水田		
	面积（hm²）	占六级地比例（%）	面积（hm²）	占六级地比例（%）	占六级旱地比例（%）	面积（hm²）	占六级地比例（%）	占六级水田比例（%）
<800	293.57	5.36	275.92	5.04	5.20	17.65	0.32	10.25

（续）

海拔（m）	耕 地		旱 地			水 田		
	面积 （hm²）	占六级 地比例 （％）	面积 （hm²）	占六级 地比例 （％）	占六级 旱地比 例（％）	面积 （hm²）	占六级 地比例 （％）	占六级 水田比 例（％）
800（含）～1 000	1 036.43	18.92	991.14	18.09	18.68	45.29	0.83	26.31
1 000（含）～1 200	2 717.57	49.60	2 640.51	48.20	49.76	77.06	1.40	44.77
1 200（含）～1 400	1 259.95	23.00	1 228.89	22.43	23.16	31.06	0.57	18.04
≥1 400	170.73	3.12	169.65	3.10	3.20	1.08	0.02	0.63
合计	5 478.25	100.00	5 306.11	96.86	100.00	172.14	3.14	100.00

四、土壤属性

六级地土壤类型有黄壤、石灰土、水稻土、紫色土、粗骨土，占六级地面积的48.10％、44.63％、3.14％、2.52％、1.61％。

六级地土种主要有盐砂土、砾质黄泡泥土、黄砂泥土、浅灰砂黄泥土、灰汤黄泥土、岩泥土、豆面黄泥土、砾质黄泡土、砾质小粉土，分别占六级地面积的38.93％、14.55％、11.34％、9.94％、4.24％、3.56％、1.75％、1.65％、1.61％。

六级地成土母质主要有白云岩坡积残积物、石灰岩/白云岩坡积残积物、砂页岩/砂岩/板岩坡积残积物、变余砂岩/砂岩/石英砂岩等风化残积物、石灰岩坡积残积物、砂页岩坡积残积物、泥岩/页岩/板岩等坡积残积物、碳质页岩坡积残积物、泥质石灰岩坡积残积物，分别占六级地面积的38.93％、17.35％、14.55％、11.34％、4.23％、1.97％、1.78％、1.51％、1.20％。

六级地剖面构型主要有 A－C、A－BC－C、A－B－C、A－AH－R、A－AP－AC－R，分别占六级地面积的41.90％、33.52％、14.08％、3.56％、1.20％。

五、生产性能

六级地主要位于山地，田间机耕道、生产便道、沟渠等基础设施不完善，土壤抗旱能力极弱，灌溉得不到保障，远离村寨和交通条件差造成耕种不方便。主要种植模式为水稻-油菜、水稻、玉米-马铃薯、玉米、玉米-红薯、蔬菜-蔬菜、玉米-蔬菜、高粱等，一年一熟或两熟，耕地复种指数较不高，耕地利用不好，常年周年产量水田 6 000kg/hm² 以下，旱地 3 000kg/hm² 以下。

汇川区国土面积 1 514.63km²，耕地面积 40 811.18hm²（2011 年底国土调查数据）。其中，水田面积 10 977.82hm²，占汇川区耕地面积的 26.90%；旱地面积 29 833.36hm²，占汇川区耕地面积的 73.10%。2015 年末总人口（统计年鉴）53.63 万人，人均占有耕地面积 0.08hm²，比遵义市、贵州省低 0.03hm²，比全国人均 0.09hm² 低 0.01hm²，比世界人均耕地面积 0.26hm² 低 0.18hm²，耕地资源十分有限。

汇川区上等肥力耕地面积为 7 559.36hm²，占汇川区耕地总面积的 18.52%。其中，旱耕地面积 1 648.98hm²，占汇川区耕地面积的 4.04%；水田面积 5 910.38hm²，占汇川区耕地面积的 14.48%。

中等肥力耕地面积为 18 589.02hm²，占汇川区耕地总面积的 45.55%。其中，旱地面积 14 652.89hm²，占汇川区耕地面积的 35.90%；水田面积 3 936.13hm²，占汇川区耕地面积的 9.65%。

下等肥力耕地面积为 14 662.80hm²，占汇川区耕地总面积的 35.93%。其中，旱地面积 13 531.49hm²，占汇川区耕地面积的 33.16%；水田面积 1 131.31hm²，占汇川区耕地面积的 2.77%。

汇川区中低产田土耕地面积 33 251.82hm²，占汇川区耕地面积的 81.48%，说明汇川区中低产田土面积比例大。为此，须对汇川区耕地土壤尤其是中低产田土进行培肥改良利用，提高耕地土壤产出率。

第一节　耕地利用现状

一、耕地利用方式

汇川区耕地利用主要以种植农作物为主。以 2015 年统计数据（表 7 - 1）为例，2015 年，汇川区主要农作物种植面积 67 063hm²。其中，粮食作物播种面积 37 374hm²，蔬菜、油菜、烤烟等经济作物 29 689hm²。粮食作物：经济作物＝5.6：4.4。全年粮食作物总产量 17.572 9 万 t，经济作物总产量 26.726 6 万 t。

水田利用主要以水稻、蔬菜、油菜为主，一年一熟、两熟或三熟；旱地利用以玉米、蔬菜、薯类、烤烟等轮、间、套作为主，一年一熟、两熟或三熟。绿肥种植方式有净作、套作、间作、混播。水田绿肥品种主要以紫云英为主，旱地绿肥品种主要以箭舌豌豆、光叶紫花苕为主，兼用绿肥品种主要以油菜、蚕豆、豌豆、紫花苜蓿、萝卜为主。

表 7-1　汇川区 2015 年农作物播种面积及产量

项　　目		播种面积 （hm²）	单产 （kg/hm²）	总产 （万 t）
夏粮	马铃薯	9 090.00	3 220.20	2.93
	小麦	293.00	2 436.80	0.07
	豆类	513.00	1 087.70	0.06
秋粮	水稻	8 451.00	6 480.50	5.48
	玉米	7 513.00	5 593.40	4.20
	高粱	3 614.00	5 017.40	1.81
	豆类	2 351.00	1 762.70	0.41
	薯类	5 549.00	4 706.80	2.61
经济作物	油菜	7 405.00	2 089.80	1.55
	烟叶	3 290.00	1 871.40	0.62
	花生	457.00	2 337.00	0.11
其他作物	蔬菜、瓜类	14 555.00	16 681.60	24.28
	青饲料	1 667.00		0.00
	绿肥	1 647.00		0.00
	中药材	668.00	2 643.70	0.18
	其他	0.00		0.00
合计/平均		67 063.00	4 302.20	44.30

注：2015 年汇川区数据包括原遵义县划拨的 5 个镇数据。

二、耕地利用程度

以 2015 年统计数据（表 7-2）为例，汇川区农作物播种面积 67 063hm²，汇川区耕地总面积 40 811.18hm²，平均复种指数 155％。沙湾镇复种指数最大，为 225％；高桥街道办事处复种指数最小，为 39％。复种指数较高，耕地利用较好；复种指数较低，耕地利用不高。

表 7-2　汇川区耕地利用程度

镇 （街道办事处）	土地面积 （hm²）	耕地面积 （hm²）	耕地面积占该区域土地面积（％）	农作物总播种面积（hm²）	复种指数 （％）
沙湾镇	18 455.00	3 972.27	21.52	8 923	225
松林镇	15 147.00	3 724.38	24.59	8 273	222
毛石镇	15 252.00	3 587.85	23.52	5 997	167
三盆镇	22 480.00	6 022.42	26.79	12 228	203
芝麻镇	9 217.00	2 831.55	30.72	4 323	153
团泽镇	17 510.00	5 999.28	34.26	8 224	137
板桥镇	13 760.00	2 926.04	21.26	4 800	164

（续）

镇 （街道办事处）	土地面积 （hm²）	耕地面积 （hm²）	耕地面积占该区 域土地面积（%）	农作物总播种 面积（hm²）	复种指数 （%）
泗渡镇	11 348.00	3 973.14	35.01	6 124	154
高坪街道办事处	18 661.00	5 692.37	30.50	6 050	106
董公寺街道办事处	5 264.00	1 357.54	25.79	1 840	136
高桥街道办事处	3 478.00	724.34	20.83	281	39
合计/平均	150 571.00	40 811.18	27.10	67 063	155

注：上海路街道办事处、洗马路街道办事处、大连路街道办事处三个办事处土地面积890hm²，无耕地面积。

三、耕地利用存在的问题

2015年年末，汇川区人均占有耕地面积0.08hm²，比遵义市、贵州省低0.03hm²，比全国人均0.09hm²低0.01hm²，比世界人均耕地面积0.26hm²低0.18hm²。说明汇川区耕地面积总量少，人均耕地面积小。若按汇川区2015年粮食总产量17.6万t产量指标算，人均口粮只有328.2kg，离人均口粮400kg还差71.8kg。为此，需加大耕地利用水平，提高耕地产出率，以满足汇川区人均口粮需要。综合来看，汇川区耕地利用存在以下问题：

（一）用养失调

重用地，轻养地，用地与养地失调。据调查统计，汇川区耕地土壤有机肥用量平均为12 750kg/hm²，有机肥施用少。一些地方在化肥施用种类和结构上重氮肥和磷肥、轻钾肥和微肥，在施肥方式上浅施、表施、撒施现象时有发生，在施肥时期上重基肥、轻追肥等，导致肥料利用率不高，土壤养分含量低，土壤贫瘠，土壤肥力不高，耕地产出率低。

（二）耕地撂荒

由于农业比较效益低下，农民增产不增收，导致农民种植积极性不高，农村大量青壮年外出进城务工，而在农村从事农业的主要是"三八（妇女）九九（老人）六一（儿童）"军团，受体能、技能等多种因素制约，加之受自然、市场、病虫等多重风险的影响，耕地粗放经营、撂荒、闲置等普遍存在，耕地得不到充分利用，耕地利用水平下降，尤其是在生产和生活条件较差的老、少、边、穷地区。

（三）耕地破碎，坡耕地及中低产田土面积大

汇川区地处云贵高原东侧斜坡地段，地貌主体为亚热带岩溶化高原山区，没有平原地貌。耕地破碎、坡耕地及中低产田土面积大，是汇川区耕地利用效率不高，同时也是制约汇川区农业可持续发展的限制因素。

耕地破碎。从汇川区耕地地力评价结果可以看出，汇川区耕地评价单元达17 843个，每个评价单元耕地面积2.29hm²。说明汇川区耕地评价单元多，每个评价单元耕地面积

小，耕地十分破碎、分散。耕地破碎、坡耕地及中低产田土面积大，说明规模以上连片耕地面积不大，耕地陡峭不平，土壤肥力低下，不易耕作，耕地利用效率不高。

坡耕地面积大。汇川区≥15°以上坡耕地 27 345.05hm²，占汇川区耕地总面积的 67.01%；25°以上坡耕地 12 511.25hm²，占汇川区耕地总面积的 30.66%。

中低产田土比例大。汇川区中下等肥力耕地 33 251.82hm²，占汇川区耕地总面积的 81.48%。其中，旱地面积 28 184.38hm²，占汇川区耕地面积的 69.06%，占汇川区旱耕地面积的 94.47%；水田面积 5 067.44hm²，占汇川区耕地面积的 12.42%，占汇川区水田面积的 46.16%。

（四）海拔落差大，山体切割严重，地形条件较差

汇川区位于贵州省北部，处于我国西部高原山地第二级阶梯向东部丘陵平原第三级阶梯过渡地带。大娄山西北坡是贵州高原向四川盆地过渡的斜坡地带，河谷深切，山高坡陡，地势起伏较大，海拔高度在 485.0～1 849.3m，仙人山为全区最高处，海拔 1 849.3m，逐渐降至观音寺河与桐梓河汇合处的 485.0m，为全区境内最低海拔处。大娄以南为黔中山原丘陵盆地之一的部分，河谷开阔，地势平缓，海拔为 800～1 200m。由于地质构造复杂，碳酸盐岩广泛分布，岩溶发育，地貌成因不同，以及形态上的明显差异，其地貌类型多种多样，主要包括盆地、丘陵、山地、台地及复合地貌等。

总体上，汇川区耕地地貌类型复杂，按山地、丘陵、坝地三大类划分来看，山地占 94.12%，丘陵占 4.08%，坝地占 1.80%。由于山地、丘陵多，坝地少，耕地多分布于丘陵山地的斜坡上，坡度大，土层薄，耕作层浅，土壤的保水保肥能力低，抗旱能力差，耕作困难，耕地利用效率差。

（五）水资源缺乏，水利化程度低，基础设施条件差，抗御自然灾害能力不强

水文条件影响土壤的发育和分布，由于地表水和地下水条件的差异，往往形成不同类型和不同状况的土壤。区内年平均降雨量 1 049.05mm，多年平均径流量 7.65 亿 m³，区内河流由众多支流分别汇集成高坪河、喇叭河、仁江河、洛江河、乐民河、混子河及观音寺河等汇入湘江河、桐梓河一级支流，境内河流总长 519km，分布全区各地，形成网状水系。境内河流分属长江流域乌江水系和赤水河水系，其中乌江水系境内流域面积 804.3km²，主要河流有湘江河、偏岩河、仁江河、高坪河等，河流多是上中游地势平缓、河谷开阔、水流缓慢分布有大小不等的坝子，灌溉较为方便，耕地多辟为水田，发育为不同亚类的水稻土；下游水低田高，灌溉较困难，耕地多为旱作土。赤水河水系流域面积 710.3km²，主要有桐梓河、观间寺河、混子河等；河流多穿行于深山峡谷之中，河床陡、水流急，在河流弯道或河谷稍宽地段，分布有零星水田；坡墒地段，农田用水困难，耕地多为旱作土。虽然年降水丰富，但分布不均，主要分布在 5—6 月，春寒和伏旱频繁发生，制约汇川区农业生产的发展。汇川区大多山塘水库和田间沟渠等基础设施建设滞后，抗旱能力不强。由于水资源匮乏，水利化程度低，耕地灌溉得不到有效保证，抗旱能力差，大多数地方水田已水改旱。水利、田间道路等基础设施条件差，水改旱的大量出现，势必影响耕地的有效利用，对汇川区农业可持续发展将产生不良影响。

（六）耕作层土壤未充分剥离利用

耕作层土壤是耕地精华，农业生产的物质基础，是粮食综合生产能力的根本保障。耕作层土壤剥离再利用是保护优质土壤资源、强化耕地保护的举措。长期以来，占用耕地后把耕作层土壤当土料使用甚至废弃。从近几年工作开展情况来看，非农建设用地在用地预审前基本编写了项目建设用耕地耕作层土壤剥离实施方案，但在实际工作中，建设用耕地耕作层土壤基本未剥离利用。耕作层、底土层被打乱，底土层土壤暴露土表，导致耕作层土壤肥力下降。目前，汇川区在耕作层土壤剥离中由于配套政策不完善，制度不保障，资金落实困难，剥离利用存在空间和时间上的差异，技术储备不足等问题，导致耕作层土壤谁来剥离（耕作层土壤剥离再利用工作的责任主体亦即实施单位——建设用地单位）、钱从哪来（耕作层土壤剥离再利用工作资金来源——政府土地出让金、建设用地单位建设项目总投资、土地开发整理专项资金）、怎么剥离（剥离程序——建设项目占用耕地用地预审前要编写建设项目耕作层土壤剥离实施方案，然后按照方案实施）、如何利用（剥离土壤——土地整治、耕地质量提升、土壤改良及其他城市景观绿化等）等问题还须进一步探究。为此，在下一步工作中需要出台政策，强化行政保障；筹集资金，保证专项经费；科学规划，保障有序推进；健全措施，规范操作程序；完善技术标准、引入市场机制等，使耕地耕作层土壤得到充分剥离利用，耕地土壤质量得到提高，耕地利用得到加强。

（七）耕地被占用和非法占用耕地时有发生

近年来，由于城镇化、工业化等非农建设占用耕地面积的加大，许多良田好土被占用，致使耕地数量逐年减少的同时，耕地质量总体在降低。同时，由于管理等多方面原因，非法占用耕地、占而不用等现象也时有发生，导致耕地利用效率降低。

四、耕地利用与保护建议

（一）推行用养结合

一是增施有机肥，科学施肥，提高地力。有机肥既是提供作物营养、实现农业增产增收的需要，也是保护土壤肥力与农村环境、实现农业循环经济的需要。要广辟有机肥源，种植绿肥，实施秸秆还田，增施农家肥、商品有机肥等。同时，要加大测土配方施肥成果推广应用，使有机肥、无机肥在施用量、施用时期、施用比例、施用方式等方面达到统一，提高科学施肥水平，从而提高土壤肥力，提高土地产出率。二是开展轮作休耕。耕地是最宝贵的资源，也是粮食生产的命根子。因此，耕地轮作休耕是巩固提升粮食产能的关键。实行耕地轮作休耕，既有利于耕地休养生息和农业可持续发展，又有利于平衡粮食供求矛盾、稳定农民收入、减轻财政压力。耕地轮作休耕能全面提升农业供给体系的质量和效率。休耕主要是选择25°以下坡耕地和瘠薄地的两季作物区，通过调整种植结构，改种保护水土、涵养水分、保护耕作层的植物，如种绿肥，达到培肥改土效果，同时减少农事活动，促进生态环境改善，增加农民收益。

（二）调整种植结构

由于常规农业常规作物种植比较效益低下，农民种植积极性不高，导致耕地撂荒现象普遍存在，耕地利用效率低下。为此，须加大结构调整，种植附加值比较高的经济作物。从汇川区 2015 年农作物种植统计资料看，粮食作物：经济作物＝5.6∶4.4。要使粮食作物：经济作物＝4∶6，还须加大对蔬菜、辣椒、干鲜水果、油菜、烤烟、药材等经济作物的种植，并实行精耕细作，以最大限度增加种植效益。同时，还应加大耕地的规模流转力度，强化规模种植效益，从而提高耕地利用效率。从目前汇川区统计资料看，耕地集中流转面积 698.8hm^2，占汇川区耕地面积的 1.71％。汇川区土地流转主要用于蔬菜、水果、烤烟、药材等作物种植。总体上看，汇川区耕地流转面积还不大，结构调整力度还不够。

（三）加大高标准农田建设

为解决耕地破碎、强化农田基础设施建设，规范推进农村土地整治工作，大力加强旱涝保收、高产稳产高标准基本农田建设，促进耕地保护和节约集约利用，保障国家粮食安全，促进农业现代化发展和城乡统筹发展，原国土资源部 2011 年 9 月印发了《高标准基本农田建设规范（试行）》的通知（国土资发〔2011〕144 号），明确规定要加大田土块的平整度、田土块大小及田间道路、沟渠等基础设施建设，增强防御自然灾害能力建设，达到"旱能灌、涝能排、渠相通、路相通"，综合提升耕地产出能力，从而实现耕地持续及高标准利用。据资料统计，目前汇川区高标准农田建成面积 140.86hm^2，仅占汇川区耕地面积的 0.35％。

（四）严格依法保护耕地

耕地保护是我国的一项基本国策。根据《中华人民共和国土地管理法》规定，国家保护耕地，严格控制耕地转为非耕地，国家实行占用耕地补偿制度。非农业建设经批准占用耕地的，按照"占多少，垦多少"的原则，由占用耕地的单位负责开垦与所占用耕地的数量和质量相当的耕地。

要采取多种途径保护耕地的数量和质量。一是保护基本农田。《基本农田保护条例》明确指出，区级和镇（街道办事处）土地利用总体规划应当确定基本农田保护区，省级划定的基本农田应当占本行政区域内耕地总面积的 80％以上，铁路、公路等交通沿线，城市和村庄、集镇建设用地区周边的耕地，应当优先划入基本农田保护区。禁止任何单位和个人在基本农田保护区内建窑、建房、建坟、挖砂、采石、采矿、取土、堆放固体废弃物或者进行其他破坏基本农田的活动。二是开发耕地后备资源。在保护和节约用地的同时，要与开发耕地后备资源有机结合。对非农建设占用耕地应按照"占补平衡"原则进行补偿，保持现有耕地面积长期稳定，总量平衡。三是遏制耕地撂荒。通过土地流转，加大财政补助投入，在种植大户、专业合作社等新型农业经营主体的带动下，实行规模化种植、标准化生产、市场化经营，强化种植比较效益，遏制耕地撂荒现象发生，提高耕地利用效率。四是清理占而未用的闲置耕地。耕地占而不用、低效利用等时有发生。一方面，建设用地应尽量不占或少占用耕地；另一方面，应清理非法占用耕地和占而不用的闲置耕地等，以最大限度提高耕地利用效率和耕地产出率。五是改造中低产田土。汇川区耕地中低产田土面积大，这是制约汇川区耕地利用及农作物单产水平提高的不利因素。为此，须对中低产田土水利、田间机耕道等生产条件进行全面改善，采取工程、农艺及生物措施，全面提高耕地质量及利用水平。

（五）要防治土壤污染退化

工业"三废"排放及农业废旧薄膜乱丢乱放、污水灌溉、农药和化肥的不合理施用等，是造成土壤污染退化的主要原因。为此，在农业生产中，要加强对农业灌溉水源的管理，严禁使用受污染的灌溉水源或直接使用工业污水灌溉农田；要加强肥料、农药市场质量监督和科学施用管理，防止假冒伪劣肥料和农药流入市场，同时对肥料和农药田间科学施用进行指导，防止盲目施用化肥和农药对土壤造成危害。为切实加强土壤污染防治，逐步改善土壤环境质量，减少农村面源污染，2016 年 5 月 28 日，国务院出台并印发《土壤污染防治行动计划》（以下简称《计划》）。《计划》从开展土壤污染调查，掌握土壤环境质量状况；推进土壤污染防治立法，建立健全法规标准体系；实施农用地分类管理，保障农业生产环境安全；实施建设用地准入管理，防范人居环境风险；强化未污染土壤保护，严控新增土壤污染；加强污染源监管，做好土壤污染预防工作；开展污染治理与修复，改善区域土壤环境质量；加大科技研发力度，推动环境保护产业发展；发挥政府主导作用，构建土壤环境治理体系；加强目标考核，严格责任追究等 10 个方面提出了明确要求。《计划》明确提出，要合理使用化肥。鼓励农民增施有机肥，减少化肥使用量。加强农药包装废弃物回收处理，推行农业清洁生产，开展农业废弃物资源化利用试点，形成一批可复制、可推广的农业面源污染防治技术模式。严禁将城镇生活垃圾、污泥、工业废物直接用作肥料。到 2020 年，全国主要农作物化肥、农药使用量实现零增长，利用率提高到 40％以上，测土配方施肥技术推广覆盖率提高到 90％以上。加强废弃农膜回收利用，严厉打击违法生产和销售不合格农膜的行为。建立健全废弃农膜回收储运和综合利用网络，开展废弃农膜回收利用试点。

（六）加强耕地资源及信息系统建设，提高耕地保护水平

一是开展耕地资源可持续利用、耕地资源信息化、耕地资源科学管理等平台研发，利用科学技术手段，对耕地实现快速和准确的动态监测；二是开展汇川区耕地土壤资源管理与土壤墒情监测服务平台等建设，实现耕地资源数据的现代化管理。

汇川区耕地利用程度总体较高，垦殖率、复种指数、粮食单产、集约化程度近年来都有了大幅度提高。但是由于环境条件、生产条件和经济水平的制约，耕地利用程度要进一步提高还十分困难。合理利用每一寸土地，切实保护耕地资源，必须作为汇川区社会经济发展长期坚持的基本原则。"但留方寸土，留与子孙耕"，保护耕地需要全社会的共同参与。

第二节　耕地利用主要障碍因素与中低产耕地面积分布

一、耕地利用主要障碍因素

(一) 基础设施薄弱，抗御自然灾害的能力不强

汇川区大部分山塘、水库、沟渠等基础设施都建于 20 世纪六七十年代，由于运行时间长，老化失修，灌不进、排不出的问题十分突出，导致"丰水时节留不住水，枯水时节没水用"，抗御自然灾害的能力不强。据统计，汇川区保灌耕地面积 1 374.97hm²，占汇川区耕地面积的 3.37%；无灌溉能力的耕地面积为 31 147.17hm²，占汇川区耕地面积的 76.32%。近年来，虽然通过高标准农田、千亿斤粮食生产能力、土地开发整治等项目实施，山塘水库、沟渠管网、生产便道等农田基础设施建设得到加强，但由于缺乏整体规划，建设的水利等设施效能发挥不高，同时田间生产及机耕等道路建设不配套，影响了农业生产和农业投入品、农产品的运输，增加了农业生产投入成本。

(二) 地形复杂，坡耕地面积大

汇川区山地面积大，山地耕地面积为 38 412.02hm²，占汇川区耕地面积的 94.12%。汇川区坡耕地面积大，坡度≥15°的耕地面积 27 345.05hm²，占汇川区耕地面积的 67.01%。其中坡度 15°（含）～25°的耕地面积为 14 833.80hm²，占汇川区耕地面积的 36.35%；坡度≥25°的耕地面积为 12 511.25hm²，占汇川区耕地面积的 30.66%。由于山地及坡耕地面积大，加之基础设施建设不配套，生产条件差，导致农业生产投入加大，经济效益降低，复种指数不高，耕地利用不好。

(三) 酸（碱）、黏、瘦田土面积较大

据统计，汇川区耕地耕层土壤 pH<6.5 的面积为 14 638.11hm²，占汇川区总耕地面积的 35.87%；耕层土壤 pH>7.5 的面积为 19 792.93hm²，占汇川区总耕地面积的 48.50%；pH 介于 6.5～7.5 的中性耕地土壤面积为 6 380.14hm²，占汇川区总耕地面积的 15.63%。说明汇川区耕地酸性和碱性土壤面积大，中性土壤面积小。

汇川区耕层土壤质地为黏土的耕地面积为 17 495.80hm²，占汇川区总耕地面积的 42.87%；质地为壤土的耕地面积为 20 521.12hm²，占汇川区总耕地面积的 50.28%；质地为沙土的耕地面积为 2 794.26hm²，占汇川区总耕地面积的 6.85%。黏土和沙土占汇川区耕地面积一半。

汇川区耕地土壤有机质含量<20g/kg 的耕地面积为 2 219.43hm²，占汇川区耕地面积的 5.44%；有机质含量<30g/kg 的耕地面积为 11 343.98hm²，占汇川区耕地面积的 27.80%。

(四) 投入大，风险大，成本高，效益低

近年来，农业生产成本快速攀升，农资投入不断上扬，劳动力成本大幅增加，加之受

国际大宗农产品市场价格的冲击，在成本"地板"和价格"天花板"的双重挤压下，农产品的价格没有市场优势，利润空间少，特别是农产品生产第一车间（田间）亏损现象严重，出现菜贱（肉贱）和粮油价格下跌伤农，农产品的比较经济效益较低，受市场、自然、病虫等多种因素影响，从事农业生产经营者的积极性不高，很大程度限制了耕地的生产利用。

二、中低产耕地面积分布

依据农业部1997年颁布的《全国耕地类型区、耕地地力等级划分》（NY/T 309—1996）标准，综合全国第二次土壤普查及本次土壤养分检测等有关信息，利用"县域耕地资源管理信息系统"软件对汇川区耕地进行评价分类，结果见表7-3。汇川区现有中低产耕地 33 251.82hm²，占汇川区耕地面积的81.48%。其中，水田5 067.44hm²，占汇川区耕地面积的12.42%；旱地28 184.38hm²，占汇川区耕地面积的69.06%。芝麻镇、毛石镇、松林镇、三岔镇中低产耕地占该区域耕地面积比例较大，分别为97.64%、95.27%、93.18%、92.58%，高坪街道办事处、团泽镇中低产耕地占该区域耕地面积比例较小，分别为67.50%、65.96%。

表7-3 汇川区中低产田土耕地面积分布情况统计

镇 （街道办事处）	中产耕地		低产耕地		中低产耕地合计	
	面积 （hm²）	占该区域 耕地面积 比例（%）	面积 （hm²）	占该区域 耕地面积 比例（%）	面积 （hm²）	占该区域 耕地面积 比例（%）
毛石镇	1 533.99	42.76	1 884.12	52.51	3 418.11	95.27
三岔镇	2 645.57	43.93	2 929.88	48.65	5 575.45	92.58
芝麻镇	1 337.85	47.25	1 426.71	50.39	2 764.56	97.64
松林镇	1 813.92	48.71	1 656.35	44.47	3 470.27	93.18
沙湾镇	1 771.30	44.59	1 667.06	41.97	3 438.36	86.56
团泽镇	2 813.78	46.90	1 143.34	19.06	3 957.12	65.96
板桥镇	1 452.07	49.63	883.67	30.20	2 335.74	79.83
泗渡镇	1 816.01	45.71	956.61	24.08	2 772.62	69.79
高坪街道办事处	2 220.65	39.01	1 621.51	28.49	3 842.16	67.50
董公寺街道办事处	765.19	56.37	309.24	22.78	1 074.43	79.15
高桥街道办事处	418.69	57.80	184.31	25.45	603.00	83.25
合计/平均	18 589.02	45.55	14 662.80	35.93	33 251.82	81.48

中产地多分布在中山、丘陵等地形部位，灌溉能力不强。土壤类型主要为石灰土、黄壤、水稻土等3个土类，土壤养分基本处于中等偏上水平，增产潜力较大。低产地多分布在丘陵坡腰、中山坡腰和低中山坡顶等部位，灌溉能力弱。土壤类型主要以石灰土、黄壤、水稻等为主，土壤发育熟化程度不高，土壤养分含量较低。

第三节　中低产田土改良利用划分

一、划分依据

（一）划分原则

根据区域性耕地土壤资源和土壤类型、自然和社会经济条件、土壤利用现状和生产力水平、土壤肥力状况和限制农业生产的主要因子，以提高土壤肥力为重点，在保持一定区域耕地资源完整性的基础上，进行中低产田土耕地改良利用划分。目的是制订耕地土壤的合理利用、不良土壤环境和土壤性状的改良方案，达到充分利用和发挥耕地土壤资源的潜力，有效地改良中低产田土，提高耕地产出率。

（二）划分因子的确定

根据中低产田土耕地改良利用划分原则，遵循主要因素原则、差异性原则、稳定性原则、敏感性原则，进行限制主导因素的选取。考虑与耕地地力评价中评价因素的一致性、各土壤养分的丰缺状况及其相关要素的变异情况，选取耕地土壤有机质含量、质地作为耕地土壤理化养分状况的限制主导因子，选取地貌、坡度、灌溉能力、排水能力、土体厚度作为耕地自然环境状况的限制性主导因子。

（三）划分标准

根据农业部《全国中低产田类型划分与改良技术规范》《贵州省中低产田类型划分与改良技术规范》，针对影响汇川区耕地利用水平的主要因素，综合分析目前汇川区各耕地改良利用因素的现状水平，同时邀请相关专家进行分析，制定了中低产田土耕地改良利用主导因子的划分及改良利用类型的确定标准（表7-4）。

表7-4　汇川区中低产田土耕地改良利用主导因子划分标准

耕地改良划分	限制因子	划分标准
坡地梯改型	地面坡度	6°（含）～25°
	地貌	山地
瘠薄培肥型	有机质（g/kg）	<20
	土体厚度（cm）	<60
干旱灌溉型	灌溉能力	无灌溉能力
渍潜排水型	排水能力	无排水能力

二、划分方法

以区域耕地利用方式、耕地主要障碍因素、生产条件、生产潜力、改良利用措施的相似性，参考气候条件、地貌组合类型来划分，并针对其存在的问题，分别提出相适应的改良利用意见和措施。

中低产田土耕地改良利用划分是在耕地地力评价结果的基础上，充分分析耕地地力评价各项资料，根据土壤的属性和组合特点及自然条件、地貌类型、改良措施和农业经济条件进行综合划分。

划分原则是根据地貌类型、土壤组合及土壤地力分布特征、利用方式、生产条件、主要农业生产问题、利用改良方向和措施的基本一致性。通过划分，综合反映主要土壤类型组合、自然条件对农业生产的适应性，并突出反映各类型主要限制因素和改良方向、措施等方面的差别。

三、划分结果

按照上述划分的依据和方法，将汇川区中低产田土耕地改良利用划分为 4 个类型：干旱灌溉型、坡地梯改型、瘠薄培肥型、渍潜排水型（稻田）。

（一）干旱灌溉型

干旱灌溉型主要是干旱缺水，无灌溉能力，降雨量不足或季节分配不合理，缺少必要的调蓄工程，水源得不到保证，在作物生长季节不能满足正常水分需求，但具备一定的水资源开发条件，可以通过发展灌溉加以改造的耕地，改良难易取决于水资源开发能力、开发工程量及现有田间灌溉工程水平。改良主攻方向是发展灌溉，开发水资源，修建田间水利工程设施。汇川区干旱无灌溉能力耕地面积为 31 147.17hm²，占汇川区耕地面积的 76.32%。面积较大的有山盆镇、团泽镇、高坪街道办事处，分别为 4 927.20 hm²、3 711.50 hm²、3 643.91hm²，分别占汇川区耕地面积的 12.07%、9.09%、8.93%。

（二）坡地梯改型

坡地梯改型是指耕地具有一定地面坡度（6°～25°），容易造成水土流失，需要修筑梯坎、梯埂等田间水保工程进行治理改造的耕地，≥25°进行退耕还林。其主要障碍因素是地形、地面坡度大、水土流失严重。改良主攻方向是修筑石埂或土埂以及拦山沟、蓄水池等田间工程配套措施，平整土地，加厚土层，增加植被覆盖，减缓地面坡度，保持水土。汇川区坡地梯改型耕地面积为 25 747.70m²，占汇川区耕地面积的 63.09%。面积较大的有三盆镇、团泽镇、高坪街道办事处，分别为 4 676.02hm²、3 863.48hm²、3 757.90hm²，分别占汇川区耕地面积的 11.46%、9.47%、9.21%。

（三）瘠薄培肥型

瘠薄培肥型是指由于受气候、地形、特定母质等的影响，培肥措施不合理，耕作粗放，长期浅耕，耕层浅薄，土壤结构不良，耕性差，土壤熟化度低，养分贫瘠，产量低，只有通过培肥改良，才能提高土地产出率。其主要障碍因素是土层浅薄，土壤结构差，熟化度低，养分贫瘠。改良的主攻方向是以耕作制度改革与土壤培肥为主，辅之以适当的微工程措施。汇川区瘠薄培肥型耕地面积为 10 351.18hm²，占汇川区耕地面积的 25.36%。面积较大的有山盆镇、高坪街道办事处、团泽镇、芝麻镇、沙湾镇，分别为 2 225.37hm²、1 711.40hm²、1 696.09hm²、1 042.29hm²、1 002.20hm²，分别占汇川区耕地面积的 5.45%、4.19%、4.16%、2.55%、2.46%。

（四）渍潜排水型（稻田）

渍潜排水型（稻田）主要是指常年遭受季节性洪涝灾害，具有潜育层特征的水田。局部地形低洼而排水不良，土壤质地偏黏，耕作制度不当引起滞水潜育化，地下水位高或有地下水出露而排水不畅或长期人为泡冬形成次生潜育化，长期冷水、冷浸水灌溉。主要分布在地势低洼积水处、阴山峡谷坡脚、冷泉水灌溉、冷浸水出露等地段，各镇（街道办事处）均有分布。主要障碍因素为洪涝、渍水、土壤潜育化。改良主攻方向是工程排水。据统计，汇川区渍潜排水型（稻田）面积 40.60hm²，占汇川区水田面积的 0.10%。

第四节　耕地质量分析及改良措施

一、耕地质量分析

根据分析汇总结果，汇川区耕地总面积 40 811.18hm²。其中，上等耕地面积 7 559.36hm²，占汇川区耕地总面积的 18.52%；中等耕地面积 18 589.02hm²，占汇川区耕地总面积的 45.55%；下等耕地面积 14 662.80hm²，占汇川区耕地总面积的 35.93%。汇川区中下等肥力耕地 33 251.86hm²，占汇川区耕地总面积的 81.48%。总体看，汇川区上等耕地面积比例小，中、下等耕地面积比例大。

二、综合改良措施

要提高中、上等耕地数量和质量，建设一批高产稳产农田，应因地制宜，采取工程、农艺和生物等措施相结合，推行耕地轮作、休耕或免耕，达到用地与养地相结合，山、水、田、林、路综合发展，综合改善耕地质量。

（一）工程措施

兴修山塘水库、积肥水坑、沟渠、田间机耕道和走道、坡改梯、深翻土壤等，增强耕地基础设施建设，提高耕地质量，最大限度提高耕地产出率。

（二）农艺措施

绿肥种植、秸秆还田、增施有机肥料、科学施肥、酸性土壤施用石灰等农艺措施是改良土壤、提高地力的有效措施，具有投入少、效果好、见效快的特点。

（三）生物措施

种植绿肥，实施秸秆覆盖，种植护埂植物固土保水保肥。

（四）耕地轮作与休耕

1. 轮作

在同一块田地上，有顺序地在季节间或年度间轮换种植不同的作物。如绿肥-玉米-大豆、绿肥-马铃薯-玉米、绿肥-水稻-油菜轮作。合理的轮作能防治病、虫、草害，均衡利用土壤养分，调节土壤肥力，具有很高的生态效益和经济效益。

2. 休耕

休耕主要是减少农事活动，对耕地实行休耕。经过长期发展，我国耕地开发利用强度过大，一些地方地力严重透支，水土流失、地下水严重超采、土壤退化、面源污染加重已成为制约农业可持续发展的突出矛盾。探索耕地休耕，既有利于耕地休养生息和农业可持续发展，又有利于平衡粮食供求矛盾、稳定农民收入、减轻财政压力。体现藏粮于地、藏粮于技及用地与养地的重大战略。

3. 免耕（少耕）

不进行土壤耕作直接在耕地上播种，减少耕作机械多次作业而压实、破坏土壤结构，从而降低成本和能耗，防止水土流失和土壤风蚀，减轻环境污染，提高土地利用率。

三、中下等耕地具体改良措施

对汇川区中下等耕地中的干旱灌溉型、坡地梯改型、瘠薄培肥型和渍潜排水型 4 个类型耕地土壤进行改良利用。

（一）干旱灌溉型

1. 主要生产问题

干旱灌溉型耕地面积为 31 147.17hm²，占汇川区耕地面积的 76.32%。干旱缺水是主要障碍因素。由于降雨量不足或季节分配不合理，缺少必要的调蓄工程等水利设施，水利工程设施标准和水源保证程度较低，在作物生长季节不能满足正常水分需要，影响农作物正常生长。

2. 改良措施

（1）工程措施

充分开发利用河流、地下水、天然降雨等水资源，修建完善的动力提灌、山塘水库等蓄水设施，配置完善的主、干、支、毛、农、斗渠等田间沟渠设施，充分利用水资源，提高水源灌溉保证率。

（2）农艺措施

实施秸秆还田、种植绿肥、施用农家肥、商品有机肥等增施有机肥和采取科学施肥措施提高土壤抗旱能力；推广种植抗旱节水品种；推广薄膜覆盖；示范推广水肥一体化技术。防止并降低土壤水分蒸发，增强土壤保墒能力和农作物抗旱能力。

（二）坡地梯改型

1. 主要生产问题

坡地梯改型耕地面积为 25 747.70m²，占汇川区耕地面积的 63.09%。山势陡峭、坡度大，冲刷严重，耕性差，土壤熟化度低，土层薄，养分较贫瘠，不易耕作，农作物产量低。

2. 改良措施

（1）工程措施

修筑石埂或土埂的水平梯土，平整土地时不打乱土层，保护耕层；修建灌排水沟、拦山沟和田间便道；修建蓄水池、积肥水窖。

(2) 农艺措施

实施秸秆还田、种植绿肥、施用农家肥、商品有机肥等增施有机肥，科学施肥；横坡聚土垄作；推广地膜覆盖。

(3) 生物措施

在土埂上种草和种护埂植物，固埂护埂防土；沿等高线种草或种多年生植物，固土保水保肥。25°以上坡耕地应退耕还林。

(三) 瘠薄培肥型

1. 主要生产问题

瘠薄培肥型耕地面积为 10 351.18hm²，占汇川区耕地面积的 25.36%。土层薄，肥力低，耕性差，土壤熟化度低，不易耕作，农作物产量低。

2. 改良措施

(1) 工程措施

深翻土壤，增厚土层，熟化耕作层。深翻达到增厚土层的目的，还可采取客土填土、聚土改土、爆破改土等方式加深并熟化耕作层；修建沟渠及田间生产便道、蓄水池、积肥水窖等，加强田间基础设施建设。

(2) 农艺措施

实施秸秆还田、种植绿肥、施用农家肥、商品有机肥等增施有机肥，科学施肥；采用分带轮作，种植豆科作物，实施用地与养地相结合。

(四) 渍潜排水型 (稻田)

1. 主要生产问题

渍潜排水型 (稻田) 面积 40.60hm²，占汇川区水田面积的 0.10%。由于其地处低洼及阴山夹沟等冷凉地带，土温低，通透性差，有效养分含量低，作物根系吸收养分能力弱，作物生长缓慢，产量低。

2. 改良措施

(1) 工程措施

通过田间工程排水措施，增强排水能力。一是地面排水工程设计为二十年一遇，三日暴雨不淹田，二日内排出积水；二是三种功能的排水沟配套，即深度>100cm 的拦山沟和中心主排水沟，以及深度 60～80cm 的排渍支沟和中心主排水沟，都是石砌明沟、暗沟；三是配置完善的排灌沟渠，达到排灌相结合。

(2) 农艺措施

翻耕晒田、水旱轮作、半旱式栽培、增施有机肥、科学施肥，改善水田水、肥、气、热条件。

第八章
耕地施肥管理

第一节　耕地施肥现状

一、国内施肥现状

施用农家肥、土杂肥，改良土壤、培肥地力是我国农业生产长期的特点。1901年，氮肥从日本输入我国台湾后，我国开始逐渐施用化肥。20世纪四五十年代，农田养分投入以有机肥为主。1949年，全国有机肥投入纯养分约 $4.8×10^6$ t，占总肥料投入量99%，到20世纪90年代下降到50%左右。1949年以后，党和国家高度重视科学施肥工作。1950年，中央人民政府在北京召开了全国土壤肥料工作会议，商讨土壤肥料工作大计。会议提出了我国中低产田的分区与整治对策，将科学施肥作为发展粮食生产的重要措施之一，随后重点推广了氮肥，加强了有机肥料建设。1957年，成立全国化肥试验网，开展了氮肥、磷肥肥效试验研究。1959—1962年组织开展了第一次全国土壤普查和第二次全国氮、磷、钾三要素肥效试验，在继续推广氮肥的同时，注重磷肥的推广和绿肥生产，为促进粮食生产发展发挥了重要作用。1981—1983年，组织开展了第三次大规模的化肥肥效试验，对氮、磷、钾及中、微量元素肥料的协同效应进行了系统研究。随后，开展缺素补素、配方施肥和平衡施肥技术推广。2003年，全国化肥施用量由1949年的 $1.3×10^4$ t 增加到 $4.412×10^7$ t，测土配方施肥推广面积 $2.67×10^6$ hm²，带动了我国农业生产持续快速发展，粮食产量达到 $4.31×10^8$ t，棉花产量达到 $4.86×10^6$ t，分别是1949年的3.8倍和10.9倍，经济作物和经济果林也得到了相应的发展，菜篮子产品丰富，瓜菜、水果产量也大幅度提高。更为重要的是，研究探索了配方施肥技术规范和工作方法，总结出了"测、配、产、供、施"一条龙的测土配方施肥技术服务模式。从2005年开始，在全国范围内让部分县（区、市）实施农业部测土配方施肥补贴项目。到2009年，全面普及实施该项目，通过大量的采集土壤样品检测、实施田间肥效试验，建立测土配方施肥项目数据库，初步建立了全国测土配方施肥技术体系。

二、贵州省施肥现状

据统计，贵州省2013年化肥生产量524.26万t（折纯，下同），农用化肥施用量99.54万t，平均每亩*耕地施用化肥14.59kg，比全国平均每亩耕地施用量（32.38kg）

---

*　亩为非法定计量单位，1亩＝1/15hm²。

低 17.79kg。随着城镇化、工业化的发展，以及大量农村劳动力外出务工，农业机械利用综合指数的提高，以户为单位的个体养殖萎缩，农户有机肥施用量尤其是边远坡耕地的有机肥施用量急剧下降，为维持粮食和农产品产量，化肥施用量呈现逐年增加态势。当前全省化肥施用存在四个方面的问题：一是施肥不均衡现象突出。中部地区和城市郊区施肥量偏高，边远山区和陡坡耕地施肥量极低。蔬菜、果树等附加值较高的经济园艺作物过量施肥比较普遍。二是施肥结构不平衡。重化肥、轻有机肥，重大量元素肥料、轻中微量元素肥料，重氮肥、轻磷钾肥"三重三轻"问题突出。三是施用方法不科学。传统人工施肥方式仍然占主导地位，化肥撒施、表施现象比较普遍。四是忽视微肥施用。随着农作物产量的提高和化肥施用量增加，微量元素不足现象日趋严重。

三、遵义市施肥现状

20 世纪五六十年代，遵义市农田养分投入以有机肥为主。60 年代初，遵义磷肥厂建成，开始行政干预推广磷肥施用。遵义氮肥厂建成投产，陆续以行政干预方式推广氮肥（碳酸氨）。贵州赤水天然气化肥厂始建于 1974 年 10 月，1978 年 10 月建成投产，由此遵义已经有推广氮肥和磷肥的历史。70 年代末 80 年代初，贵州赤天化股份有限公司生产的尿素在遵义地区迅速推开，随着土地承包经营的起步，遵义农业出现了翻天覆地的变化。80 年代中后期，人们尝到了化肥带来的巨大增产效益的甜头，同时为了保障自己的耕地能够持续高产，有机肥和化肥投入也增加了。到 90 年代中后期，农民开始进城务工，农村经济收入增加，农村劳动力大量转移，土地耕种习惯也悄然发生了改变。由于农村青壮年劳动力的减少，养猪户、养牛户迅速减少，有机肥投入逐渐减少，化肥成为肥料主要投入品。根据统计局数据，2000—2016 年的 16 年间，遵义市化肥用量（纯量）从 1.45×10^5 t 增加到 2.23×10^5 t，净增 0.78×10^5 t，增长 53.79%。随着改革开放的深入，城镇化建设步伐加快，高速铁路、高速公路等一批现代化设施建设，土地占用越来越多。耕种土地面积减少而化肥施用量增加，意味着单位面积化肥施用量增加更多。

四、汇川区施肥现状

为客观了解汇川区农作物施肥情况，根据汇川区实际情况，选择有代表性的农户进行水稻、玉米、油菜、蔬菜作物施肥情况调查，对数据进行汇总和分析，最后得出汇川区水稻、玉米、油菜、蔬菜的总体施肥情况。

（一）主要农作物施肥现状

1. 有机肥施肥现状

水稻：调查农户中只有 56.8% 的农户施用有机肥，施用量亩均 707kg。有机肥的种类主要有猪牛羊圈肥、沼液、饼肥、清粪水。主要作基肥施用。

油菜：调查农户中只有 49.5% 的农户施用有机肥，施用量亩均 357.1kg。有机肥的种类主要有猪牛羊圈肥、沼液、饼肥、清粪水，有 40% 的有机肥作基肥施用，60% 的有机肥作苗肥施用。

玉米：在调查的农户中80％的农户施用有机肥，施用量亩均920kg。有机肥品种主要为粪尿肥、饼肥等，主要作基肥施用。

蔬菜：调查农户52.3％施用有机肥，施用量亩均695kg。有机肥主要为粪尿、沼液，有21％的有机肥作基肥施用，79％的有机肥作追肥施用。

2. 化肥施用现状

（1）氮肥

调查农户中氮肥中主要品种为尿素。其中，水稻：亩均施尿素17.07kg，有98.8％农户在稻田上施用尿素，主要作追肥施用，第一次追肥亩施12kg，占氮肥施用量的69.4％，第二次亩施5.28kg，占氮肥施用量的30.6％。玉米：亩均施尿素19.4kg，100％农户施用尿素，主要分两次作追肥，第一次追肥平均亩施11kg，占氮肥施用量的56.7％，第二次追肥平均亩施8.4kg，占氮肥施用量的43.3％。油菜：亩均施尿素9.31kg，83.5％的农户油菜上均施用尿素，主要作基肥和追肥施用，基肥平均亩施0.55kg，占氮肥施用量的5.9％，追肥平均亩施尿素8.76kg，第一次追肥亩均施尿素8kg，占总施肥量85.9％，第二次追肥亩均施尿素0.76kg，占氮肥施肥用量的8.2％。蔬菜：亩均施尿素5.6kg，40％农户施用尿素主要作基肥和追肥施用，基肥亩均施1.17kg，占氮肥施肥用量的20.9％，追肥亩均施4.43kg，占氮肥施肥用量的79.1％。

（2）磷肥

调查农户中磷肥中主要品种为普钙。其中，水稻：亩均施普钙6.7kg，折纯0.9kg，只有22％农户施用。油菜：亩均施用施普钙10kg，折纯0.9kg，只有22％农户施用。蔬菜：亩均施普钙7.21kg，折纯0.3kg，部分农户施用。磷肥均作基肥一次性施用，油菜、蔬菜均穴施、水稻撒施。

（3）钾肥

调查的农户中基本上不施用钾肥。钾主要从复合肥和有机肥的获得。

（4）复合肥

在调查的农户中复合肥的品种主要有磷酸二铵、三元复合肥（N－P_2O_5－K_2O 含比例：15－15－15、14－16－15、15－5－5、12－6－7、13－30－5、10－8－7、10－10－25、13－5－7、5－5－10）等，农作物施用复合肥情况见表8－1。

表8－1　农作物施用复合肥情况表

作物名称	亩均施用数量（kg）	亩均折纯量（kg）			农户施肥比例（％）
		N	P_2O_5	K_2O	
水稻	26.80	3.49	3.53	3.33	90.20
玉米	30.00	4.14	4.26	4.98	100.00
油菜	29.03	4.10	3.02	2.64	92.30
蔬菜	30.53	5.01	4.46	4.35	92.30

（5）微肥

在本次调查中只有7％农户施用微量元素肥料，亩施入为0.5～1kg，主要在油菜上施用。

3. 施肥与农作物产量情况

水稻：平均产量 553.9kg，平均亩施有机肥 707kg、尿素 17.07kg、磷肥 9.78kg、复合肥 26.8kg，折纯氮 13.89kg、磷 4.91kg、钾 6.3kg，氮、磷、钾比例为 1∶0.35∶0.45。

玉米：平均产量 544kg，平均亩施有机肥 920kg、尿素 19.4kg、复合肥 30kg，折纯氮 13.82kg、磷 5.01kg、钾 8.86kg，氮、磷、钾比例为 1∶0.36∶0.64。

油菜：平均产量 136.4kg，平均亩施有机肥 722kg、尿素 9.31kg、复合肥 29.03kg，折纯氮 10.91kg、磷 4.41kg、钾 6.08kg，氮、磷、钾比例为 1∶0.40∶0.56。

蔬菜：平均产量 2 347.6kg，平均亩施有机肥 695kg、尿素 5.6kg、复合肥 30.53kg，折纯氮 10.01kg、磷 6.2kg、钾 7.28kg，氮、磷、钾比例为 1∶0.62∶0.73。

4. 施肥评价

（1）有机肥施用量不足，施用不平衡

根据调查，水稻、玉米、油菜、蔬菜 4 种作物有机肥平均施用不足 1 000kg。从调查的农户来看，只有 55％左右的农户施用有机肥，高的可达 2 500kg，一般为 1 000～1 500kg，有 50％的农户基本不施用有机肥。

（2）施肥结构不合理

重视化肥的施用，轻有机肥施用，90％以上的农户均施用化肥，只有 50％左右的农户施用有机肥。重氮肥，轻磷、钾肥。从调查的农户来看，98％左右的农户均在耕地上施用尿素，磷钾肥主要依靠有机肥和复合肥提供。

（3）农户在施肥上存在盲目性和随意性

在调查的农户中多数农户还根据经验施肥，并没有按作物的需求和土壤供肥决定施肥数量和施肥时期。

（4）中、微量元素没有得到应有的重视

调查的农户中只有少量农户在油菜上施用硼肥，其他中、微量元素肥料基本上没有施用。

（5）通过测土配方施肥项目的实施，农民在逐步改变施肥习惯

近年来，农民在选择复合肥时，逐步从低浓度到高浓度上选用，从单一施肥到氮磷钾配合施用，从经验施肥到根据作物施肥。

第二节　耕地施肥分区

一、分区原则与依据

（一）分区原则

一是化肥用量、施用比例和土壤类型及肥效的相对一致性；二是土壤地力分布和土壤速效养分含量的相对一致性；三是土地利用现状和种植业区划的相对一致性；四是行政区划的相对完整性；五是农业生产发展的相对一致性。

（二）分区依据

一是农田养分平衡状况及土壤养分含量状况；二是作物种类及分布；三是土壤地理分布特点；四是化肥用量、肥效及特点；五是不同区域对化肥的需求量。

（三）命名方法

施肥分区反映不同地区化肥施用的现状和肥效特点，根据现状和今后农业发展方向，提出对化肥合理施用的要求。按地域＋化肥需求特点的方法命名。根据农业生产指标，对今后氮、磷、钾肥的需求量，分为增量区（须较大幅度增加用量，增加量＞20％）、补量区（须少量增加用量，增加量＜20％）、稳量区（基本保持现有用量），控量区（严格控制化肥用量，以减少化肥投入为目标）。根据施肥分区标准和命名，将汇川区耕地划分为3个施肥分区，见表8-2和彩图17，各施肥分区区理化性质见表8-3，各施肥分区耕地地力面积和比例统计见表8-4。

表8-2　汇川区耕地施肥分区表

名　称	镇（街道办事处）	耕地面积（hm²）	比例（％）
远郊稳氮稳磷增钾区	毛石镇、山盆镇、芝麻镇、松林镇、沙湾镇	20 138.47	49.34
近郊控氮稳磷稳钾区	团泽镇、板桥镇、泗渡镇	12 898.46	31.61
城郊控氮控磷控钾区	高坪街道办事处、董公寺街道办事处、高桥街道办事处	7 774.25	19.05

表8-3　汇川区耕地各施肥分区土壤理化性质表

名　称		土壤理化指标						
		pH	有机质（g/kg）	全氮（g/kg）	碱解氮（mg/kg）	有效磷（mg/kg）	缓效钾（mg/kg）	速效钾（mg/kg）
远郊稳氮稳磷增钾区	最低值	4.10	2.10	0.53	20.00	3.50	24.00	20.00
	最高值	8.50	88.40	4.74	460.00	67.80	872.00	485.00
	平均值	6.82	31.17	1.83	158.92	22.53	203.28	132.64
近郊控氮稳磷稳钾区	最低值	4.75	16.20	0.78	65.90	2.30	88.00	53.00
	最高值	8.99	88.50	4.01	326.00	78.40	683.00	498.00
	平均值	6.98	41.62	2.15	176.26	27.00	295.78	165.71
城郊控氮控磷控钾区	最低值	4.71	11.90	0.89	48.00	1.60	68.00	40.00
	最高值	8.90	78.10	3.96	311.00	78.20	641.00	496.00
	平均值	6.74	40.08	2.13	177.25	26.45	255.29	149.53
汇川区	最低值	4.10	2.10	0.53	20.00	1.60	24.00	20.00
	最高值	8.99	88.50	4.74	460.00	78.40	872.00	498.00
	平均值	6.83	32.42	1.87	161.20	23.07	212.59	135.86

表 8 - 4　汇川区各施肥分区耕地地力面积和比例统计表

施肥分区	镇(街道办事处)	上等地				中等地				下等地				合计			
		水田面积(hm²)	占本区水田比例(%)	旱地面积(hm²)	占本区旱地比例(%)	水田面积(hm²)	占本区水田比例(%)	旱地面积(hm²)	占本区旱地比例(%)	水田面积(hm²)	占本区水田比例(%)	旱地面积(hm²)	占本区旱地比例(%)	水田面积(hm²)	占全区耕地比例(%)	旱地面积(hm²)	占全区耕地比例(%)
近郊稳氮稳磷增钾区	毛石镇	149.80	14.90	19.94	4.27	408.01	21.33	1 125.98	15.66	226.64	25.85	1 657.48	19.08	784.45	1.92	2 803.40	6.87
	山盆镇	346.88	34.52	100.09	21.44	584.05	30.54	2 061.52	28.67	309.75	35.33	2 620.13	30.16	1 240.68	3.04	4 781.74	11.72
	芝麻镇	41.65	4.14	25.34	5.43	75.08	3.93	1 262.77	17.56	28.99	3.31	1 397.72	16.09	145.72	0.36	2 685.83	6.58
	松林镇	132.82	13.22	121.29	25.99	406.90	21.27	1 407.02	19.57	147.13	16.78	1 509.22	17.37	686.85	1.68	3 037.53	7.44
	沙湾镇	333.83	33.22	200.08	42.87	438.62	22.93	1 332.68	18.54	164.18	18.73	1 502.88	17.30	936.63	2.30	3 035.64	7.44
	合计	1 004.98	100.00	466.74	100.00	1 912.66	100.00	7 189.97	100.00	876.69	100.00	8 687.43	100.00	3 794.33	9.30	16 344.14	40.05
近郊控氮稳磷稳钾区	团泽镇	1 799.76	56.88	242.40	36.24	570.18	48.94	2 243.60	45.63	24.34	16.98	1 119.00	39.40	2 394.28	5.87	3 605.00	8.83
	板桥镇	546.81	17.28	43.49	6.50	185.05	15.89	1 267.02	25.77	49.05	34.22	834.62	29.38	780.91	1.91	2 145.13	5.26
	泗渡镇	817.53	25.84	382.99	57.26	409.74	35.17	1 406.27	28.60	69.94	48.80	886.67	31.22	1 297.21	3.18	2 675.93	6.56
	合计	3 164.10	100.00	668.88	100.00	1 164.97	100.00	4 916.89	100.00	143.33	100.00	2 840.29	100.00	4 472.40	10.96	8 426.06	20.65
城郊控氮控磷控钾区	高坪街道办事处	1 528.31	87.77	321.90	62.70	514.42	59.92	1 706.23	67.01	68.34	61.41	1 553.17	77.51	2 111.07	5.17	3 581.30	8.77
	董公寺街道办事处	182.21	10.46	100.90	19.66	301.36	35.10	463.83	18.22	42.95	38.59	266.29	13.29	526.52	1.29	831.02	2.04
	高桥街道办事处	30.78	1.77	90.56	17.64	42.72	4.98	375.97	14.77	0.00	0.00	184.31	9.20	73.50	0.18	650.84	1.59
	合计	1 741.30	100.00	513.36	100.00	858.50	100.00	2 546.03	100.00	111.29	100.00	2 003.77	100.00	2 711.09	6.64	5 063.16	12.40

二、施肥分区概述及施肥建议

（一）远郊稳氮稳磷增钾区

1. 范围与概况

本区域位于汇川区西北部，包括毛石镇、山盆镇、芝麻镇、松林镇、沙湾镇。耕地面积 20 138.47hm²，占汇川区耕地面积的 49.34％。其中，水田面积 3 794.33hm²，占本区域耕地面积的 18.84％；旱地面积 16 344.14hm²，占本区域耕地面积的 81.16％，旱地多、水田少。其中上等水田面积 1 004.98hm²，占本区域水田面积的 26.49％；中等水田面积 1 912.66hm²，占本区域水田面积的 50.41％，中上等水田占 76.90％；下等水田面积 876.69hm²，占本区域水田面积的 23.10％。上等旱地面积 466.74hm²，占本区域旱地面积的 2.86％；中等旱地面积 7 189.97hm²，占本区域旱地面积的 43.99％，中上等旱地占 46.85％；下等旱地面积 8 687.43hm²，占本区旱地面积的 53.15％。

本区域是汇川区主要农业区域，离区政府所在地比其他区域远，是汇川区粮、油生产基地。地域广、地势差异大，地貌类型复杂，垂直气候较为明显。耕地海拔高度为 500～1 682.49m，相对高差 1 182.49m，平均海拔 1 062.45m。年平均积温 4 431.32℃左右，年平均降雨量 1 045.74mm。

2. 土壤养分状况

（1）有机质含量状况

根据本区域耕地土壤实测养分数据，参考全国第二次土壤普查土壤养分分级标准，耕地土壤有机质含量水平分级见表 8－5。耕地土壤有机质含量≥30g/kg 的面积为 11 526.22hm²，占本区域耕地面积的 57.24％；含量在 20（含）～30g/kg 的面积为 6 543.74hm²，占本区域耕地面积的 32.49％；含量＜20g/kg 的面积为 2 068.51hm²，占本区域耕地面积的 10.27％。本区域耕地土壤有机质含量最低值为 4.10g/kg、最高值为 88.40g/kg、平均值为 31.17g/kg。

表 8－5　有机质含量各等级面积和比例

含量水平	有机质		面积（hm²）	比例（％）
	分级	含量范围（g/kg）		
丰富	1	≥40	1 940.07	57.24
	2	30（含）～40	9 586.15	
中量	3	20（含）～30	6 543.74	32.49
低量	4	10（含）～20	1 831.19	10.27
	5	6（含）～10	105.63	
	6	＜6	131.69	

（2）全氮含量状况

根据本区域耕地土壤实测养分数据，参考全国第二次土壤普查土壤养分分级标准，耕地土壤全氮含量水平分级见表 8－6。本区域耕地土壤全氮含量丰富的面积为16 720.17hm²，占本区域耕地面积的 83.03％；含量在 1.0（含）～1.5g/kg 的面积为 3 199.16hm²，占本区域耕地面积的 15.89％；含量<1.0g/kg 的面积为 219.14hm²，占本区域耕地面积的 1.08％。本区域耕地土壤全氮含量最低值为 0.53g/kg、最高值为 4.74g/kg、平均值为 1.83g/kg。

表 8-6　全氮含量各等级面积和比例

全　氮			面积（hm²）	比例（％）
含量水平	分级	含量范围（g/kg）		
丰富	1	≥2.00	5 997.25	83.03
	2	1.50（含）～2.00	10 722.92	
中量	3	1.00（含）～1.50	3 199.16	15.89
低量	4	0.75（含）～1.00	175.64	1.08
	5	0.50（含）～0.75	43.50	
	6	<0.50	0.00	

（3）有效磷含量状况

根据本区域耕地土壤实测养分数据，参考全国第二次土壤普查土壤养分分级标准，耕地土壤有效磷含量水平分级见表 8-7。本区域耕地土壤有效磷含量≥20mg/kg 的面积为 11 219.05hm²，占本区域耕地面积的 55.71％；含量在 10（含）～20mg/kg 的面积为 8 295.02hm²，占本区域耕地面积的 41.19％；含量<10mg/kg 的面积为 624.39hm²，占本区域耕地面积的 3.10％。本区域耕地土壤有效磷含量最低值为 3.50mg/kg、最高值为 67.80mg/kg、平均值为 22.53mg/kg。

表 8-7　有效磷含量各等级面积和比例

有效磷			面积（hm²）	比例（％）
含量水平	分级	含量范围（mg/kg）		
丰富	1	≥40	556.79	55.71
	2	20（含）～40	10 662.26	
中量	3	10（含）～20	8 295.02	41.19
低量	4	5（含）～10	610.56	3.10
	5	3（含）～5	13.83	
	6	<3	0.00	

（4）速效钾含量状况

根据本区域耕地土壤实测养分数据，参考全国第二次土壤普查土壤养分分级标准，耕地土壤速效钾含量水平分级见表 8-8。本区域耕地土壤速效钾含量≥150mg/kg 的面积为 5 056.92hm²，占本区域耕地面积的 25.11％；含量在 100（含）～150mg/kg 的面积为 9 586.77hm²，占本区域耕地面积的 47.60％；含量<100mg/kg 的面积为 5 494.78hm²，占本区域耕地面积的 27.28％。大部分区域速效钾含量在 150mg/kg 以下。本区域耕地土壤速效钾含量最低值为 20.00mg/kg、最高值为 485.00mg/kg、平均值为 132.64mg/kg。

表8-8 速效钾含量各等级面积和比例

速效钾			面积（hm²）	比例（%）
含量水平	分级	含量范围（mg/kg）		
丰富	1	≥200	2 009.84	25.11
	2	150（含）～200	3 047.08	
中量	3	100（含）～150	9 586.77	47.60
低量	4	50（含）～100	4 752.33	27.82
	5	30（含）～50	599.65	
	6	<30	142.80	

（5）pH状况

根据本区域耕地土壤实测pH数据，参考全国第二次土壤普查土壤pH分级标准，将耕地土壤pH分为强酸性、酸性、弱酸性、中性、碱性、强碱性6个等级，见表8-9。本区域土壤pH在4.5（含）～8.5的耕地面积占本区域耕地面积99.83%以上，pH≥8.5的强碱性土壤面积仅27.88hm²，面积较少，占本区域耕地面积的0.14%。pH<4.5的强酸性土壤面积为5.34hm²，占本区域耕地面积的0.03%；pH在4.5（含）～5.5的酸性土壤面积为2 348.36hm²，占本区域耕地面积的11.66%；pH在5.5（含）～6.5的弱酸性土壤面积为4 819.40hm²，占本区域耕地面积的23.93%；pH在6.5（含）～7.5的中性土壤面积为2 940.98hm²，占本区域耕地面积的14.6%；pH在7.5（含）～8.5的碱性土壤面积为9 996.51hm²，占本区域耕地面积的49.64%。本区域极端土壤（强酸性、强碱性）面积比例不足0.2%。本区域耕地土壤pH最低值为4.10、最高值为8.50、平均值为6.82。

表8-9 土壤pH各等级面积和比例

pH		面积（hm²）	比例（%）
等级	pH范围		
强酸性	<4.5	5.34	0.03
酸性	4.5（含）～5.5	2 348.36	11.66
弱酸性	5.5（含）～6.5	4 819.40	23.93
中性	6.5（含）～7.5	2 940.98	14.60
碱性	7.5（含）～8.5	9 996.51	49.64
强碱性	≥8.5	27.88	0.14

3. 施肥建议

本区域耕地土壤中有机质、全氮、碱解氮、有效磷、缓效钾、速效钾含量均低于汇川区平均含量水平。土壤pH属于中性偏碱，碱性土壤面积大，占本区域面积的49.78%，酸性土壤占本区域面积的11.69%。本区域土壤综合肥力较低，在施肥时应当稳定氮肥和磷肥用量，增加钾肥用量，增施有机肥，合理分配氮、磷、钾肥的施用比例，提高有机肥在土壤中的转换，提高化肥利用率，中耕松土，秸秆还田（土），注意酸性土壤和碱性土壤的改良，保土护埂，防止水土流失。

根据本区域种植业区划布局、产量水平、肥料利用率、农户施肥调查、田间肥效试验结果等，主要种植作物有水稻、玉米、油菜、蔬菜、辣椒、马铃薯、果树等，在遵循有机与无机相结合、用地与养地相结合、大量元素与微量元素相结合的原则下，不同作物按照表8-10中施肥量参考施用。

表8-10　不同作物施肥量参考表

作物	用量（kg/hm²）						
	商品有机肥	N	P₂O₅	K₂O	锌肥	硼肥	硅钙肥
水稻	1 500	90～180	60～120	105～180	15	7.5	450
玉米	1 800	210～300	75～120	180～225	22.5	15	300
油菜	750	120～180	60～90	120～150	30	22.5	选择施用
蔬菜	3 000	150～300	90～180	150～300	30	15	选择施用
辣椒	1 500	210～270	105～135	210～270	15	22.5	选择施用
果树	3 000	180～300	75～150	210～300	30	7.5	选择施用
马铃薯	1 500	180～270	75～105	270～300	15	7.5	选择施用

（二）近郊控氮稳磷稳钾区

1. 范围与概况

本区域位于汇川区东北部，包括团泽镇、板桥镇、泗渡镇。耕地面积12 898.46hm²，占汇川区耕地面积的31.61%。其中，水田面积4 472.40hm²，占本区域耕地面积的34.67%；旱地面积8 426.06hm²，占本区域耕地面积的65.33%。其中，上等水田面积3 164.10hm²，占本区域水田面积的70.75%；中等水田面积1 164.97hm²，占本区域水田面积的26.05%；中上等水田占96.80%；下等水田面积143.33hm²，占本区域水田面积的3.20%。上等旱地面积668.88hm²，占本区域旱地面积的7.94%；中等旱地面积4 916.89hm²，占本区域旱地面积的58.35%；中上等旱地占66.29%；下等旱地面积2 840.29hm²，占本区域旱地面积的33.71%。

本区域是汇川区主要农业园区和农旅一体化发展的中心，地势相对平坦，耕地相对集中连片，水热条件好，垂直气候较为明显，灌溉和交通条件好，是汇川区粮食和蔬菜的主要生产区域，耕地海拔为801.25～1 606.96m，相对高差805.71m，平均海拔1 030.65m。年平均积温4 472.92℃左右，年平均降雨量1 162.00mm。

2. 土壤养分状况

（1）有机质含量状况

根据本区域耕地土壤实测养分数据，参考全国第二次土壤普查土壤养分分级标准，耕地土壤有机质含量水平分级见表8-11。本区域耕地土壤有机质含量≥30g/kg的面积为11 785.92hm²，占本区域耕地面积的91.45%；含量在20（含）～30g/kg的面积为1 015.53hm²，占本区域耕地面积的7.87%；含量＜20g/kg的面积仅为87.01hm²，占本区域耕地面积的0.67%。本区域耕地土壤有机质含量最低值为16.20g/kg、最高值为

88.50g/kg、平均值为 41.62g/kg，处于丰富水平。

表 8-11　有机质含量各等级面积和比例

有机质			面积（hm²）	比例（％）
含量水平	分级	含量范围（g/kg）		
丰富	1	≥40	7 049.32	91.45
	2	30（含）～40	4 746.61	
中量	3	20（含）～30	1 015.53	7.87
低量	4	10（含）～20	87.01	0.68
	5	6（含）～10	0.00	
	6	<6	0.00	

（2）全氮含量状况

根据本区域耕地土壤实测养分数据，参考全国第二次土壤普查土壤养分分级标准，耕地土壤全氮含量水平分级见表 8-12。本区域耕地土壤全氮含量丰富的面积为 12 534.44hm²，占本区域耕地面积的 97.18%；含量在 1.0～1.5g/kg 的面积为 360.36hm²，占本区域耕地面积的 2.79%；含量<1.0g/kg 的面积仅为 3.36hm²，占本区域耕地面积的 0.03%。本区域耕地土壤全氮含量最低值为 0.78g/kg、最高值为 4.01g/kg、平均值为 2.15g/kg，处于丰富水平。

表 8-12　全氮含量各等级面积和比例

全　氮			面积（hm²）	比例（％）
含量水平	分级	含量范围（g/kg）		
丰富	1	≥2.0	8 869.90	97.18
	2	1.5（含）～2.0	3 664.54	
中量	3	1.0（含）～1.5	360.36	2.79
低量	4	0.75（含）～1.0	3.36	0.03
	5	0.5（含）～0.75	0.00	
	6	<0.5	0.00	

（3）有效磷含量状况

根据本区域耕地土壤实测养分数据，参考全国第二次土壤普查土壤养分分级标准，耕地土壤有效磷含量水平分级见表 8-13。本区域耕地土壤有效磷含量≥20mg/kg 的面积为 10 135.91hm²，占本区域耕地面积的 78.58%；含量在 10（含）～20mg/kg 的面积为 2 373.59hm²，占本区域耕地面积的 18.40%；含量在 10mg/kg 以下的面积为 388.96hm²，占本区域耕地面积的 3.01%。本区域耕地土壤有效磷含量最低值为 2.30mg/kg、最高值为 78.40mg/kg、平均值为 26.99mg/kg，有效磷含量处于丰富水平。

表 8 - 13　有效磷含量各等级面积和比例

有效磷			面积（hm²）	比例（%）
含量水平	分级	含量范围（mg/kg）		
丰富	1	≥40	937.06	78.58
	2	20（含）~40	9 198.85	
中量	3	10（含）~20	2 373.59	18.40
低量	4	5（含）~10	377.09	3.01
	5	3（含）~5	0.00	
	6	<3	11.87	

（4）速效钾含量状况

根据本区域耕地土壤实测养分数据，参考全国第二次土壤普查土壤养分分级标准，耕地土壤速效钾含量水平分级见表 8 - 14。本区域耕地土壤速效钾含量≥150mg/kg 的面积为 7 546.61hm²，占本区域耕地面积的 58.51%；含量在 100（含）~150mg/kg 的面积为 4 472.72hm²，占本区域耕地面积的 34.68%；含量<100mg/kg 的面积为 879.13hm²，占本区域耕地面积的 6.82%。大部分区域速效钾含量在 150mg/kg 以上。本区域耕地土壤速效钾含量最低值为 53.00mg/kg、最高值为 498.00mg/kg、平均值为 165.71mg/kg，处于丰富水平。

表 8 - 14　速效钾含量各等级面积和比例

速效钾			面积（hm²）	比例（%）
含量水平	分级	含量范围（mg/kg）		
丰富	1	≥200	3 361.64	58.51
	2	150（含）~200	4 184.97	
中量	3	100（含）~150	4 472.72	34.68
低量	4	50（含）~100	879.13	6.82
	5	30（含）~50	0.00	
	6	<30	0.00	

（5）pH 状况

根据本区域耕地土壤实测 pH 数据，参考全国第二次土壤普查土壤 pH 分级标准，将耕地土壤分为强酸性、酸性、弱酸性、中性、碱性、强碱性 6 个等级，见表 8 - 15。本区域耕地土壤 pH≥8.5 的强碱性土壤面积为 412.84hm²，占本区耕地面积的 3.20%；pH 在 7.5（含）~8.5 的碱性土壤面积为 6 480.04hm²，占本区域耕地面积的 50.24%；pH 在 6.5（含）~7.5 的中性土壤面积为 2 154.78hm²，占本区域耕地面积的 16.71%；pH 在 5.5（含）~6.5 的弱酸性土壤面积为 2 920.14hm²，占本区域耕地面积的 22.64%；pH 在 4.5（含）~5.5 的酸性土壤面积为 930.66hm²，占本区域耕地面积的 7.22%；本区无 pH≤4.5 的强酸性土壤。本区域耕地土壤 pH 最低值为 4.75、最高值为 8.99、平均值为

6.99，本区土壤表现为弱碱性土壤。

表 8 - 15　土壤 pH 各等级面积和比例

pH		面积（hm²）	比例（%）
等级	pH 范围		
强酸性	<4.5	0.00	0.00
酸性	4.5（含）～5.5	930.66	7.22
弱酸性	5.5（含）～6.5	2 920.14	22.64
中性	6.5（含）～7.5	2 154.78	16.71
碱性	7.5（含）～8.5	6 480.04	50.24
强碱性	≥8.5	412.84	3.20

3. 施肥建议

本区域耕地土壤中有机质、全氮、碱解氮、有效磷、缓效钾、速效钾平均含量均高于汇川区平均含量水平。达到丰富水平，整体土壤表现为中性偏碱。碱性土壤面积大，占本区域耕地面积的 50.24%，酸性土壤占本区域耕地面积的 7.22%。本区域土壤综合肥力较高，在施肥时应当控制氮肥的用量、稳定磷肥用量、稳定钾肥用量，以增施有机肥为主，最大限度减少化肥用量，中耕松土，加大秸秆还田（土）力度，利用好有机肥资源，注意部分酸性土壤和碱性土壤的改良，保土护埂，防止水土流失，提高有机肥在土壤中的转换，提高化肥利用率。合理分配氮、磷、钾肥的施用比例，达到肥料的最大利用效率。

根据本区种植业区划布局、产量水平、肥料利用率、农户施肥调查、田间肥效试验结果等。主要种植农作物有水稻、玉米、蔬菜、辣椒、果树等，在遵循有机与无机相结合、用地养地相结合、大量元素与微量元素相结合的原则下，不同作物不同区域按照表 8 - 16 中施肥量参考施用。

表 8 - 16　不同作物施肥量参考表

作物	用量（kg/hm²）						
	商品有机肥	N	P₂O₅	K₂O	锌肥	硼肥	硅钙肥
水稻	3 000	60～120	60～120	105～180	15	7.5	450
玉米	3 000	150～210	75～120	180～225	22.5	15	300
蔬菜	3 000	120～240	90～180	150～300	30	15	选择施用
辣椒	3 000	120～180	105～135	210～270	15	22.5	选择施用
果树	6 000	120～240	75～150	210～300	30	7.5	选择施用

（三）城郊控氮控磷控钾区

1. 概况与范围

本区域位于汇川区中心城郊地段，包括高坪街道办事处、董公寺街道办事处、高桥街道办事处。本区域耕地面积 7 774.25hm²，占汇川区耕地面积的 19.05％。其中，水田面积 2 711.09hm²，占本区域耕地面积的 34.87％；旱地面积 5 063.16hm²，占本区域耕地面积的 65.13％。其中上等水田面积 1 741.30hm²，占本区水田面积的 64.23％，中等水田面积 858.49hm²，占本区水田面积的 31.67％，中上等水田占 95.90％；下等水田面积 111.29hm²，占本区水田面积的 4.10％。本区域上等旱地面积 513.36hm²，占本区域旱地面积的 10.14％；中等地旱地面积 2 546.03hm²，占本区域旱地面积的 50.28％；中上等旱地占 60.42％；下等地旱地面积 2 003.77hm²，占本区域旱地面积的 39.58％。

本区域是汇川区重要的工业园区，是政治、经济、文化发展的中心。耕地海拔高度 860～1 364.63m，相对高差 1 504.63m，平均海拔 985.86m。年平均积温 4 600℃左右，年平均降雨量 1 119.06mm。

2. 土壤养分状况

（1）有机质含量状况

根据本区域耕地土壤实测养分数据，参考全国第二次土壤普查土壤养分分级标准，耕地土壤有机质含量水平分级见表 8-17。本区域耕地土壤有机质含量≥30g/kg 的面积为 6 145.06hm²，占本区域耕地面积的 79.05％；含量在 20（含）～30g/kg 的面积为 1 565.28hm²，占本区域耕地面积的 20.13％；含量＜20g/kg 的面积为 63.91hm²，占本区域耕地面积的 0.82％。本区域耕地土壤有机质含量最低值为 11.90g/kg、最高值为 78.10g/kg、平均值为 40.08g/kg，耕地有机质含量整体处于丰富水平。

表 8-17　有机质含量各等级面积和比例

有机质			面积（hm²）	比例（％）
含量水平	分级	含量范围（g/kg）		
丰富	1	≥40	4 088.99	79.05
	2	30（含）～40	2 056.07	
中量	3	20（含）～30	1 565.28	20.13
低量	4	10（含）～20	63.91	0.82
	5	6（含）～10	0.00	
	6	＜6	0.00	

（2）全氮含量状况

根据本区域耕地土壤实测养分数据，参考全国第二次土壤普查土壤养分分级标准，耕地土壤全氮含量水平分级见表 8-18。本区域耕地土壤全氮含量丰富的面积为 7 118.49hm²，占本区耕地面积的 91.57％；含量在 1.0～1.5g/kg 的面积为 619.75hm²，占本区域耕地面积的 7.97％；含量＜1.0g/kg 的面积为 36.01hm²，占耕地面积的 0.46％。本区域耕地土壤全氮含量最低值为 0.89g/kg、最高值为 3.96g/kg、平均值为 2.13g/kg，耕地全氮平均值含量处于丰富水平。

表 8 - 18　全氮含量各等级面积和比例

全 氮			面积（hm²）	比例（%）
含量水平	分级	含量范围（g/kg）		
丰富	1	≥2.0	4 477.11	91.57
	2	1.5（含）～2.0	2 641.38	
中量	3	1.0（含）～1.5	619.75	7.97
低量	4	0.75（含）～1.0	36.01	0.46
	5	0.5（含）～0.75	0.00	
	6	<0.5	0.00	

（3）有效磷含量状况

根据本区域耕地土壤实测养分数据，参考全国第二次土壤普查土壤养分分级标准，耕地土壤有效磷含量水平分级见表 8 - 19。本区域耕地土壤有效磷含量≥20mg/kg 的面积为 5 956.90hm²，占本区域耕地面积的 76.62%；含量在 10（含）～20mg/kg 的面积为 1 575.13hm²，占本区域耕地面积的 20.26%；含量<10mg/kg 的面积为 242.21hm²，占本区域耕地面积的 3.12%。本区域耕地土壤有效磷含量最低值为 1.60mg/kg、最高值为 78.20mg/kg、平均值为 26.45mg/kg，平均值处于丰富水平。

表 8 - 19　有效磷含量各等级面积和比例

有效磷			面积（hm²）	比例（%）
含量水平	分级	含量范围（mg/kg）		
丰富	1	≥40	677.26	76.62
	2	20（含）～40	5 279.64	
中量	3	10（含）～20	1 575.13	20.26
低量	4	5（含）～10	211.32	3.12
	5	3（含）～5	29.97	
	6	<3	0.92	

（4）速效钾含量状况

根据本区域耕地土壤实测养分数据，参考全国第二次土壤普查土壤养分分级标准，耕地土壤速效钾含量水平分级见表 8 - 20。本区域耕地土壤速效钾含量≥150mg/kg 的面积为 3 386.94hm²，占本区域耕地面积的 43.57%；含量在 100（含）～150mg/kg 的面积为 3 353.38hm²，占本区域耕地面积的 43.13%；含量<100mg/kg 的面积为 1 033.93hm²，占本区域耕地面积的 13.30%。大部分区域速效钾含量在 150mg/kg 以下。本区域耕地土壤速效钾含量最低值为 40.00mg/kg、最高值为 496.00mg/kg、平均值为 149.53mg/kg。

表 8 - 20 速效钾含量各等级面积和比例

速效钾			面积（hm²）	比例（%）
含量水平	分级	含量范围（mg/kg）		
丰富	1	≥200	1 177.22	43.57
	2	150（含）～200	2 209.72	
中量	3	100（含）～150	3 353.38	43.13
低量	4	50（含）～100	953.82	13.30
	5	30（含）～50	80.11	
	6	<30	0.00	

（5）pH 状况

根据本区域耕地土壤实测 pH 数据，参考全国第二次土壤普查土壤 pH 分级标准，将耕地土壤 pH 分为强酸性、酸性、弱酸性、中性、碱性、强碱性 6 个土壤等级，见表 8 - 21。本区域耕地土壤 pH≥8.5 的强碱性土壤面积为 144.07hm²，占本区域耕地面积的 1.85%；pH 在 7.5（含）～8.5 的碱性土壤面积为 2 731.59hm²，占本区域耕地面积的 35.14%；pH 在 6.5（含）～7.5 的中性土壤面积为 1 284.38hm²，占本区域域耕地面积的 16.52%；pH 在 5.5（含）～6.5 的弱酸性土壤面积为 2 424.22hm²，占本区域耕地面积的 31.18%；pH 在 4.5（含）～5.5 的酸性土壤面积为 1 189.98hm²，占本区域耕地面积的 15.31%。本区域无强酸性土壤。本区域耕地土壤 pH 最低值为 4.71、最高值为 8.90、平均值为 6.74，土壤 pH 在 4.5（含）～8.5 的耕地面积占本区域耕地面积的 98.15%。

表 8 - 21 土壤 pH 各等级面积和比例

pH		面积（hm²）	比例（%）
等级	pH 范围		
强酸性	<4.5	0.00	0.00
酸性	4.5（含）～5.5	1 189.98	15.31
弱酸性	5.5（含）～6.5	2 424.22	31.18
中性	6.5（含）～7.5	1 284.38	16.52
碱性	7.5（含）～8.5	2 731.59	35.14
强碱性	≥8.5	144.07	1.85

3. 施肥建议

本区域耕地土壤中有机质、全氮、碱解氮、有效磷、缓效钾、速效钾含量平均值均处于丰富水平，土壤 pH 平均值属于中性，碱性土壤面积大于酸性土壤面积，其中强碱性土壤 144.07hm²，占本区域耕地面积的 1.85%，碱性土壤 2 731.59hm²，占本区域耕地面积的 35.14%，酸性土壤占本区耕地面积的 15.31%，无强酸性土壤。本区土壤综合肥力较高，在施肥时应当控制氮肥、磷肥用量和钾肥用量，根据作物合理分配氮、磷、钾肥的施用比例。以施用有机肥为主，大量减少化肥用量，尽量用有机肥替代化肥，提高有机肥在土壤中的转换，提高肥料利用率。中耕松土，全程开展秸秆还田（土），注意酸性、碱性和强碱性土壤的改良，保土护埂，防止水土流失。

根据本区种植业区划布局、产量水平、肥料利用率、农户施肥调查、田间肥效试验结果等，本区主要种植蔬菜、辣椒、果树等作物，在遵循有机与无机相结合、用地养地相结合、大量元素与微量元素相结合的原则下，不同作物按照表8-22中施肥量参考施用。

表8-22　不同作物施肥量参考表

作物	用量（kg/hm²）						
	商品有机肥	N	P₂O₅	K₂O	锌肥	硼肥	硅钙肥
蔬菜	4 500	60～150	60～120	120～180	30	15	选择施用
辣椒	4 500	75～150	60～120	120～180	15	22.5	选择施用
果树	4 500	90～180	60～120	120～180	30	7.5	选择施用

第三节　主要作物施肥技术

一、作物施肥量的计算方法

运用养分平衡法，根据作物目标产量所需养分总量与土壤供肥量之差估算目标产量的施肥量，通过施肥补足土壤供应不足的那部分养分。施肥量的计算公式：

施肥量＝（目标产量所需养分总量－土壤供肥量）/肥料中养分含量/肥料利用率

养分平衡法涉及目标产量、基础产量、单位经济产量养分吸收量、土壤养分校正系数、肥料利用率、肥料中有效养分含量等参数。

目标产量确定后，因土壤供肥量的确定方法不同，形成了地力差减法和土壤有效养分校正系数法两种。

地力差减法是根据作物目标产量与基础产量之差来计算施肥量的一种方法，其计算公示为：

施肥量＝（目标产量－基础产量）×单位经济产量养分吸收量/肥料中养分含量/肥料利用率

土壤有效养分校正系数法是通过测定土壤有效养分含量来计算施肥量，其计算公式为：

施肥量＝（单位经济产量养分吸收量×目标产量－土壤测定值×0.15×有效养分校正系数）/肥料中养分含量/肥料利用率

二、主要农作物施肥技术参数的确定

（一）目标产量

目标产量即计划产量，是决定肥料需要量的原始依据。目标产量可采用平均单产法来确定。平均单产法是利用施肥区前三年平均单产和年递增率为基础确定目标产量，其计算公式是：

目标产量＝（1＋递增率）×前三年平均单产（kg/hm²）

一般粮食作物递增率为 10％～15％，蔬菜 20％～30％。

（二）基础产量

基础产量，即空白产量，为不施肥料时作物的产量。空白产量能很好地反映耕地地力水平及作物产量高低。

（三）单位经济产量养分吸收量

单位经济产量养分吸收量是指每生产一个单位经济产量时，作物地上部分养分吸收总量，通过对正常成熟的全株农作物全氮、全磷、全钾等养分的检测来计算。也可参考附表4-1取值。单位经济产量养分吸收量计算公式如下：

单位经济产量养分吸收量＝作物地上部分养分吸收总量×应用单位/作物经济产量

单位经济产量氮吸收量＝（籽粒全氮含量×籽粒产量＋茎叶全氮含量×茎叶产量）/单位产量

单位经济产量磷吸收量＝（籽粒全磷含量×籽粒产量＋茎叶全磷含量×茎叶产量）×2.29/单位产量

单位经济产量钾吸收量＝（籽粒全钾含量×籽粒产量＋茎叶全钾含量×茎叶产量）×1.205/单位产量

（四）土壤养分校正系数

由于土壤养分的测定值是一个相对值而非绝对含量，计算公式为：

土壤养分校正系数＝空白区产量×作物单位产量养分吸收量/土壤速效测试值/0.15

（五）肥料利用率

肥料当季利用率是指当季作物从所施肥料中吸收利用的养分数量占肥料中该养分总量的百分数。一般氮肥利用率 35％左右，磷肥 20％左右，钾肥 40％左右。

肥料利用率＝（施肥区作物吸收该养分量－不施该养分区作物吸收该养分量）/（肥料施用量×肥料中有效养分含量）×100％

（六）肥料中纯养分含量

根据肥料各品种及其含纯 N、P_2O_5、K_2O 标量确定。一般尿素含 N 46％，磷肥（普钙）含 P_2O_5 12％～18％，钾肥含 K_2O 50％～60％。

三、主要农作物施肥技术

（一）水稻施肥技术

按照每形成 100kg 稻谷籽粒需要吸收纯氮（N）2.25kg、纯磷（P_2O_5）1.1kg、纯钾（K_2O）2.7kg 计算，若目标产量取 7 500kg/hm²，基础产量 4 500kg/hm²，在施用商品有机肥（有机质≥45％，无机养分≥5％）1 500kg/hm² 或农家肥 22 500kg/hm² 基

础上，氮肥施用尿素（含 N 46%）、磷肥用普钙（含 P_2O_5 16%）、钾肥用氯化钾（含 K_2O 60%），氮肥、磷肥、钾肥利用率分别为 35%、20%、40%，依据施肥量 $=\dfrac{（目标产量－基础产量）\times 单位经济产量养分吸收量}{肥料中养分含量\times 肥料利用率}$ 计算，则氮肥（N）施用量 192.9～385.7kg/hm²、磷肥（P_2O_5）施用量 165.0～330.0kg/hm²、钾肥（K_2O）施用量 202.5～405.0kg/hm²、微量元素锌肥（七水硫酸锌）22.5～30.0kg/hm²。有机肥、磷肥全部作为底肥，氮肥 30%、钾肥 70% 作为底肥，氮肥 50% 作分蘖肥，氮肥 20%、钾肥 30% 作穗粒肥。要施足底肥、早施蘖肥、巧施穗肥、酌情施粒肥。

（二）玉米施肥技术

按照每形成 100kg 玉米籽粒需要吸收纯氮（N）2.57kg、纯磷（P_2O_5）0.86kg、纯钾（K_2O）2.14kg 计算，若玉米目标产量取 6 750kg/hm²，基础产量 3 750kg/hm²，在施用商品有机肥（有机质≥45%，无机养分≥5%）1 500kg/hm² 或农家肥 22 500kg/hm² 基础上，氮肥施用尿素（含 N 46%）、磷肥用普钙（含 P_2O_5 16%）、钾肥用氯化钾（含 K_2O 60%），氮肥、磷肥、钾肥利用率分别为 35%、20%、40%，依据施肥量 $=\dfrac{（目标产量－基础产量）\times 单位经济产量养分吸收量}{肥料中养分含量\times 肥料利用率}$ 计算，则氮肥（N）施用量 220.3～440.6kg/hm²、磷肥（P_2O_5）施用量 129.0～258.0kg/hm²、钾肥（K_2O）施用量 160.5～321.0kg/hm²、微量元素锌肥（七水硫酸锌）22.5～30.0kg/hm²，微量元素硼肥（农用硼砂）7.5kg/hm² 左右喷施。有机肥、磷肥全部，氮肥 20%、钾肥 60% 作为底肥（基肥），氮肥 20% 作苗肥，氮肥 50%、钾肥 40% 作穗粒肥（大喇叭口期施用），氮肥 10% 作穗粒肥。

（三）油菜施肥技术

按照每形成 100kg 油菜籽粒需要吸收纯氮（N）5.8kg、纯磷（P_2O_5）2.5kg、纯钾（K_2O）4.3kg 计算，若油菜目标产量取 2 250kg/hm²，基础产量 1 200kg/hm²，在施用商品有机肥（有机质≥45%，无机养分≥5%）1 500kg/hm² 或农家肥 22 500kg/hm² 基础上，氮肥施用尿素（含 N 46%）、磷肥用普钙（含 P_2O_5 16%）、钾肥用氯化钾（含 K_2O 60%），氮肥、磷肥、钾肥利用率分别为 35%、20%、40%，依据施肥量 $=\dfrac{（目标产量－基础产量）\times 单位经济产量养分吸收量}{肥料中养分含量\times 肥料利用率}$ 计算，则氮肥（N）用量 174.0～298.3kg/hm²、磷肥（P_2O_5）131.3～225.0kg/hm²、钾肥（K_2O）112.9～193.5kg/hm²、微量元素硼肥（农用硼砂）7.5kg/hm² 左右喷施。有机肥、磷肥全部作为底肥，氮肥 20%、钾肥 60% 作为底肥，氮肥 30% 作分苗肥，氮肥 50%、钾肥 40% 作蕾薹肥，初花期喷施硼肥 1～2 次。

（四）薯类施肥技术

1. 马铃薯施肥技术

按照每形成 100kg 马铃薯需要吸收纯氮（N）0.5kg、纯磷（P_2O_5）0.2kg、纯钾（K_2O）

1.06kg 计算，若马铃薯目标产量取 22 500kg/hm²，基础产量 13 500kg/hm² 基础上，在施用商品有机肥（有机质≥45％，无机养分≥5％）1 500kg/hm² 或农家肥 22 500kg/hm²，氮肥施用尿素（含 N 46％）、磷肥用普钙（含 P₂O₅ 16％）、钾肥用氯化钾（含 K₂O 60％），氮肥、磷肥、钾肥利用率分别为 35％、20％、40％，依据施肥量 = $\dfrac{(目标产量-基础产量)\times 单位经济产量养分吸收量}{肥料中养分含量\times 肥料利用率}$ 计算，则氮肥（N）施用量 128.6～235.7kg/hm²、磷肥（P₂O₅）施用量 90.0～165.0kg/hm²、钾肥（K₂O）施用量 238.5～437.2kg/hm²、微量元素锌肥（七水硫酸锌）施用量 22.5～30.0kg/hm²。在施肥技术上掌握"前促、中控、后保"的施肥原则，实行有机肥、无机肥配合施用。注意肥、种（苗）用土相隔，防止烧种（苗）。有机肥、磷肥全部作为底肥，氮肥 30％、钾肥 40％作为底肥，氮肥 30％作苗肥，氮肥 40％、钾肥 60％作薯块膨大期追肥。

2. 红薯（甘薯）施肥技术

按照每形成 100kg 红薯需要吸收纯氮（N）0.35kg、纯磷（P₂O₅）0.18kg、纯钾（K₂O）0.55kg 计算，若红薯（甘薯）目标产量取 30 000kg/hm²，基础产量 18 000kg/hm²，在施用商品有机肥（有机质≥45％，无机养分≥5％）1 500kg/hm² 或农家肥 22 500kg/hm² 基础上，氮肥施用尿素（含 N 46％）、磷肥用普钙（含 P₂O₅ 16％）、钾肥用氯化钾（含 K₂O 60％），氮肥、磷肥、钾肥利用率分别为 35％、20％、40％，依据施肥量 = $\dfrac{(目标产量-基础产量)\times 单位经济产量养分吸收量}{肥料中养分含量\times 肥料利用率}$ 计算，则氮肥（N）施用量 90.0～165.0kg/hm²、磷肥（P₂O₅）施用量 80.0～148.5kg/hm²、钾肥（K₂O）施用量 123.8～226.9kg/hm²、微量元素锌肥（七水硫酸锌）22.5～30.0kg/hm²。注意种（苗）、肥与土相隔，防止烧种（苗）。有机肥、磷肥全部作为底肥，氮肥 30％、钾肥 40％作为底肥，氮肥 30％作苗肥，氮肥 40％、钾肥 60％作薯块膨大期追肥。

（五）蔬菜施肥技术

1. 叶菜类蔬菜

按照每形成 100kg 叶菜需要吸收纯氮（N）0.41kg、纯磷（P₂O₅）0.05kg、纯钾（K₂O）0.38kg 计算，若目标产量取 37 500kg/hm²，基础产量 22 500kg/hm²，在施用商品有机肥（有机质≥45％，无机养分≥5％）1 500kg/hm² 或农家肥 22 500kg/hm² 基础上，氮肥施用尿素（含 N 46％）、磷肥用普钙（含 P₂O₅ 16％）、钾肥用氯化钾（含 K₂O 60％），氮肥、磷肥、钾肥利用率分别为 35％、20％、40％，依据施肥量 = $\dfrac{(目标产量-基础产量)\times 单位经济产量养分吸收量}{肥料中养分含量\times 肥料利用率}$ 计算，则氮肥（N）施用量 140.6～316.3kg/hm²、磷肥（P₂O₅）施用量 30.0～67.5kg/hm²、钾肥（K₂O）施用量 114.0～256.5kg/hm²、微量元素锌肥（七水硫酸锌）施用量 22.5～30.0kg/hm²。有机肥、磷肥全部作为底肥，氮肥 60％、钾肥 60％作为底肥，氮肥 40％、钾肥 40％作苗肥。

2. 茄果类蔬菜

按照每形成 100kg 茄果需要吸收纯氮（N）0.45kg、纯磷（P₂O₅）0.5kg、纯钾（K₂O）0.5kg 计算，若目标产量取 52 500kg/hm²，基础产量 30 000kg/hm²，在施用商品有机肥（有机质≥45%，无机养分≥5%）1 500kg/hm² 或农家肥 22 500kg/hm² 基础上，氮肥施用尿素（含 N46%）、磷肥用普钙（含 P₂O₅ 16%）、钾肥用氯化钾（含 K₂O 60%），氮肥、磷肥、钾肥利用率分别为 35%、20%、40%，依据施肥量＝$\dfrac{（目标产量－基础产量）×单位经济产量养分吸收量}{肥料中养分含量×肥料利用率}$ 计算，则氮肥（N）施用量 289.3～482.1kg/hm²、磷肥（P₂O₅）施用量 562.5～937.5kg/hm²、钾肥（K₂O）施用量 281.3～468.8kg/hm²、微量元素锌肥（七水硫酸锌）施用量 22.5～30.0kg/hm²。微量元素硼肥（农用硼砂）7.5kg/hm² 左右喷施。有机肥、锌肥、磷肥全部作为底肥，氮肥 20%、钾肥 60% 作为底肥，氮肥 20% 作苗肥，氮肥 30%、钾肥 40% 作穗肥（初果期施用）。同时喷施肥硼，氮肥 30% 在采收中期施用。

3. 根茎类蔬菜

按照每形成 100kg 根茎需要吸收纯氮（N）0.60kg、纯磷（P₂O₅）0.31kg、纯钾（K₂O）0.50kg，若目标产量取 37 500kg/hm²，基础产量 22 500kg/hm²，在施用商品有机肥（有机质≥45%，无机养分≥5%）1 500kg/hm² 或农家肥 22 500kg/hm² 基础上，氮肥施用尿素（含 N 46%）、磷肥用普钙（含 P₂O₅ 16%）、钾肥用氯化钾（含 K₂O 60%），氮肥、磷肥、钾肥利用率分别为 35%、20%、40%，依据施肥量＝$\dfrac{（目标产量－基础产量）×单位经济产量养分吸收量}{肥料中养分含量×肥料利用率}$ 计算，则氮肥（N）施用量 205.7～462.9kg/hm²、磷肥（P₂O₅）施用量 186.0～418.5kg/hm²、钾肥（K₂O）施用量 150.0～337.5kg/hm²。另微量元素锌肥（七水硫酸锌）施用量 22.5～30.0kg/hm²、微量元素硼肥（农用硼砂）7.5kg/hm² 左右喷施。有机肥、锌肥、磷肥全部作为底肥，氮肥 20%、钾肥 60% 作为底肥，氮肥 40% 作苗肥，氮肥 40%、钾肥 40% 在根茎膨大期施用。

第九章
耕地施肥信息技术开发与应用

第一节　触摸屏信息服务系统

触摸屏作为新型的电脑输入设备，它的应用解决了耕地测土配方施肥技术推广难的问题。农户只需轻轻点击触摸屏上的文字或者图形就能实现对主机的操作，人机交互更加直接，极大地方便农民的使用。汇川区耕地测土配方施肥触摸屏系统放在公众场合使用，让农民及时方便地浏览、查看、打印所需的信息。

一、信息系统运行开发环境

汇川区耕地施肥查询系统基于农业农村部种植业管理司和全国农业技术推广服务中心开发的县域测土配方施肥专家系统 V2.0 版本，采用 Visual Basic 语言，以 Microsoft. NET Framework 为开发环境，利用 Adobe Dreamweaver 网页开发工具，设计开发了汇川区耕地测土配方施肥查询系统。系统开机主界面图见图 9-1。

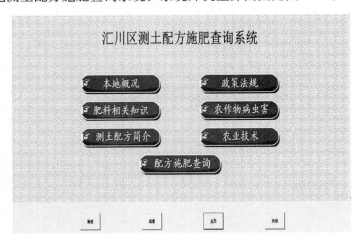

图 9-1　系统主界面

二、系统功能与结构

汇川区耕地测土配方施肥查询系统主界面包括 7 个按钮，表示组成系统的 7 大模块，分别是"本地概况""政策法规""肥料相关知识""农作物病虫害""测土配方简介""农业技术""配方施肥查询"。

（一）政策法规

政策法规模块（图9-2）主要介绍《中华人民共和国农业法》《中华人民共和国种子法》《农产品产地安全管理办法》《农药管理条例》《无公害农产品管理办法》《农业行政处罚程序规定》等农业方面的主要法律法规。

图9-2 农业法规模块界面

（二）肥料相关知识

肥料相关知识模块（图9-3）主要介绍肥料的分类、肥料特性及施用、肥料的鉴别方法、肥料的登记管理等知识。

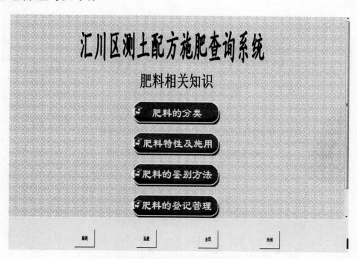

图9-3 肥料相关知识模块界面

（三）农作物病虫害

农作物病虫害模块（图9-4）主要介绍了水稻、麦类、玉米、杂粮、豆类、薯类、棉麻、油料、糖烟、茶桑、药用植物等作物的病虫害特征及防治方法，以及常见的杂草、地下害虫、农田鼠害、贮粮病虫害、农作物天敌的识别与防治。

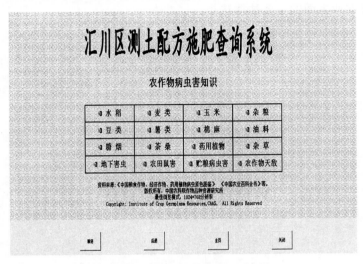

图9-4　农作物病虫害模块界面

（四）测土配方简介

测土配方简介模块（图9-5）主要介绍什么是测土配方施肥、测土配方施肥的原理、测土配方施肥的依据、测土配方施肥的基本原则、测土配方施肥的基本步骤、测土配方施肥基本方法等知识。

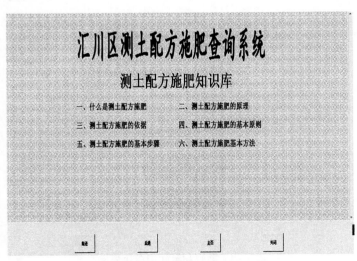

图9-5　测土配方简介模块界面

（五）农业技术

农业技术模块主要分为种植技术（图9-6）和养殖技术（图9-7）两大板块，种植技术主要介绍粮食作物种植技术、蔬菜种植技术、水果种植技术、药材种植技术、花卉种植技术和绿肥种植技术；养殖技术主要介绍养猪技术、养羊技术、养牛技术、养鸡技术、养鸭技术、养鱼技术、养虾技术和泥鳅养殖技术。

图9-6　种植技术模块界面

图9-7　养殖技术模块界面

（六）配方施肥查询

汇川区测土配方施肥查询系统（图9-8）基于农业农村部种植业管理司和全国农业技术推广服务中心开发的县域测土配方施肥专家系统V2.0版本，以土壤测试和肥料田间试验为基础，根据作物需肥规律、土壤供肥性能和肥料效应，在合理施用有机肥的基础上，对具体田块的目标产量需肥量和最佳经济效益施肥量进行计算，提出氮、磷、钾及中微量元素等肥料的施用数量、施肥时期和施肥办法。配方施肥技术的核心是调节和解决作物需肥与土壤供肥之间的矛盾。

图 9-8 配方施肥查询界面

　　用户在启动县域测土配方施肥专家系统 V2.0 版本后通过放大按钮浏览地图，然后通过漫游按钮在放大的卫星图上找到自家地块后通过信息查询按钮点击地图，就可以查询到该地块的土壤类型、剖面结构、质地、养分含量和丰缺指标等土壤信息（图 9-9）和各类作物的施肥方案（图 9-10）。施肥方案主要包括水稻施肥方案、玉米施肥方案、早熟叶菜类蔬菜施肥方案、晚熟叶菜类蔬菜施肥方案、早熟茄果类蔬菜施肥方案、晚熟茄果类蔬菜施肥方案、早熟根茎类蔬菜施肥方案和晚熟根茎类蔬菜施肥方案。土壤信息和施肥方

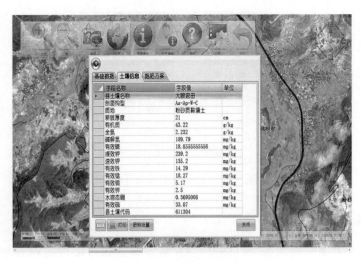

图 9-9 土壤信息查询

案均可通过打印按钮输出,方便农户留存。系统还可以根据农户输入的最新化验数据计算出新的施肥方案(图9-11)。

图9-10 不同作物施肥方案

图9-11 输入最新化验数据生成最新施肥方案

第二节 手机信息查询系统

一、系统推广应用情况

针对农技人员与农民对施肥信息的需求,结合汇川区生态特点,集成农业专家系统技术、嵌入式系统技术、GIS技术,设计开发基于智能手机平台的Android操作系统下的汇川区耕地测土配方施肥手机查询信息系统。该系统所需硬件投入低,并具有嵌入式移动GIS所具有的高集成和便携使用的优势,能弥补因大部分基层农技推广部门和农民的计算机软硬件设施力量有限，网络建设力量薄弱等所导致耕地测土配方施肥触摸屏查询系统使用的局限性，能更好地适合于农村基层使用。目前耕地测土配方施肥手机查询信息系统已经在农技人员手机上安装使用。

二、系统结构与功能

系统由首页、施肥、技术、视频、查询、设置部分组成。系统可对田间耕地的任何位点进行定位，根据地块土壤养分等各方面自然原因，按照具有科学规定的配方施肥计算公式，实现水稻、玉米、油菜、马铃薯4种农作物施肥中氮、磷、钾肥的使用量、施用时期分配进行推荐。同时，在本系统中提供各种农业相关的技术知识以及视频等，更好地为作物种植提供有效有力的帮助。

（一）用户与权限

用户注册成功后，登录系统，能够根据用户归属地进行归属地的测土配方施肥查询（图9-12）。同时，能够浏览和观看农业技术知识及视频。用户未登录进入系统，直接跳转到登录页面，提示登录才能访问系统其他功能。

（二）首页

首页展示登录用户归属地的简介，包括地理环境和自然资源，农业经济概况等相关介绍（图9-13）。

图9-12 系统登录界面图

图9-13 系统首页界面图

（三）施肥

施肥模块是本系统的核心部分，具有推荐施肥与施肥相关知识两大类内容，其中推荐施肥又分为地图推荐施肥、样点推荐施肥、测土推荐施肥。施肥相关知识包括施肥知识、肥料知识、缺素症状等技术资料（图9-14至图9-16）。

在推荐施肥量时目标产量有三种获取方法选择推荐模型。在用户能提供空白产量的情况下采用地力差减法计算，其中目标产量由用户指定的空白产量通过"农作物空白产量与目标产量对应函数"生成。当用户提供不了空白产量而提供前三年平均产量时，采用土壤养分校正系数进行计算，目标产量由用户指定的农作物前三年平均产量通过"农作物前三年均目标产量"中的"增幅"生成。当用户无法确定农作物前三年平均产量和空白产量时，可以通过直接输入"目标产量"，采用肥料效应函数法计算出的区域施肥量进行推荐。计算出的施肥量经过土壤养分丰缺程度进行施肥策略较正。

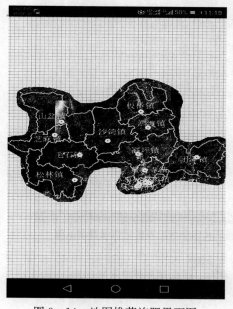

图9-14　地图推荐施肥界面图

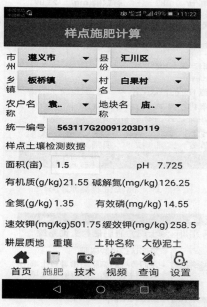

图9-15　样点推荐施肥界面图

（四）技术

技术菜单中，主要是对水稻、玉米、马铃薯、油菜等作物进行农业相关技术知识的介绍与学习，存在多级菜单，当点击子菜单下还存在菜单，展示菜单列表，若点击菜单下不存在菜单，展示文章列表（图9-17）。

（五）视频

可以下载农业技术知识视频到手机上，进行离线观看。若点击的视频没有下载，则提示进行下载后观看；已经下载了的视频，直接进入播放页面。观看中的视频可以快进或者快退，以及暂停（图9-18）。

（六）查询

查询功能主要分为土壤属性查询和采样点查询两类。土壤属性查询可以根据行政区划进行查询，用户通过选择镇（街道办事处）名称、村名称对不同级别行政区耕地土壤属性进行查询。采样点查询则是需要用户输入具体测土配方施肥项目采样点统一编号来进行查询（图9-19）。

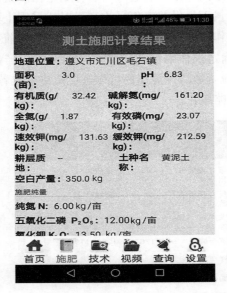

图9-16　测土推荐施肥计算

图9-17　系统技术界面图

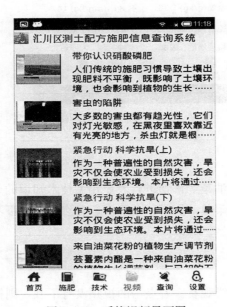

图9-18　系统视频界面图

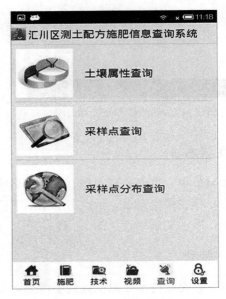

图9-19　系统查询界面图

（七）设置

设置页面可以进行用户登录、退出、信息查看、日志查看、下载数据等操作。在登录时，可以设置默认登录，设置后再次进入应用，不需要进行登录，系统给予默认登录。其他操作必须在用户登录的前提下才能够进行访问。

附录一　土壤剖面挖掘及形态观察鉴定

土壤剖面，是土壤在自然状态下的垂直切面（纵切面）。土壤剖面中常显现出一定的层次性，这层次称之土壤发生层次。发生层次在土壤剖面上的排列情况，称之为土壤剖面构造。

土壤剖面构造在一定程度上反映了土壤形成过程中的生物学和物理化学综合作用的实质。因此，为了判断土壤类别、土壤性状、肥力特性和土壤障碍因子等，都必须在实地观察和鉴定土壤剖面的形态特征。

在进行土壤剖面观察时，虽可利用自然剖面（如因土壤自然崩塌或开路挖渠等而露出的土壤剖面）或借助于土钻钻取各层土壤进行观察。但这些方法都存在着代表性不强和可能造成土壤变形等的缺点，因此只能作为一种辅助的方法。若要详细地和具有代表性观察鉴定土壤剖面，就必须选择具有代表性的地点挖掘土坑，进行土壤剖面的观察。

（一）剖面的挖掘与整修

当选择好具有代表性（应包括土壤类型、分布面积等方面的代表性）的地点后，即在那里挖一个长约 2m、宽约 1m、深约 1m（视要求而定）的土坑。在挖土坑时应注意：

1. 选择土坑向阳的一面作为观察面，另一面做成阶梯，便于下坑观察。

2. 挖坑时应注意将表土堆在一侧，下层的土堆在另一侧，以便观察完毕后，土填回去时不打乱原土层。在作为观察面的一端不能堆土也不能践踏。

当土坑挖好后，要对观察面进行整修。方法是先将观察面用小土铲从上向下铲平，然后用剖面刀（或电工刀）自上而下轻轻拨落表面上的土块，以便露出其自然剖面。有时为了便于分清土壤剖面上各层次的界线，在整修剖面时也可保留一部分已铲平的壁面。

（二）剖面观察与分层

在观察剖面时，一般要先离远一些看，这对全剖面的土层组合情况易于看清楚，然后再走近仔细观察，在观察中可根据土壤的形态特征（如颜色、质地、结构、紧实度、新生体等），再参考环境因素，推断土壤发育过程和具体划分出土壤的各个发生层次，再量出每个层次的厚度。

农业土壤一般可划分为表土层（耕层）、心土层和底土层。

在丘陵山区如有半风化母质或母岩出现时，可再划分一个母质层。

水稻土发生层次形态各异，有耕作层（Aa）、犁底层（Ap）、渗育层（P）、潴育层（W）、潜育层（G）、淀积层（B）、漂洗层（E）、母质层（C）等。

旱作土可划分为耕作层（A）、犁底层（Ap）、淀积层或心土层（B）、母质层（C）、母岩层（R）。

不同类型土壤，在层次组合上差异很大，有些土壤有完整的上述各层次，有些土壤只出现上述层次中的某几个。常由于层次的组合不同，其肥力水平也不相同。

土壤剖面中有时会出现一些特殊层次，如白土层、泥炭层、铁盘（或铁锰结核）层等。对这些层次要做详细观察和记录。

（三）剖面记载

在剖面观察和分层的基础上，要对土壤剖面上各发生层次进行逐层的详细观察和做一些简单理化性质的现场速测，并对结果做必要的描述和记录。需要做观察记录的主要项目有：

1. 环境条件

包括地形、母质、植被等。

2. 土壤颜色

对土色的描述一般是用肉眼观察其颜色，在命名时一般是将主色放在后面，副色放在前面。如黄棕色，表示以棕色为主带有黄色。另由于土壤颜色常会因受到光线和土壤含水量等的影响而有所变化，故在对土色描述时应注意这方面的问题。

3. 土壤湿度

一般在描述时将其分成干、润、潮、湿4级。

干：手摸无湿的感觉，土色比潮湿时浅得多。

润：手摸有潮润感，但不会在手上留下湿的痕迹而有阴凉感觉。

潮：用手挤不出水来，但手上会有湿的痕迹。

湿：用手可挤出水来。

另如有地下水、侧流水等应做详细记录。

4. 土壤质地

详见附录三　土壤质地野外鉴别方法。

5. 松紧度（坚实度）

一般是指土壤对进入土层的工具的抵抗能力的大小，在野外可用小刀（或铅笔）来测试。一般分为：

极坚实：小刀几乎不能插入土中。

坚实：用力后可插入。

较坚实：用力不大即能插入土内2～3cm。

疏松：稍用一点力，便可较深地插入土内。

松散：不须用力即可插入土内很深。

这种测定方法，由于人为误差很大。现在也有使用"土壤坚实度计"来测定的。它根据一个圆柱形或圆锥形探头压入土壤时，所受到的阻力大小来表示土壤的坚实度，单位是千克每平方米或千克每平方厘米［kg/m² （或 kg/cm²）］。

6. 土壤结构

按土壤结构的大小、形状不同将其分为粒状、核状、团块状、块状、柱状、棱柱状、片状等。

7. 新生体

新生体是指在土壤形成过程中所产生的各种结核（如铁锰结核、石灰结核等）、斑纹（如铁锰锈斑、绣纹等）、硬盘以及各种胶膜等。

8. 侵入体

侵入体是指混入土壤中的外来物，如砖块、煤屑等。

9. 根系分布及动物穴情况

根系分布及动物穴情况是指各层次中根系分布情况和动物穴大小、数量等。

10. 土壤酸碱度、石灰反应（即盐酸反应）和土壤速效性养分状况。

土壤剖面的观察记录项目，可按研究目的不同，有所增减。

（四）剖面样品的采集

在逐层观察记载剖面形态后，即可进行剖面样品的采集。土壤剖面样品根据研究目的和要求方法不同，可有以下几种采集方式：

1. 纸盒标本

又称比样标本，它主要用于室内土壤评比、分类和陈列。采集方法是，在每个土层的中心部位，切取一块土壤，其大小以纸盒（或塑料盒）的分格大小为准。各层土样要尽力保持原状，采集时要按从下向上反顺序采集，装盒时要按从上向下依次排列。采好后应用铅笔在采样盒上写明采样地点、土壤名称、剖面编号、各层次厚度、采集时间、采集人等。

2. 分析化验样品

主要用于在室内进行土壤理化分析。采集方法与要求详见《土壤样品的采集和制备》中的有关内容。

3. 土壤剖面整段标本

主要用于教学、陈列和较详细的室内观察。它是在野外直接采取处于自然状态下的土壤剖面整体。一般是先定制一个 100cm×25cm×8cm 左右的木箱（或铝制盒），将土壤剖面在原地修复成一个与木箱（或铝制盒）大小相似的凸面后将木箱（或铝制盒）套入，再用土铲将整个剖面切下，经修复后运回室内。这种整段标本很重，运输不方便。现在改用高分子黏合剂，先在土壤剖面上反复涂刷数次，再将布或者薄木板黏在土壤剖面的凸面上，待稍干后用土铲小心铲下，这样也可得到一个黏在布上（或薄木板上）的薄层整段剖面标本，便于运输。

（五）工具

土铲、锄头、钢卷尺、剖面刀等。

附录二　土壤剖面层次及代码

A——旱地耕作层，Aa——水稻土耕作层，B——淀积层，C——母质层，Ap——犁底层，W——潴育层，P——渗育层，E——漂洗层，G——潜育层，R——母岩，M——腐泥层。

两个大写字母连在一起的表示两种主要发生层特性的土层，第一个字母表示这个过渡层的性状更详尽的那个主要发生层。

在大写字母的右侧附加小写字母是对主要发生层的修饰，进一步说明土层的特性，表示同一土层出现两个性质。

附录三　土壤质地野外鉴别方法

在田间快速并粗略地鉴定土壤质地，可用肉眼或放大镜观察土壤颗粒，用手指对干土或湿土的感觉，判断它的粗细，凭土壤在一定水分条件下成型性的表现，再根据附表3-1中所列的田间鉴别土壤质地的指标，从而粗略估测土壤质地。

附表3-1　田间鉴定土壤质地的指标

质地名称	土壤干时在手指尖研磨时的感觉和听到的声音	在湿润状态下用手指搓捏成型性的表现	用放大镜或直接用肉眼观察形状
松沙土	几乎全是沙粒，极粗糙有"沙沙"声	不成细条也不成粒	主要为沙粒
沙壤土	沙粒占优势，有少许黏粒，很粗糙有响声	成型性差，能做成球但不能成条	沙粒为主，伴有黏粒
轻壤土	粗细不一的粉末，粗的较多，有粗糙感	略有可塑性，可搓成小土条，但拿起易断裂	主要为粉粒
中壤土	粗细不一的粉末，稍有粗糙感	有可塑性，可成土条，但弯曲成小圈时容易断裂	主要为粉粒
重壤土	粗细不一的粉末，细的较多，略有粗糙感	可塑性明显，可成土条，并能弯成小圈不断裂，压扁时有裂缝	主要为粉粒，伴有沙粒
黏土	细而均一的粉末，有滑性感	可塑性较强，胶黏性也强。可成土条能弯成小圈，压扁时无裂缝	主要为黏粒

附录四 主要作物单位经济产量养分吸收量

主要作物单位经济产量养分吸收量见附表 4-1。

附表 4-1 主要作物单位产量养分吸收量

作物	收获物	形成 100kg 经济产量所吸收的养分量（kg）		
		氮（N）	五氧化二磷（P_2O_5）	氧化钾（K_2O）
水稻	籽粒	2.25	1.10	2.70
冬小麦	籽粒	3.00	1.25	2.50
玉米	籽粒	2.57	0.86	2.14
高粱	籽粒	2.60	1.30	1.30
甘薯	鲜块根	0.35	0.18	0.55
马铃薯	鲜块根	0.50	0.20	1.06
大豆	豆粒	7.20	1.80	4.00
豌豆	豆粒	3.09	0.86	2.86
花生	荚果	6.80	1.30	3.80
油菜	菜籽	5.80	2.50	4.30
芝麻	籽粒	8.23	2.07	4.41
烟草	鲜叶	4.10	0.70	1.10
黄瓜	果实	0.40	0.35	0.55
茄子	果实	0.30	0.10	0.40
番茄	果实	0.45	0.50	0.50
胡萝卜	块根	0.31	0.10	0.50
萝卜	块根	0.60	0.31	0.50
卷心菜	叶球	0.41	0.05	0.38
洋葱	葱头	0.27	0.12	0.23
芹菜	全株	0.16	0.08	0.42
菠菜	全株	0.36	0.18	0.52
大葱	全株	0.30	0.12	0.40
柑橘	果实	0.60	0.11	0.40

（续）

作物	收获物	形成100kg经济产量所吸收的养分量（kg）		
		氮（N）	五氧化二磷（P_2O_5）	氧化钾（K_2O）
苹果	果实	0.30	0.08	0.32
梨	果实	0.47	0.23	0.48
柿	果实	0.59	0.14	0.54
葡萄	果实	0.60	0.30	0.72
桃	果实	0.48	0.20	0.76

附录五　主要作物养分含量

主要作物养分含量见附表5-1。

附表 5-1　主要作物养分含量

单位：%

作物名称	果　实			茎　叶		
	N	P	K	N	P	K
水稻	1.212	0.300	0.370	0.773	0.130	1.804
玉米	1.465	0.317	0.528	0.748	0.412	1.266
小麦	2.160	0.370	0.425	0.565	0.067	1.280
油菜	3.966	0.679	1.236	0.782	0.149	1.506
大豆	6.272	0.636	1.713	1.289	0.173	1.287
花生	4.182	0.305	0.723	1.343	0.127	0.841
豌豆	4.377	0.410	1.100	1.400	0.153	0.415
高粱	1.326	0.385	0.397	0.436	0.170	1.206
荞麦	1.100	0.180	0.230	0.850	0.310	1.810
蚕豆	3.959	0.534	1.100	4.160	0.100	1.102
甘薯	0.671	0.264	0.596	1.453	0.296	1.333
马铃薯	1.167	0.181	1.259	0.987	0.086	0.668
芝麻	3.028	0.668	0.502	0.386	0.107	2.107
烤烟	2.634	0.184	1.849	1.626	0.286	2.714
甘蔗	0.221	0.048	0.295	0.061	0.081	0.470

附录六　土

土种性状见附表 6-1。

附表 6-1

土类	亚类	土属	土种	剖面构型	土体厚度(cm)	成土母质	抗旱能力(d)	耕地坡度级 范围	耕地坡度级 平均值	海拔(m) 范围	海拔(m) 平均值	年降雨量(mm) 范围	年降雨量(mm) 平均值	有效积温(℃) 范围	有效积温(℃) 平均值	耕层质地
石灰土	黄色石灰土	黄色石灰土	胶泥土	A-Ap-B-C	80	泥质石灰岩坡残积物	21	1~5	3.82	650~1 200	973	1 000~1 166	1015	4 516~4 600	4 597	重壤至中黏
			死胶泥土	A-Ap-B-C	80	泥质石灰岩坡残积物	21	2~5	4.20	600~1 438	1 049	1 000~1 100	1 034	4 239~4 600	4 456	重壤至重黏
			大土泥土	A-B-C	60	石灰岩坡残积物	16	1~5	4.01	582~1 462	997	1 000~1 162	1 010	4 000~4 600	4 524	中壤至重黏
			大眼泥土	A-Ap-B-C	100	石灰岩坡残积物	28	1~3	1.81	918~918	918	1 150~1 150	1 150	4 600~4 600	4 600	轻黏
		黏土次生黄色石灰土	小粉土	A-AC-C	70	白云岩/白云灰岩坡残积物	18	2~5	4.13	800~1 394	1 074	1 000~1 171	1 073	4 000~4 600	4 376	中壤、重壤
			小土黄泥土	A-B-C	100	老风化壳	25	2~3	2.50	860~860	860	1 155~1 155	1 155	4 600~4 600	4 600	轻黏
			小土泥土	A-B-C	100	老风化壳	27	2~2	2.00	869~869	869	1 159~1 159	1 159	4 600~4 600	4 600	轻黏
		砂泥质黄色石灰土	粉油砂土	A-B-C	70	白云岩/白云灰岩坡残积物	18	2~5	3.55	802~1 342	938	1 000~1 167	1 073	4 000~4 600	4 532	重壤
			灰砂泥土	A-AC-C	70	白云岩/白云灰岩坡残积物	18	1~5	4.02	602~1 607	1 115	1 000~1 174	1 049	4 000~4 600	4 384	中壤、重壤
			灰汤泥土	A-AC-C	70	白云岩/白云灰岩坡残积物	18	4~4	4.00	1 038~1 038	1 038	1 123~1 123	1 123	4 600~4 600	4 600	重壤
			灰油砂土	A-AC-C	70	白云岩/白云灰岩坡残积物	18	2~5	3.75	860~1 173	1 032	1 009~1 149	1 095	4 018~4 600	4 454	中壤、重壤
	黑色石灰土	石灰岩黑色石灰土	盐砂土	A-C	30	白云岩坡残积物	8	2~5	4.20	500~1 593	1 052	1 000~1 168	1 035	4 000~4 600	4 418	砂壤至中壤
			岩泥土	A-AH-R	40	石灰岩坡残积物	10	2~5	4.20	620~1 365	979	1 000~1 166	1 039	4 187~4 600	4 491	中壤至重黏
黄壤	典型黄壤	四系黏土黄壤	生黄泥土	A-B-C	60	老风化壳	16	2~4	3.00	1 098~1 161	1 129	1 102~1 103	1 103	4 600~4 600	4 600	中黏
			黄油泥土	A-Ap-B-C	100	老风化壳/泥岩坡残积物	28	2~5	3.36	919~1 127	1 002	1 034~1 128	1 046	4 600~4 600	4 600	轻壤至重黏
			黄泥土	A-B-C	100	老风化壳	28	2~5	4.28	801~1 682	1 260	1 000~1 159	1 028	4 000~4 600	4 183	重壤至重黏
		硅铁质黄壤	豆面黄泥土	A-B-C-C	60	泥岩/板岩/页岩坡残积物	16	2~5	4.18	817~1 420	1 123	1 000~1 161	1 060	4 200~4 600	4 421	重壤至轻黏
			豆面泥土	A-B-C	80	泥岩/板岩/页岩坡残积物	23	2~5	4.12	765~1 463	1 089	1 000~1 174	1 111	4 000~4 600	4 415	中壤至重黏
		硅质黄壤	黄油砂土	A-B-C	60	砂岩坡残积物	25	2~2	2.00	860~860	860	1 148~1 148	1 148	4 600~4 600	4 600	松砂
			黄砂泥土	A-B-C	80	变余砂岩/石英砂岩/砂岩坡残积物	15	2~5	4.07	543~1 297	878	1 000~1 150	1 005	4 000~4 600	4 549	松砂至轻壤

种性状

土种性状

耕层厚度 (cm)		pH		有机质 (g/kg)		全氮 (g/kg)		碱解氮 (mg/kg)		有效磷 (mg/kg)		缓效钾 (mg/kg)		速效钾 (mg/kg)		面积 (hm²)
范围	平均值	范围	平均值	范围	平均值	范围	平均值	范围	平均值	范围	平均值	范围	平均值	范围	平均值	
15~30	19.40	7.50~8.90	7.77	9.10~78.10	31.26	0.78~2.98	1.74	76.00~265.00	172.11	5.70~50.50	21.78	39.00~512.00	193.84	41.00~344.00	137.40	1 149.23
15~23	18.56	7.50~8.50	7.66	16.20~46.10	32.24	0.81~2.47	1.99	42.00~300.50	197.04	5.70~34.00	22.91	36.00~348.00	170.35	57.00~270.00	114.93	669.61
15~30	18.82	7.50~8.99	7.69	9.20~78.30	31.76	0.81~3.82	1.88	39.00~389.00	165.31	6.60~78.20	17.88	34.00~546.00	180.34	20.00~296.00	114.96	1 705.92
20~30	25.02	7.70~7.70	7.70	20.70~20.70	20.70	1.24~1.24	1.24	114.00~114.00	114.00	20.90~20.90	20.90	428.00~428.00	428.00	111.00~111.00	110.00	0.98
13~25	19.10	7.50~8.99	7.76	2.10~70.50	27.98	0.73~2.83	1.68	30.00~254.00	129.68	4.20~42.50	25.46	67.00~527.00	227.95	62.00~290.00	138.68	484.58
20~20	20.00	7.08~7.08	7.08	33.68~33.68	33.68	1.91~1.91	1.91	149.03~149.03	149.03	41.22~41.22	41.22	228.55~228.55	228.55	136.53~136.53	136.53	2.43
21~21	21.00	7.38~7.38	7.38	26.00~26.00	26.00	1.49~1.49	1.49	116.47~116.47	116.47	62.2~62.27	62.27	216.13~216.13	216.13	129.91~129.91	129.91	4.77
20~24	20.36	7.60~8.98	7.94	24.20~70.75	42.01	1.46~4.01	2.25	134.74~314.50	190.39	9.40~77.80	30.46	102.00~402.00	255.94	70.00~269.88	150.19	162.46
13~30	19.08	7.50~8.90	7.73	2.60~81.30	30.68	0.54~4.74	1.82	20.00~352.00	151.53	4.20~78.40	24.24	25.00~675.00	200.28	37.00~454.00	137.61	3 620.40
20~20	20.00	7.92~7.92	7.92	33.03~33.03	33.03	1.98~1.98	1.98	141.94~141.94	141.94	21.16~21.16	21.16	272.75~272.75	272.75	103.66~103.66	103.66	7.78
20~24	20.88	7.72~8.84	8.02	28.22~44.03	36.45	1.79~2.41	2.11	123.40~206.50	162.59	12.78~34.88	24.42	217.43~307.60	275.67	95.80~237.83	137.98	30.22
15~30	18.84	7.50~8.10	7.69	11.80~77.65	34.24	1.01~3.21	1.88	53.00~389.00	151.16	5.80~73.80	21.63	34.00~666.00	207.44	38.00~497.00	157.02	4 367.03
15~30	18.87	7.50~8.65	7.72	15.00~58.62	33.36	1.24~2.88	2.00	55.00~268.00	162.06	7.30~60.00	19.90	48.00~577.00	203.82	20.00~454.00	141.54	1 372.35
24~24	24.00	6.20~6.20	6.20	31.18~31.18	31.18	1.89~1.89	1.89	145.10~145.10	145.10	32.46~32.46	32.46	171.17~171.17	171.17	243.48~243.48	243.48	6.80
15~29	19.02	5.30~7.20	6.12	19.80~52.40	37.08	1.26~2.68	1.96	81.00~244.00	174.82	13.50~53.00	25.19	140.00~503.00	240.81	84.65~346.00	167.21	77.41
16~25	19.04	5.39~7.00	6.06	29.53~48.68	35.40	1.66~2.44	1.80	142.36~220.18	176.12	25.01~36.38	26.51	180.00~281.71	242.85	114.07~233.43	160.68	218.49
16~22	18.62	4.70~7.40	5.66	20.70~62.65	38.23	1.24~3.03	2.20	114.00~229.09	204.58	12.00~72.60	18.24	60.00~633.00	205.80	55.00~336.00	186.37	255.89
16~30	20.35	5.00~7.20	5.69	8.40~73.80	40.33	0.99~2.77	1.85	69.00~260.00	189.16	6.80~67.90	25.59	112.00~636.00	265.13	47.00~481.00	107.57	591.22
26~26	26.00	5.94~5.94	5.94	32.48~32.48	32.48	1.80~1.80	1.80	128.22~128.22	128.22	14.86~14.86	14.86	256.50~256.50	256.50	105.61~105.61	105.61	1.59
15~23	18.39	5.00~6.95	5.81	3.80~51.10	25.30	0.53~2.94	1.67	70.00~278.00	168.90	5.70~40.20	18.72	54.00~577.00	162.19	23.00~454.00	110.72	1 226.97

土类	亚类	土属	土种	剖面构型	土体厚度(cm)	成土母质	抗旱能力(d)	耕地坡度级范围	耕地坡度级平均值	海拔(m)范围	海拔(m)平均值	年降雨量(mm)范围	年降雨量(mm)平均值	有效积温(℃)范围	有效积温(℃)平均值	耕层质地
黄壤	典型黄壤	硅铝质黄壤	黄泡土	A-B-C	80	砂页岩坡残积物	21	3～5	4.50	918～1 240	1 079	1 138～1 184	1 161	4 000～4 600	4 600	轻黏
			黄泡油泥土	A-B-C	80	砂页岩坡残积物	21	3～5	4.26	821～1 550	1 143	1 000～1 100	1059	4 000～4 600	4 392	沙壤至轻黏
		铁铝质黄壤	大眼黄泥土	A-P-B-C	100	老风化壳	27	2～4	3.25	860～945	918	1 037～1 158	1 070	4 600～4 600	4 600	轻黏、中黏
			黄胶泥土	A-B-C	75	泥岩/页岩坡残积物	21	3～5	3.90	803～1 251	1 047	1 000～1 159	1 062	4 320～4 600	4 539	重壤至中黏
			小粉黄土	A-B-C	60	石灰岩/白云岩坡残积物	17	2～5	4.22	580～1 467	1 117	1 000～1 100	1 057	4 000～4 600	4 411	中壤至重黏
			灰砂黄泥土	A-B-C	60	石灰岩/白云岩坡残积物	17	2～5	4.05	860～1 437	1 148	1 000～1 156	1 036	4 000～4 600	4 356	中壤至重黏
			灰汤黄泥土	A-BC-C	40	石灰岩/白云岩坡残积物	13	3～5	4.00	861～1 308	1 108	1 000～1 113	1 019	4 291～4 600	4 386	中壤至重黏
			灰油砂黄泥土	A-B-C	60	石灰岩/白云岩坡残积物	17	3～3	3.00	960～960	960	1 170～1 170	1 170	4 600～4 600	4 600	中黏
			浅灰砂黄泥土	A-BC-C	40	石灰岩/白云岩坡残积物	13	2～5	4.11	801～1 452	1 044	1 000～1 169	1 042	4 000～4 600	4 485	中壤至重黏
	漂洗黄壤	漂洗灰砂泥土	漂洗灰砂泥土	A-E-B-C	70	碳酸盐岩类坡残积物	20	2～5	4.26	827～1 480	1 161	1 000～1 133	1 085	4 000～4 600	4 387	重壤至中黏
			漂洗盐砂泥土	A-E-B-C	70	碳酸盐岩类坡残积物	20	2～5	4.43	821～1 300	1 069	1 022～1 040	1 031	4 400～4 600	4 552	重壤、轻黏
	黄壤性土	砾质黄泥土	粗扁砂泥土	A-BC-C	60	灰绿色/青灰色页岩坡残积物	16	3～5	4.41	1 050～1 240	1 146	1 000～1 100	1 068	4 000～4 600	4 224	重壤、轻黏
			豆瓣泥土	A-C	60	页岩坡残积物	17	3～5	4.49	865～1 298	1 069	1 100～1 100	1 100	4 200～4 200	4 200	中壤
			煤泥土	A-BC-C	40	碳质页岩坡残积物	11	2～5	3.51	749～1 157	1 028	1 000～1 100	1 086	4 344～4 600	4 439	重壤至中黏
		砾质黄泡泥土	砾质黄泡泥土	A-BC-C	70	砂页岩/砂岩坡残积物	20	2～5	4.32	825～1 487	1 136	1 000～1 100	1 082	4 000～4 600	4 433	轻壤至重黏
水稻土	淹育型水稻土	淹育潮砂田	潮砂田	Aa-Ap-C	50	溪/河流冲积物	16	1～3	2.60	860～990	962	1 100～1 160	1 112	4 401～4 600	4 444	松沙、沙壤
		淹育黄泥田	扁砂田	Aa-Ap-C	70	灰绿色/青灰色页岩坡残积物	19	3～5	4.26	654～1 317	1 084	1 000～1 200	1 076	4 200～4 600	4 462	中壤至重黏
			豆面黄泥田	Aa-Ap—C	81	页岩/老风化壳/板岩/泥页岩坡残积物	22	3～5	3. 55	893～1 268	1 007	1 016～1 171	1 133	4 200～4 600	4 558	轻黏、重壤
			死黄泥田	Aa-Ap-C	90	泥页岩/老风化壳/黏土岩坡残积物	26	2～5	4. 20	882～1 500	1 164	1 000～1 162	1 044	4 139～4 600	4 334	重壤至重黏
			黄泡田	Aa-Ap-C	89	砂岩坡残积物	26	3～5	4.84	922～1 292	1 065	1 054～1 137	1 094	4 201～4 600	4 410	重壤至重黏
			豆瓣黄泥田	Aa-Ap-C	90	页岩坡残积物	26	2～5	3.72	810～1 234	994	1 000～1 166	1 084	4 107～4 600	4 470	中壤至中黏
		淹育大土泥田	大粉砂田	Aa-Ap-C	60	白云灰岩/白云岩坡残积物	17	2～5	3.21	895～1 208	991	1 000～1 160	1 126	4 600～4 600	4 600	轻壤
			大土黄泥田	Aa-Ap-C	70	石灰岩坡残积物	20	3～5	4.00	762～1 192	995	1 000～1 162	1 034	4 004～4 600	4 530	中壤至重黏
			粉砂田	Aa-Ap-C	60	白云岩/白云灰岩/燧石灰岩坡残积物	17	2～5	3.77	506～1 373	1 050	1 000～1 161	1 042	4 000～4 600	4 393	沙壤至轻黏

（续）

耕层厚度(cm)		pH		有机质 (g/kg)		全氮 (g/kg)		碱解氮 (mg/kg)		有效磷 (mg/kg)		缓效钾 (mg/kg)		速效钾 (mg/kg)		面积(hm²)
范围	平均值	范围	平均值	范围	平均值	范围	平均值	范围	平均值	范围	平均值	范围	平均值	范围	平均值	
20~25	22.72	5.55~6.12	5.84	30.15~40.04	35.10	1.90~1.99	1.95	152.76~159.90	156.33	27.59~33.00	30.29	194.70~194.70	199.67	129.40~129.52	129.46	5.82
16~23	19.08	5.39~7.32	5.97	12.20~44.38	22.49	0.96~2.29	1.61	92.00~281.00	128.84	15.70~50.20	27.70	76.00~395.00	214.93	63.00~293.00	133.90	438.07
20~25	21.31	5.84~6.90	6.28	33.64~53.60	39.05	1.85~2.85	2.16	155.51~205.00	174.13	24.30~35.36	30.65	168.00~217.80	205.31	124.34~207.00	179.74	50.68
16~24	17.93	5.40~7.00	6.21	4.00~49.85	16.66	1.57~2.51	1.73	144.01~194.00	180.53	13.20~40.90	22.93	190.92~503.00	335.84	53.00~200.46	115.03	120.50
15~30	19.04	5.10~7.50	6.39	5.30~64.30	27.65	1.00~3.70	1.79	56.00~312.00	151.86	4.70~66.20	27.00	48.00~682.00	264.61	45.00~407.00	142.14	1576.19
15~26	19.18	5.00~7.50	5.85	4.60~53.18	30.17	0.89~3.22	1.96	53.00~309.00	157.81	9.40~47.70	26.79	65.00~601.00	228.04	49.00~458.00	152.51	937.76
16~22	19.45	4.60~6.80	5.34	24.10~63.12	33.96	1.79~3.03	1.99	135.69~218.92	163.58	12.80~70.10	16.78	44.00~660.00	193.72	45.00~206.40	88.29	486.82
24~24	24.00	6.19~6.19	6.19	27.93~27.93	27.93	1.63~1.63	1.63	132.27~132.27	132.27	35.77~35.77	35.77	257.04~257.04	257.04	113.19~113.19	113.19	3.63
16~30	19.37	4.57~7.45	5.74	6.70~85.50	36.44	0.89~3.82	1.98	58.00~326.00	166.92	2.30~69.70	24.96	41.00~641.00	219.57	75.00~485.00	156.30	1787.98
13~24	18.00	5.00~7.00	5.84	12.80~71.00	42.64	1.02~2.70	1.84	24.00~254.00	174.64	9.90~52.40	23.79	66.00~580.00	259.98	79.00~390.00	126.74	698.31
15~22	19.00	5.57~6.10	5.89	9.20~31.10	20.77	1.47~2.20	1.88	84.00~180.00	139.11	23.50~29.00	26.29	162.00~541.00	285.76	125.00~224.00	189.28	32.98
19~24	20.19	5.58~6.74	6.10	27.04~33.89	32.07	1.61~1.82	1.79	127.20~185.56	167.61	22.38~35.38	24.53	209.00~468.80	248.90	93.53~154.00	139.00	26.91
18~18	18.00	5.22~5.22	5.22	33.42~33.42	33.42	2.44~2.44	2.44	189.83~189.83	189.83	17.25~17.25	17.25	145.00~145.00	145.00	94.00~94.00	94.00	101.95
15~22	18.84	5.03~7.10	5.73	11.90~70.78	20.29	0.96~2.81	1.47	75.00~216.67	102.06	11.28~37.70	22.02	58.00~387.00	99.93	78.00~269.00	103.76	104.96
13~23	18.17	5.00~7.40	6.10	15.00~88.40	35.25	0.78~4.33	1.86	20.00~460.00	162.85	5.70~63.70	24.30	99.00~586.87	248.14	44.00~325.00	135.75	3316.55
19~25	21.61	5.58~6.61	5.90	30.64~37.02	35.23	1.59~2.08	1.92	140.77~226.85	209.22	17.10~34.56	21.44	156.00~210.28	174.26	83.00~147.57	112.71	15.24
15~22	18.55	5.10~7.55	6.15	14.90~41.28	29.66	0.86~2.45	1.86	86.00~285.00	159.34	5.70~53.95	21.06	68.00~525.00	200.47	40.00~325.00	138.22	353.82
18~31	20.76	4.71~7.20	5.80	20.10~60.72	34.61	1.28~2.66	1.90	48.00~205.67	150.60	1.60~39.45	20.44	115.58~428.50	250.52	71.00~214.00	134.43	212.37
18~24	20.82	5.55~6.50	5.94	31.22~42.20	37.47	1.84~2.33	2.11	119.00~205.67	159.11	19.50~28.26	23.07	161.00~205.07	180.41	112.79~167.00	131.36	8.45
15~22	18.63	5.42~6.31	5.55	22.07~37.20	26.27	1.69~2.13	1.84	163.00~200.50	186.68	17.45~28.70	21.40	112.00~208.12	134.27	72.00~144.00	85.09	28.26
16~30	19.15	4.75~7.35	6.15	21.55~81.44	43.35	1.35~3.82	2.19	116.80~326.00	185.63	7.25~75.00	23.28	151.00~586.87	261.23	40.00~331.00	152.80	182.12
20~20	20.00	7.60~8.07	7.90	20.30~67.00	38.66	1.01~2.77	1.89	67.00~229.00	147.28	4.20~67.90	24.00	68.00~347.31	165.00	62.00~451.00	132.07	125.55
16~30	19.61	7.50~8.00	7.76	18.30~88.20	32.16	1.14~2.70	1.92	37.00~268.00	164.61	8.10~38.50	19.25	68.00~324.00	168.40	38.00~212.31	113.61	81.59
13~23	19.00	7.50~8.07	7.74	3.90~70.55	28.22	0.97~3.82	1.87	22.00~333.75	149.06	5.70~43.30	22.84	24.00~557.00	184.16	38.00~228.00	141.78	876.71

土类	亚类	土属	土种	剖面构型	土体厚度(cm)	成土母质	抗旱能力(d)	耕地坡度级		海拔(m)		年降雨量(mm)		有效积温(℃)		耕层质地
								范围	平均值	范围	平均值	范围	平均值	范围	平均值	
水稻土	淹育型水稻土	淹育大土泥田	死胶泥田	Aa-Ap-C	60	泥灰岩坡残积物	18	2~5	3.59	624~1 253	958	1 000~1 159	1 064	4 242~4 600	4 526	重壤至中黏
			小土黄泥田	Aa-Ap-C	70	石灰岩坡残积物	20	2~2	2.00	861~861	861	1 162~1 162	1 162	4 600~4 600	4 600	轻黏
		淹育紫泥田	浅紫泥田	Aa-Ap-C	78	酸性/中性/钙质紫色砂岩、砂岩坡残积物	23	3~5	4.46	928~1 188	1 042	1 000~1 134	1 065	4 411~4 600	4 577	轻黏、重黏
			浅紫胶泥田	Aa-Ap-C	80	紫色泥页岩坡残积物	22	3~4	3.71	803~1 051	939	1 000~1 000	1 000	4 600~4 600	4 600	中黏、重黏
	渗育型水稻土	潮泥田	潮砂泥田	Aa-Ap-P-C	40	溪/河流冲积物	13	1~4	2.26	980~998	987	1 100~1 100	1 100	4 400~4 424	4 407	松沙
			黄潮泥田	Aa-Ap-P-C	90	溪/河流冲积物	26	2~5	3.50	860~921	891	1 028~1 164	1 096	4 600~4 600	4 600	沙壤
		黄泥田	扁砂泥田	Aa-Ap-P-C	60	灰绿色/青灰色页岩坡残积物	18	1~5	3.70	760~1 281	1 060	1 000~1 100	1 057	4 000~4 600	4 395	中壤至轻黏
			豆面泥田	Aa-Ap-P-C	90	老风化壳/黏土岩/泥页岩坡残积物	26	1~5	3.43	811~1 335	985	1 000~1 108	1 050	4 000~4 600	4 522	中壤至重黏
			黄泥田	Aa-Ap-P-C	90	老风化壳坡残积物	26	1~5	3.46	800~1 515	1 021	1 000~1 100	1 010	4 000~4 600	4 386	重壤至中黏
			黄泡泥田	Aa-Ap-P-C	90	砂页岩坡残积物	26	1~5	3.52	801~1 347	1 004	1 000~1 156	1 067	4 000~4 600	4 497	重壤至重黏
			黄砂泥田	Aa-Ap-P-C	90	砂页岩坡残积物	26	1~5	3.52	520~1 239	846	1 000~1 078	1 003	4 234~4 600	4 570	轻壤至重黏
			煤泥田	Aa-Ap-P-C	50	碳质页岩坡残积物	16	2~5	3.62	778~1 156	1 051	1 000~1 100	1 088	4 336~4 600	4 398	中壤至重黏
			黏底砂泥田	Aa-Ap-P-C	70	砂页岩坡残积物	18	2~5	3.73	797~1 406	1 073	1 000~1 184	1 079	4 000~4 600	4 430	重壤至重黏
		大土泥田	大粉砂泥田	Aa-Ap-P-C	60	白云灰岩/白云岩坡残积物	17	1~4	2.53	830~1 219	908	1 000~1 042	1 003	4 000~4 600	4 560	轻壤
			大土泥田	Aa-Ap-P-C	70	石灰岩坡残积物	20	1~5	3.31	604~1 280	952	1 000~1 160	1 018	4 000~4 600	4 511	中壤至重黏
			粉砂泥田	Aa-Ap-P-C	60	白云灰岩/白云岩坡残积物	17	1~5	3.33	680~1 346	1 022	1 000~1 167	1 057	4 000~4 600	4 424	沙壤、轻壤
			黄胶泥田	Aa-Ap-P-C	60	泥灰岩坡残积物	18	1~5	3.33	583~1 291	953	1 000~1 149	1 018	4 265~4 600	4 506	重壤至中黏
			黏底粉砂泥田	Aa-Ap-P-C	60	白云质灰岩/燧石灰岩坡残积物	18	1~5	3.44	521~1 467	984	1 000~1 175	1 030	4 000~4 600	4 438	中壤至中黏
		紫泥田	血泥田	Aa-Ap-P-C	80	酸性紫色页岩坡残积物	23	1~5	3.30	903~1 306	1 079	1 000~1 079	1 037	4 400~4 600	4 578	中壤至重黏
			紫胶泥田	Aa-Ap-P-C	80	紫色泥页岩坡残积物	22	1~5	3.33	705~1 064	903	1 000~1 000	1 000	4 600~4 600	4 600	中壤至重黏
			紫泥田	Aa-Ap-P-C	70	中性/钙质紫色砂页岩坡残积物	20	1~5	3.33	785~1 313	1 053	1 000~1 110	1 005	4 000~4 600	4 502	中壤至中黏
	潴育型水稻土	潴育潮泥田	潮油泥田	Aa-Ap-W-C	100	河流冲积/沉积物	30	2~3	2.50	900~900	900	1 143~1 148	1 146	4 600~4 600	4 600	轻壤
		潴育黄泥田	扁油砂泥田	Aa-Ap-W-C	80	灰绿色/青灰色页岩坡残积物	26	2~4	3.67	859~987	934	1 050~1 162	1 124	4 600~4 600	4 600	轻黏
			大眼黄泥田	Aa-Ap-W-C	100	老风化壳/泥页岩坡残积物	30	2~5	3.33	900~1 201	989	1 040~1 052	1 046	4 600~4 600	4 600	重壤至中黏
			暗豆面泥田	Aa-Ap-W-C	90	泥页岩/页岩坡残积物	28	2~5	3.76	768~1 461	1 093	1 000~1 165	1 056	4 000~4 600	4 397	中壤至中黏

（续）

耕层厚度 (cm)		pH		有机质 (g/kg)		全氮 (g/kg)		碱解氮 (mg/kg)		有效磷 (mg/kg)		缓效钾 (mg/kg)		速效钾 (mg/kg)		面积 (hm²)
范围	平均值	范围	平均值	范围	平均值	范围	平均值	范围	平均值	范围	平均值	范围	平均值	范围	平均值	
16~23	19.90	7.60~8.10	7.80	9.00~62.14	32.18	1.21~2.52	1.89	114.00~232.00	164.88	5.60~54.70	24.13	70.00~440.00	212.04	44.00~242.00	124.30	144.26
23~23	23.00	7.71~7.71	7.71	29.30~29.30	29.30	1.77~1.77	1.77	133.84~133.84	133.84	33.29~33.29	33.29	222.93~222.93	222.93	100.56~100.56	100.56	1.58
14~18	20.62	4.93~6.75	5.67	14.07~57.45	34.47	1.44~3.13	2.17	132.00~324.50	211.27	14.13~25.60	19.26	115.00~305.00	195.72	102.00~217.00	145.72	32.80
16~20	18.21	4.80~7.20	5.86	15.60~34.00	22.91	1.33~1.87	1.51	154.00~197.00	181.51	14.70~28.70	23.74	110.00~190.00	158.57	76.00~132.00	100.36	22.28
13~23	18.96	5.40~7.00	5.86	27.80~50.90	37.13	1.66~2.71	2.10	195.00~292.00	226.94	16.50~22.00	18.57	117.00~192.00	154.22	86.00~152.00	112.22	34.31
26~26	25.89	5.70~5.70	5.70	24.31~24.31	24.31	1.54~1.54	1.54	144.31~144.31	144.31	25.93~25.93	25.93	194.72~194.72	154.72	206.98~206.98	206.98	10.43
16~23	18.39	5.00~7.50	6.51	12.20~36.15	22.31	1.35~2.08	1.68	127.20~229.00	163.52	10.90~35.38	20.60	110.00~662.50	297.17	56.00~248.00	170.99	143.29
16~30	20.09	5.10~7.40	5.94	18.60~78.10	38.70	1.25~3.96	2.17	90.00~299.50	185.46	3.50~60.60	21.82	62.00~633.00	235.40	55.00~278.50	161.41	707.78
15~23	19.58	5.10~7.09	5.74	13.40~60.70	38.78	1.27~2.44	2.12	102.00~268.50	200.06	11.90~42.10	21.01	53.00~365.00	177.52	100.00~286.00	154.33	225.66
13~23	18.90	5.03~7.30	5.92	8.20~61.60	31.60	1.21~2.94	1.97	77.30~350.00	164.84	9.80~54.40	24.85	40.00~666.00	216.32	24.00~380.00	135.84	906.40
15~23	18.74	5.08~7.50	6.11	12.90~48.45	25.42	1.09~3.10	1.93	105.00~258.00	151.96	6.00~48.30	19.08	50.00~577.00	160.37	23.00~454.00	119.64	291.46
14~22	18.93	5.60~6.80	6.11	19.30~45.45	30.05	1.56~2.50	1.93	75.00~205.00	157.95	15.30~27.00	24.84	66.00~289.00	158.98	64.00~182.00	114.07	54.33
13~26	18.65	4.90~7.55	6.32	5.20~57.40	32.11	1.00~3.27	1.85	62.00~285.00	160.08	5.60~53.95	21.19	56.00~574.00	196.45	64.00~325.00	123.66	466.25
20~22	20.16	7.60~8.06	7.82	17.00~47.88	37.44	1.22~2.49	2.04	65.90~229.00	160.32	7.90~57.10	23.58	143.00~683.00	306.64	85.00~157.13	117.27	326.86
16~30	19.66	7.50~8.10	7.77	18.30~88.50	37.29	1.14~3.21	2.09	60.00~340.00	183.37	6.60~49.40	19.09	39.00~577.00	191.19	41.00~454.00	129.60	872.82
13~24	19.24	7.50~8.08	7.75	3.90~71.80	29.17	0.83~4.01	1.83	20.00~314.50	149.62	8.60~60.00	24.31	40.00~577.00	220.02	53.00~454.00	127.98	997.44
16~30	19.95	7.50~8.04	7.78	18.60~71.80	32.81	0.86~3.30	2.10	123.00~288.33	179.99	4.50~52.00	22.71	39.00~400.00	182.58	41.00~272.00	129.34	148.86
15~30	18.77	7.50~8.10	7.77	15.40~59.30	31.39	1.17~3.02	1.96	107.00~263.00	160.88	6.90~73.80	21.09	62.00~501.75	187.38	38.00~434.00	144.41	301.30
15~24	19.93	4.70~7.80	6.05	22.22~41.38	39.12	1.42~2.61	2.28	87.00~268.83	225.93	16.50~28.42	20.13	55.00~379.00	153.74	50.00~255.00	140.04	88.48
15~21	18.44	4.50~7.50	5.86	8.40~31.20	21.71	0.96~2.08	1.44	167.00~204.00	185.26	11.40~40.05	25.48	66.00~251.00	157.76	23.00~152.00	90.66	81.66
15~21	18.42	4.70~7.70	5.96	14.07~76.40	32.04	1.27~3.04	1.62	132.00~260.00	155.06	9.90~37.46	18.20	36.00~592.00	179.97	50.00~258.00	114.16	293.60
20~20	20.00	5.70~5.70	5.70	44.20~44.20	44.20	2.48~2.48	2.48	228.00~228.00	228.00	20.70~20.70	20.70	113.00~113.00	113.00	79.00~79.00	79.00	8.13
20~20	20.00	5.00~5.05	5.02	34.30~39.15	35.92	1.78~1.84	1.80	168.00~173.00	169.67	21.95~50.50	40.98	179.50~204.00	195.83	114.00~175.50	134.50	69.22
15~20	17.78	5.58~6.40	6.01	32.17~32.17	32.17	1.91~1.91	1.91	151.75~151.75	151.75	27.40~27.40	27.40	165.00~165.00	245.44	130.00~242.00	180.56	12.02
16~23	18.58	4.90~7.30	6.49	14.20~53.70	29.03	1.06~2.58	1.68	67.00~274.00	137.89	13.50~50.50	19.27	65.00~503.00	223.60	49.00~369.00	122.32	177.19

土类	亚类	土属	土种	剖面构型	土体厚度(cm)	成土母质	抗旱能力(d)	耕地坡度级 范围	平均值	海拔(m) 范围	平均值	年降雨量(mm) 范围	平均值	有效积温(℃) 范围	平均值	耕层质地
水稻土	潴育型水稻土	潴育黄泥田	黄油砂泥田	Aa-Ap-W-C	100	砂页岩坡残积物	30	2~5	3.71	900~1 378	1 125	1 038~1 100	1 059	4 248~4 600	4 463	重壤、轻黏
			小粉油泥田	Aa-Ap-W-C	100	泥页岩/页岩坡残积物	30	1~5	3.55	624~1 400	1 049	1 000~1 100	1 048	4 000~4 600	4 430	中壤至中黏
		潴育大眼泥田	大眼泥田	Aa-Ap-W-C	100	白云岩/石灰岩坡残积物	29	1~3	2.00	900~900	900	1 144~1 144	1 144	4 600~4 600	4 600	中黏
			粉油泥田	Aa-Ap-W-C	100	白云岩坡残积物	30	1~3	2.00	940~954	947	1 121~1 128	1 125	4 600~4 600	4 600	中黏
			油泥田	Aa-Ap-W-C	100	白云岩/石灰岩坡残积物	30	2~3	2.40	932~940	936	1 132~1 136	1 134	4 600~4 600	4 600	中黏
			灰油泥田	Aa-Ap-W-C	100	白云岩/白云灰岩坡残积物	30	1~4	2.31	875~996	915	1 000~1 132	1 073	4 600~4 600	4 600	轻黏
		潴育紫油泥田	紫油泥田	Aa-Ap-W-C	100	中性/钙质紫色页岩坡残积物	30	2~5	3.69	689~1 210	924	1 000~1 125	1 030	4 360~4 600	4 585	中壤至重黏
	漂洗型水稻土	白砂泥田	熟白砂泥田	Aa-Ap-E-C	40	砂岩坡残积物	13	3~3	3.00	930~1 009	970	1 160~1 163	1 161	4 600~4 600	4 600	沙壤
			轻白砂泥田	Aa-Ap-E-C	40	砂岩坡残积物	13	2~5	4.00	607~938	736	1 000~1 119	1 030	4 600~4 600	4 600	沙壤
			中白砂泥田	Aa-Ap-E-C	40	砂岩坡残积物	13	2~5	3.24	580~1 341	1 018	1 000~1 163	1 043	4 000~4 505	4 505	沙壤、轻壤
			重白砂泥田	Aa-Ap-E-C	40	砂岩坡残积物	13	2~5	3.25	580~942	769	1 000~1 000	1 000	4 600~4 600	4 600	沙壤至中壤
		白鳝泥田	灰豆面泥田	Ae-Ape-E-C	60	砂页岩坡残积物	20	3~5	3.65	820~1 260	1 052	1 037~1 100	1 078	4 458~4 600	4 532	轻黏
			灰土泥田	Aa-Ap-E-C	60	砂页岩坡残积物	20	1~5	3.62	852~1 437	1 056	1 000~1 132	1 069	4 600~4 600	4 415	轻黏、中黏
	潜育型水稻土	烂泥田	浅脚烂泥田	M-G-C	80	湖沼沉积物	30	3~4	3.67	985~1 018	998	1 130~1 138	1 133	4 600~4 600	4 600	重黏
		冷浸田	冷扁砂田	Aa-G-C	60	砂页岩坡残积物	30	3~3	3.00	914~914	914	1 140~1 140	1 140	4 600~4 600	4 600	轻黏
			青豆面泥田	M-G-C	80	湖沼沉积物	30	3~5	3.50	969~990	979	1 118~1 134	1 126	4 600~4 600	4 600	重黏
			青粉泥田	M-G-C	80	湖沼沉积物	30	3~3	3.00	903~903	903	1 151~1 151	1 151	4 600~4 600	4 600	重黏
		鸭屎泥田	干鸭屎泥田	Aa-Ap-G	60	石灰岩坡残积物	30	3~4	3.50	999~1 011	1 005	1 160~1 162	1 161	4 600~4 600	4 600	重黏
紫色土	钙质紫色土	钙质紫泥土	钙质羊肝土	A-C	50	钙质紫色页岩/砾岩坡残积物	15	3~5	3.74	855~1 418	1 158	1 000~1 000	1 000	4 060~4 600	4 345	重壤
			钙质紫泥土	A-C	70	钙质紫色页岩坡残积物	18	3~5	4.11	509~1 286	942	1 000~1 156	1 034	4 420~4 600	4 570	中壤至中黏
	中性紫色土	中性紫泥土	中性羊肝土	A-C/A-BC-C	70	紫色砂页岩/砂岩/砾岩坡残积物	18	2~5	4.02	590~1 354	1 072	1 000~1 110	1 005	4 290~4 600	4 450	中壤至重黏
			中性紫胶泥土	A-C	70	紫色泥岩坡残积物	18	3~5	3.75	816~918	888	1 000~1 000	1 000	4 600~4 600	4 600	中壤、中黏
			中性紫泥土	A-C	90	紫色页岩坡残积物	25	3~5	4.37	673~1 342	1 025	1 000~1 160	1 070	4 040~4 600	4 500	中壤至重黏
			中性紫油泥土	A-C	90	紫色页岩坡残积物	25	3~4	3.50	939~972	956	1 134~1 134	1 134	4 600~4 600	4 600	轻黏
	酸性紫色土	酸性紫泥土	酸性死胶泥土	A-B-C	70	酸性紫红色泥岩/页岩坡残积物	18	3~5	3.99	582~1 122	849	1 000~1 000	1 000	4 570~4 600	4 590	中壤至重黏
			酸性紫泥土	A-C	80	酸性紫红色砂页岩/砾岩坡残积物	20	2~5	4.10	863~1 409	1 092	1 000~1 143	1 039	4 060~4 600	4 550	轻壤至重黏
			酸性紫油泥土	A-B-C	80	酸性紫红色砂页岩/砾岩坡残积物	20	3~5	4.07	885~1 313	1 072	1 000~1 160	1 076	4 000~4 600	4 507	轻黏

耕层厚度(cm)		pH		有机质 (g/kg)		全氮 (g/kg)		碱解氮 (mg/kg)		有效磷 (mg/kg)		缓效钾 (mg/kg)		速效钾 (mg/kg)		面积 (hm²)
范围	平均值	范围	平均值	范围	平均值	范围	平均值	范围	平均值	范围	平均值	范围	平均值	范围	平均值	
20~30	21.32	5.62~7.45	6.35	23.69~59.00	34.23	1.85~2.57	2.06	88.00~229.09	148.77	14.20~40.00	24.83	236.00~400.00	304.74	146.00~225.40	174.34	28.38
15~23	18.67	5.10~7.50	6.17	10.80~48.90	33.98	1.05~3.15	1.92	74.00~222.00	152.15	9.60~35.60	22.60	48.00~482.00	275.46	55.00~407.00	137.50	225.04
21~21	21.14	7.78~7.78	7.78	37.71~37.71	37.71	2.22~2.22	2.22	146.81~146.81	146.81	24.85~24.85	24.85	302.86~302.86	302.86	113.08~113.08	113.08	0.91
20~22	21.19	7.77~8.00	7.87	34.06~47.38	40.72	2.00~2.25	2.11	131.76~173.17	152.46	27.49~28.88	28.19	238.33~264.61	251.47	144.41~149.67	147.04	8.97
20~20	20.20	7.90~8.05	8.00	36.90~57.87	47.38	1.88~2.62	2.25	153.00~193.33	173.17	15.53~39.45	27.49	190.67~286.00	238.33	143.00~156.33	149.67	18.57
20~30	20.86	7.60~8.00	7.78	24.30~48.22	38.12	1.62~2.65	2.16	136.50~260.00	193.94	6.90~44.30	24.02	154.00~492.00	268.04	80.00~218.00	140.29	764.83
16~22	19.27	5.00~7.45	5.74	29.37~53.10	46.47	1.33~2.24	1.63	95.00~264.50	144.40	15.10~25.34	16.64	93.00~486.00	224.85	133.00~303.00	200.03	61.71
23~30	28.59	6.80~7.30	7.05	42.14~49.80	45.97	2.20~2.28	2.24	110.00~177.10	143.55	24.08~25.17	24.63	286.78~302.00	294.39	149.91~325.00	237.45	4.43
18~23	19.30	6.80~7.30	7.18	23.20~42.14	27.93	1.09~2.28	1.39	135.00~177.10	145.52	6.00~24.08	10.52	71.00~286.78	124.94	70.00~149.91	89.98	23.86
16~30	20.41	4.80~7.40	6.44	11.90~75.75	40.79	1.03~3.30	2.18	116.80~270.15	187.84	12.07~70.10	27.60	68.00~660.00	264.89	26.00~496.00	155.33	314.34
16~19	17.43	6.15~7.50	6.95	11.90~13.62	12.34	1.03~1.83	1.17	138.00~226.00	209.55	19.70~28.00	26.20	48.00~195.00	147.67	20.00~129.00	93.24	53.02
15~22	17.80	5.80~6.77	6.46	33.17~38.66	35.09	1.98~2.13	2.03	162.40~186.28	170.76	15.95~29.74	20.77	160.00~380.00	208.00	125.00~407.00	188.85	13.07
16~23	18.50	5.00~7.30	6.58	25.80~55.00	39.21	1.43~2.58	1.88	83.00~280.00	151.80	10.80~61.20	24.98	41.00~486.00	246.89	67.00~303.00	133.38	117.57
20~20	20.00	5.40~5.55	5.50	40.04~47.95	42.68	1.99~2.15	2.04	152.00~159.90	157.27	13.10~27.59	22.76	109.00~194.70	166.13	129.40~139.00	132.60	6.65
20~20	20.00	5.50~5.50	5.50	39.70~39.70	39.70	2.06~2.06	2.06	177.00~177.00	177.00	32.10~32.10	32.10	131.00~131.00	131.00	169.00~169.00	169.00	3.07
20~20	20.00	5.78~6.80	6.09	39.83~51.30	45.57	2.08~2.77	2.42	191.08~229.00	210.04	11.20~23.59	17.39	157.71~205.00	181.35	111.00~206.58	158.79	15.27
20~20	20.00	6.35~6.35	6.35	41.25~41.25	41.25	2.63~2.63	2.63	208.50~208.50	208.50	69.30~69.30	69.30	221.00~221.00	221.00	370.00~370.00	370.00	8.17
20~20	20.00	7.60~7.85	7.72	25.30~42.15	33.72	1.53~2.27	1.90	105.00~164.00	134.50	12.80~17.80	15.30	382.00~427.50	404.75	103.00~180.00	141.50	7.44
20~20	20.00	7.62~8.77	7.87	26.17~53.50	34.34	1.57~2.47	1.99	152.63~262.00	189.00	15.68~27.10	24.31	88.00~323.83	207.61	55.00~135.00	117.54	59.97
16~22	18.69	7.53~8.45	7.75	13.90~71.10	37.18	0.99~2.48	1.46	116.00~265.00	179.40	14.50~40.10	23.16	66.00~245.67	147.54	56.00~157.00	104.17	325.17
15~22	18.64	6.50~7.50	6.79	18.30~68.68	31.35	1.24~2.77	1.90	76.00~328.00	161.76	5.70~41.20	19.96	36.00~710.00	176.45	34.00~265.00	126.13	998.38
21~21	21.00	6.50~6.90	6.80	24.80~24.80	1.47	1.47~1.47	1.47	214.00~214.00	214.00	15.50~15.50	15.50	198.00~209.00	206.25	87.00~183.00	111.00	7.12
16~23	18.63	6.50~7.50	6.77	20.20~66.73	35.84	1.23~2.65	1.93	114.75~263.00	175.96	13.55~54.70	30.51	129.00~486.00	240.75	58.00~304.00	128.37	1036.55
20~20	20.00	6.80~7.50	7.15	21.00~45.90	33.45	1.30~2.02	1.66	116.00~201.00	158.50	25.60~54.70	40.15	305.00~440.00	372.50	73.00~217.00	145.00	15.68
16~21	18.13	4.50~5.97	5.39	2.90~31.20	16.59	0.96~1.83	1.41	83.00~226.00	160.23	7.10~43.30	21.95	72.00~271.00	134.38	25.00~202.00	68.11	103.31
13~30	20.01	5.00~5.90	5.55	20.70~68.60	39.09	1.19~3.05	2.02	60.00~274.00	184.53	15.85~52.20	28.18	51.00~536.00	200.96	50.00~498.00	167.18	412.05
20~22	20.66	5.17~5.50	5.36	33.80~58.62	45.60	1.87~2.64	2.15	153.30~201.00	185.01	11.10~30.58	23.69	175.00~381.00	286.66	186.00~217.00	208.48	48.25

土类	亚类	土属	土种	剖面构型	土体厚度（cm）	成土母质	抗旱能力（d）	耕地坡度级		海拔（m）		年降雨量（mm）		有效积温（℃）		耕层质地
								范围	平均值	范围	平均值	范围	平均值	范围	平均值	
粗骨土	酸性粗骨土	硅铁质黄壤性粗骨土	粗豆瓣黄泥土	A-C	60	页岩坡残积物	17	3～4	3.50	909～925	917	1 155～1 155	1 155	4 600～4 600	4 600	重壤
			煤矸土	A-C	60	碳质页岩坡残积物	17	4～5	4.22	762～843	812	1 000～1 000	1 000	4 600～4 600	4 600	轻黏
		硅质黄壤性粗骨土	砾石黄砂土	A-C	30	砂岩坡残积物	8	3～3	3.00	970～970	970	1 120～1 120	1 120	4 600～4 600	4 600	沙壤
		铁铝质黄壤性粗骨土	砾质灰汤黄泥土	A-C	60	石灰岩/白云岩坡残积物	10	3～3	3.00	990～990	990	1 137～1 137	1 137	4 600～4 600	4 600	轻黏
			砾质小粉黄土	A-C/A-BC-C	40	石灰岩/白云岩坡残积物	13	3～4	3.45	884～1 094	994	1 116～1 171	1 136	4 600～4 600	4 600	轻黏
			砾质小粉土	A-C/A-BC-C	40	酸性紫红色砂页岩/砾岩坡残积物	13	2～5	3.61	892～1 217	976	1 115～1 160	1 136	4 600～4 600	4 600	重黏、轻黏
		硅铝质黄壤性粗骨土	粗扁砂土	A-C	60	砂页岩坡残积物	17	2～5	4.13	861～1 240	1 104	1 000～1 100	1 093	4 200～4 600	4 293	中壤、重壤
			砾质黄泡土	A-C	63	砂页岩坡残积物	18	2～5	4.12	762～1 463	1 074	1 000～1 166	1 069	4 000～4 600	4 426	中壤至重黏
	钙质粗骨土	钙质粗骨土	扁砂泥石灰土	A-AC-C	70	白云岩/石灰岩坡残积物	18	3～4	3.60	860～860	860	1 150～1 150	1 150	4 600～4 600	4 600	重壤
			扁砂泥土	A-C	70	白云灰岩/白云岩坡残积物	18	3～3	3.00	1 160～1 160	1 160	1 002～1 002	1 002	4 000～4 000	4 000	重壤
			扁砂土石灰土	A-BC-C	50	硅质岩/白云岩坡残积物	15	5～5	5.00	905～1 132	1 019	1 117～1 167	1 142	4 600～4 600	4 600	轻黏
潮土	潮土	潮砂土	潮砂土	A-C	40	溪/河流冲积或沉积物	20	2～2	2.00	997～997	997	1 100～1 100	1 100	4 400～4 400	4 400	松沙
			潮砂泥土	A-BC-C	80	溪/河流冲积或沉积物	29	2～5	3.83	900～951	923	1 024～1 145	1 048	4 600～4 600	4 600	重壤

（续）

耕层厚度（cm）		pH		有机质（g/kg）		全氮（g/kg）		碱解氮（mg/kg）		有效磷（mg/kg）		缓效钾（mg/kg）		速效钾（mg/kg）		面积
范围	平均值	范围	平均值	范围	平均值	范围	平均值	范围	平均值	范围	平均值	范围	平均值	范围	平均值	(hm²)
20~20	20.00	4.90~5.03	4.97	27.80~35.00	31.40	1.56~1.99	1.77	134.00~159.33	146.67	14.40~15.87	15.13	269.67~343.00	306.33	139.00~185.67	162.33	3.92
17~17	17.00	5.20~5.63	5.33	23.75~23.75	23.75	1.64~1.64	1.64	170.25~170.25	170.25	24.85~24.85	24.85	86.00~109.00	93.00	68.00~86.00	80.78	8.67
20~20	20.00	5.01~5.01	5.01	28.60~28.60	28.60	1.55~1.55	1.55	99.56~99.56	99.56	21.54~21.54	21.54	257.67~257.67	257.67	88.67~88.67	88.67	4.86
20~20	20.00	5.40~5.40	5.40	47.95~47.95	47.95	2.15~2.15	2.15	152.00~152.00	152.00	13.10~13.10	13.10	109.00~109.00	109.00	139.00~139.00	139.00	16.42
20~22	21.51	5.15~5.78	5.70	26.60~47.95	37.32	1.24~2.15	1.93	125.00~159.25	151.03	13.10~32.40	26.98	90.00~221.88	203.61	55.00~139.00	112.22	45.35
20~20	20.00	5.15~6.70	5.52	20.30~67.00	36.14	1.01~2.51	1.79	67.00~193.50	143.94	4.20~78.10	27.57	68.00~394.00	174.89	62.00~211.00	124.71	245.58
15~23	18.20	5.00~5.90	5.26	30.25~36.10	33.21	1.78~2.90	2.40	153.69~212.50	187.57	14.32~21.71	17.11	130.00~518.77	169.69	84.00~153.88	97.81	112.40
13~30	19.49	4.10~6.95	5.62	8.70~58.75	31.14	0.91~2.75	1.77	62.00~256.00	155.02	12.00~67.80	32.27	56.00~872.00	246.53	66.00~380.00	145.94	703.76
13~13	13.00	7.61~7.61	7.61	34.91~34.91	34.91	2.02~2.02	2.02	152.41~152.41	152.41	28.49~28.49	28.49	243.62~243.62	243.62	121.34~121.34	121.34	14.18
20~20	20.00	7.65~7.65	7.65	59.20~59.20	59.20	2.47~2.47	2.47	171.05~171.05	171.05	23.00~23.00	23.00	300.00~300.00	300.00	150.00~150.00	150.00	0.74
20~20	20.00	7.92~7.92	7.92	33.03~33.03	33.03	1.98~1.98	1.98	141.94~141.94	141.94	21.16~21.16	21.16	272.75~272.75	272.75	103.66~103.66	167.18	4.48
13~13	13.00	6.82~7.20	6.93	32.00~32.00	32.00	1.20~1.20	1.20	150.00~150.00	150.00	24.00~24.00	24.00	210.00~210.00	210.00	120.00~120.00	120.0	0.90
20~25	21.71	5.70~7.45	6.30	44.20~64.10	57.13	2.48~2.71	2.62	195.36~228.00	200.93	20.70~24.22	23.19	113.00~250.00	177.17	79.00~304.50	205.46	20.35

主要参考文献

曹文藻，张明，蔡是华，等，1993. 贵州土壤及其改良利用 [M]. 贵阳：贵州科技出版社.

程晋南，2009. 基于 GIS 的县域耕地地力评价、动态分析及改良利用研究 [D]. 山东：山东农业大学.

高祥照，马常宝，杜森，2005. 测土配方施肥技术 [M]. 北京：中国农业出版社.

黄昌勇，2000. 土壤学 [M]. 北京：中国农业出版社.

刘世全，张明，1997. 区域土壤地理 [M]. 成都：四川大学出版社.

全国农业技术推广服务中心，2012. 耕地地力与科学施肥 [M]. 北京：中国农业出版社.

王蓉芳，曹贵友，彭世琪，等，1996. 中国耕地的基础地力与土壤改良 [M]. 北京：中国农业出版社.

邢世和，2003. 福建耕地资源 [M]. 厦门：厦门大学出版社.

曾希柏，2014. 耕地质量培育技术与模式 [M]. 北京：中国农业出版社.

张道勇，王鹤平，1997. 中国实用肥料学 [M]. 上海：上海科学技术出版社.

周开芳，邵代兴，2017. 遵义耕地 [M]. 北京：中国农业出版社.

《遵义地区土壤》编辑委员会，1991. 遵义地区土壤 [M]. 贵阳：贵州人民出版社.

遵义市汇川区统计局，2016. 汇川区统计年鉴 [M]. 遵义：遵义市汇川区统计局.

遵义市统计局，国家统计局遵义调查队，2015. 遵义统计年鉴 [M]. 遵义：遵义市统计局.

遵义县统计局，2015. 遵义县统计年鉴 [M]. 遵义：遵义县统计局.

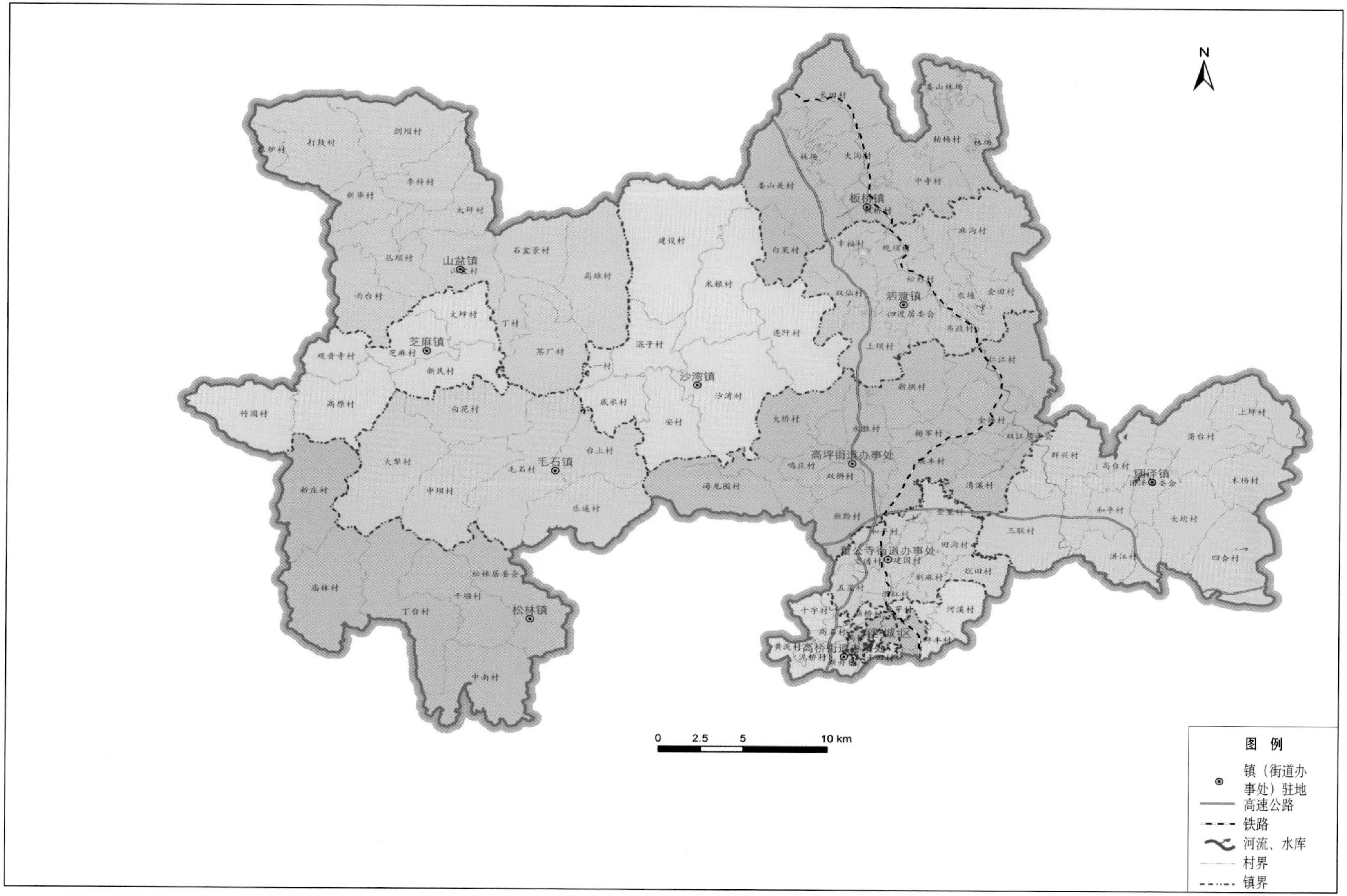

彩图1 汇川区行政区划示意图

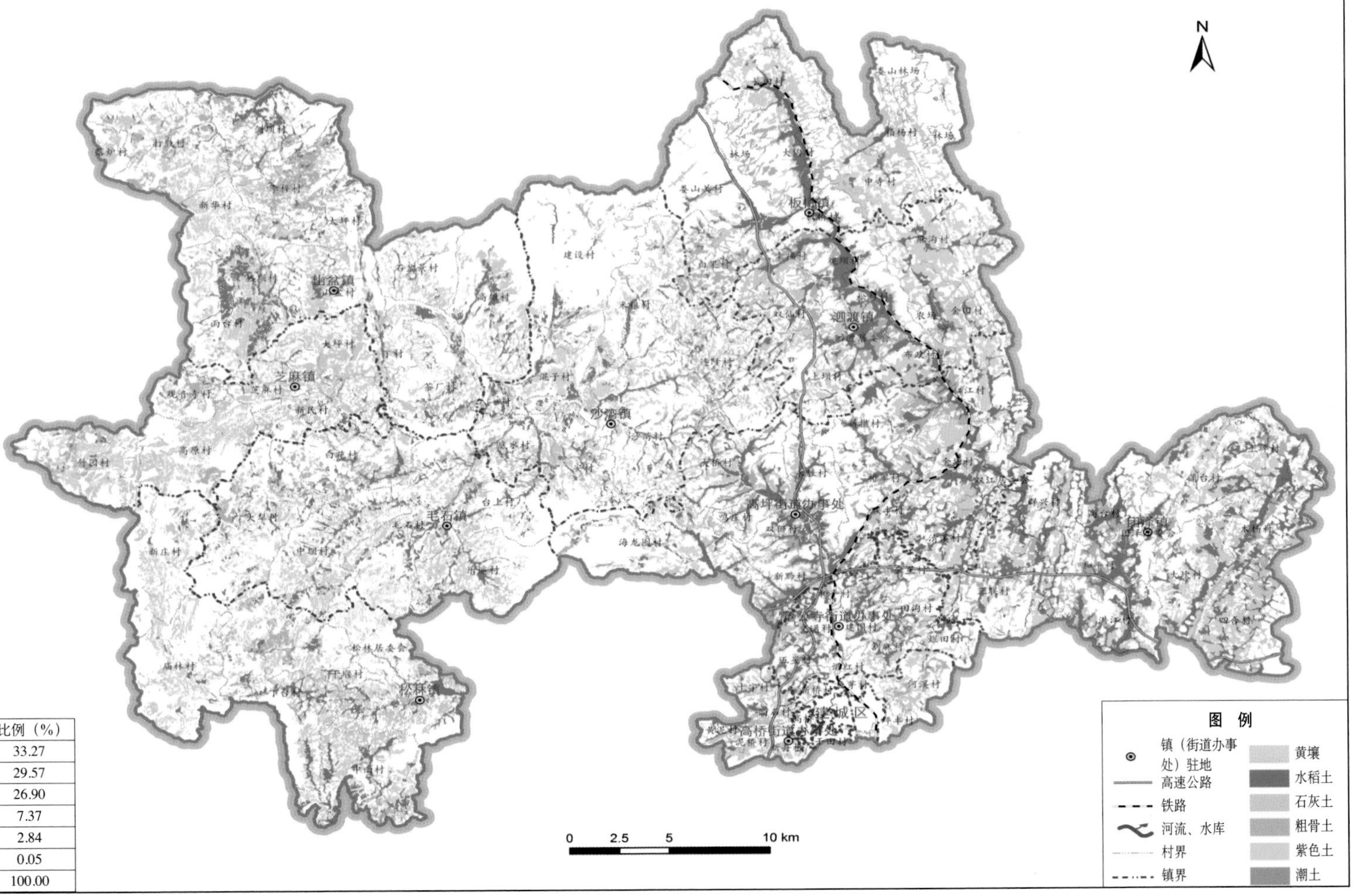

彩图2　汇川区耕地土壤示意图

土地类型	面积 (hm²)	比例 (%)
石灰土	13 577.78	33.27
黄壤	12 067.49	29.57
水稻土	10 977.82	26.90
粗骨土	3 006.48	7.37
紫色土	1 160.36	2.84
潮土	21.25	0.05
合计	40 811.18	100.00

0　　2.5　　5　　10 km

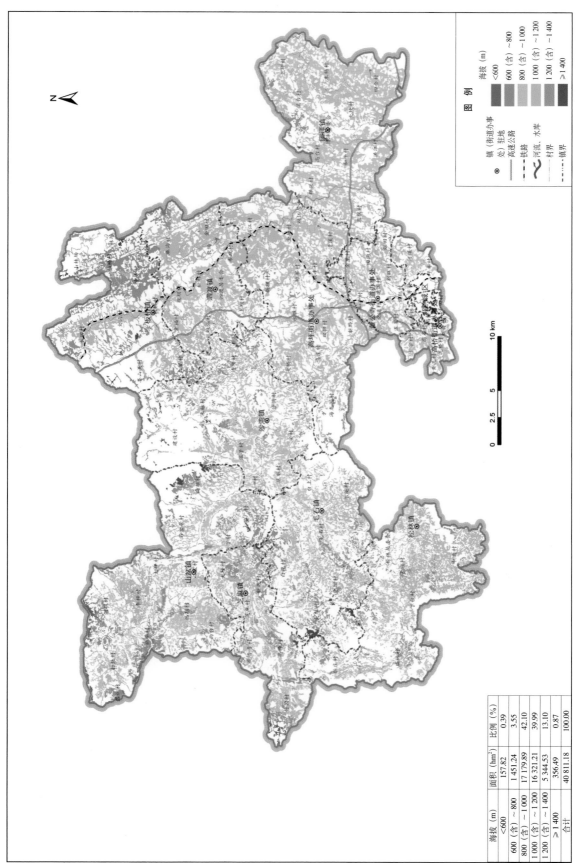

海拔 (m)	面积 (hm²)	比例 (%)
<600	157.82	0.39
600 (含) ~800	1 451.24	3.55
800 (含) ~1 000	17 179.89	42.10
1 000 (含) ~1 200	16 321.21	39.99
1 200 (含) ~1 400	5 344.53	13.10
≥1 400	356.49	0.87
合计	40 811.18	100.00

彩图3 汇川区耕地海拔分段示意图

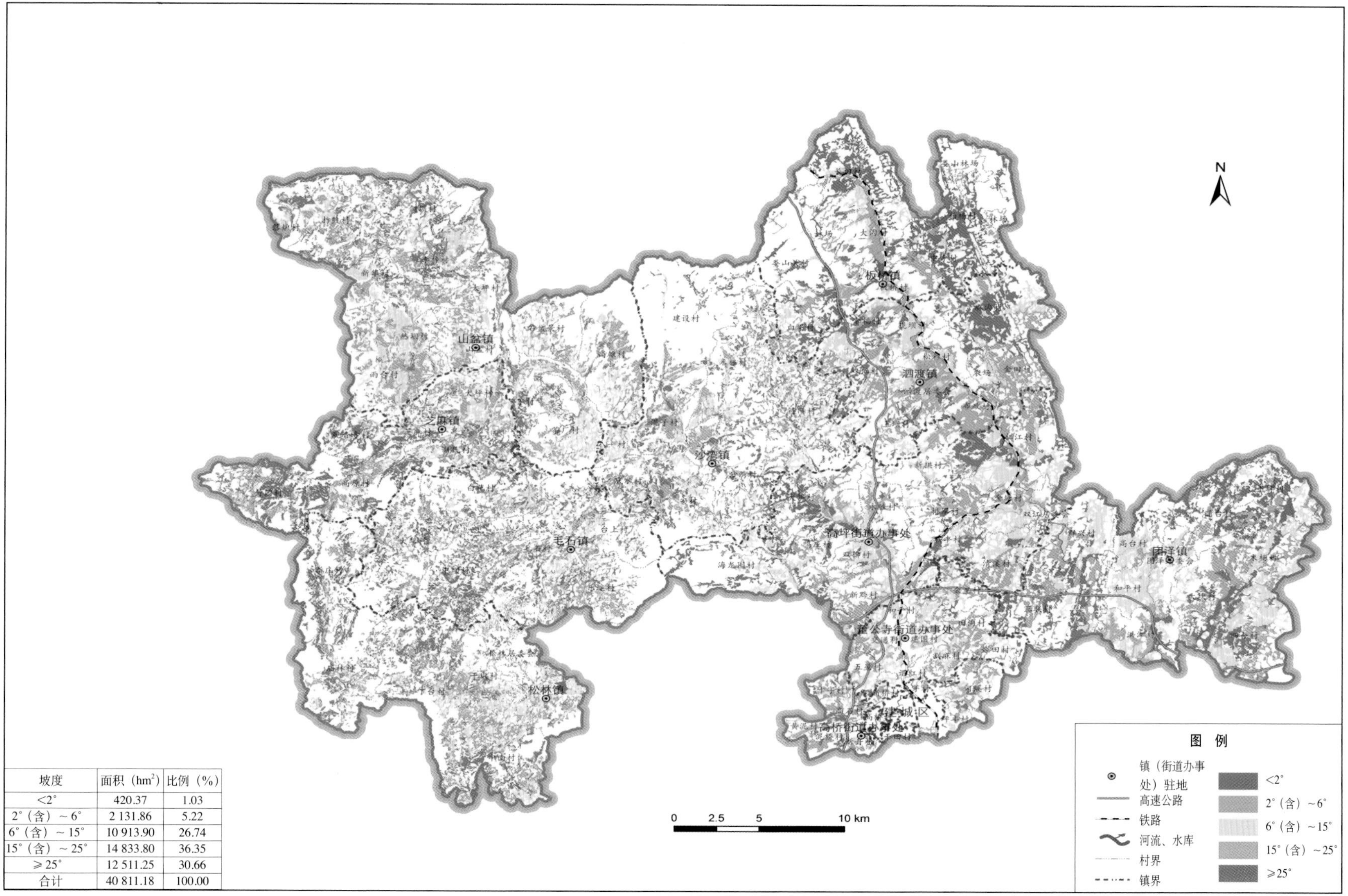
N
山盆镇
芝麻镇
毛石镇
松林镇
沙湾镇
板桥镇
泗渡镇
高坪街道办事处
团泽镇
董公寺街道办事处
高桥街道办事处
老城区
0
2.5
5
10 km
图 例
镇（街道办事处）驻地
高速公路
铁路
河流、水库
村界
镇界
<2°
2°（含）~6°
6°（含）~15°
15°（含）~25°
≥25°

坡度	面积（hm^2）	比例（%）
<2°	420.37	1.03
2°（含）~6°	2 131.86	5.22
6°（含）~15°	10 913.90	26.74
15°（含）~25°	14 833.80	36.35
≥25°	12 511.25	30.66
合计	40 811.18	100.00

彩图4　汇川区耕地坡度等级示意图

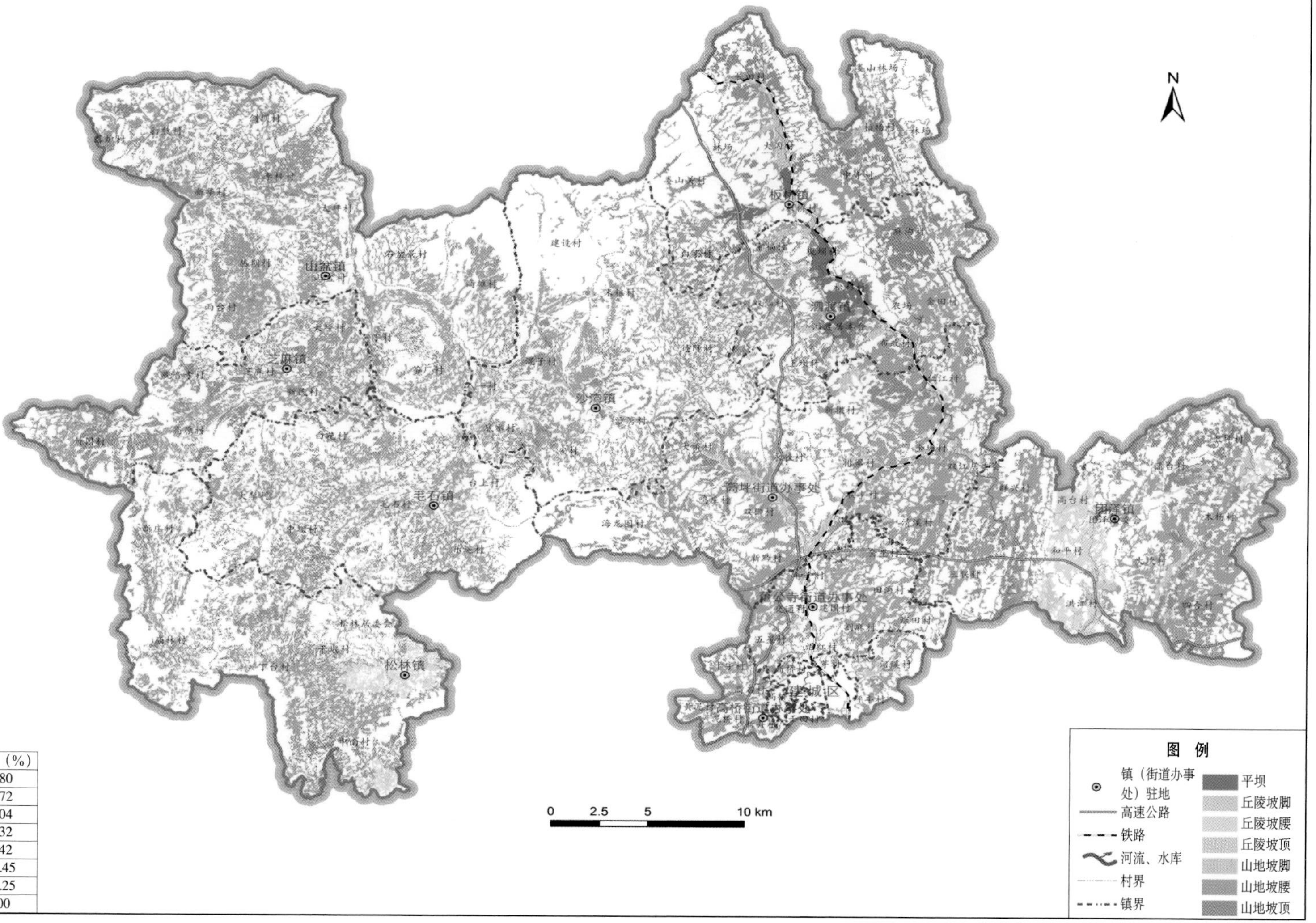

地形部位	面积（hm^2）	比例（%）
平坝	733.94	1.80
丘陵坡脚	293.94	0.72
丘陵坡腰	1 241.38	3.04
丘陵坡顶	129.91	0.32
山地坡脚	1 802.65	4.42
山地坡腰	24 263.29	59.45
山地坡顶	12 346.07	30.25
合计	40 811.18	100

彩图5　汇川区耕地地形部位示意图

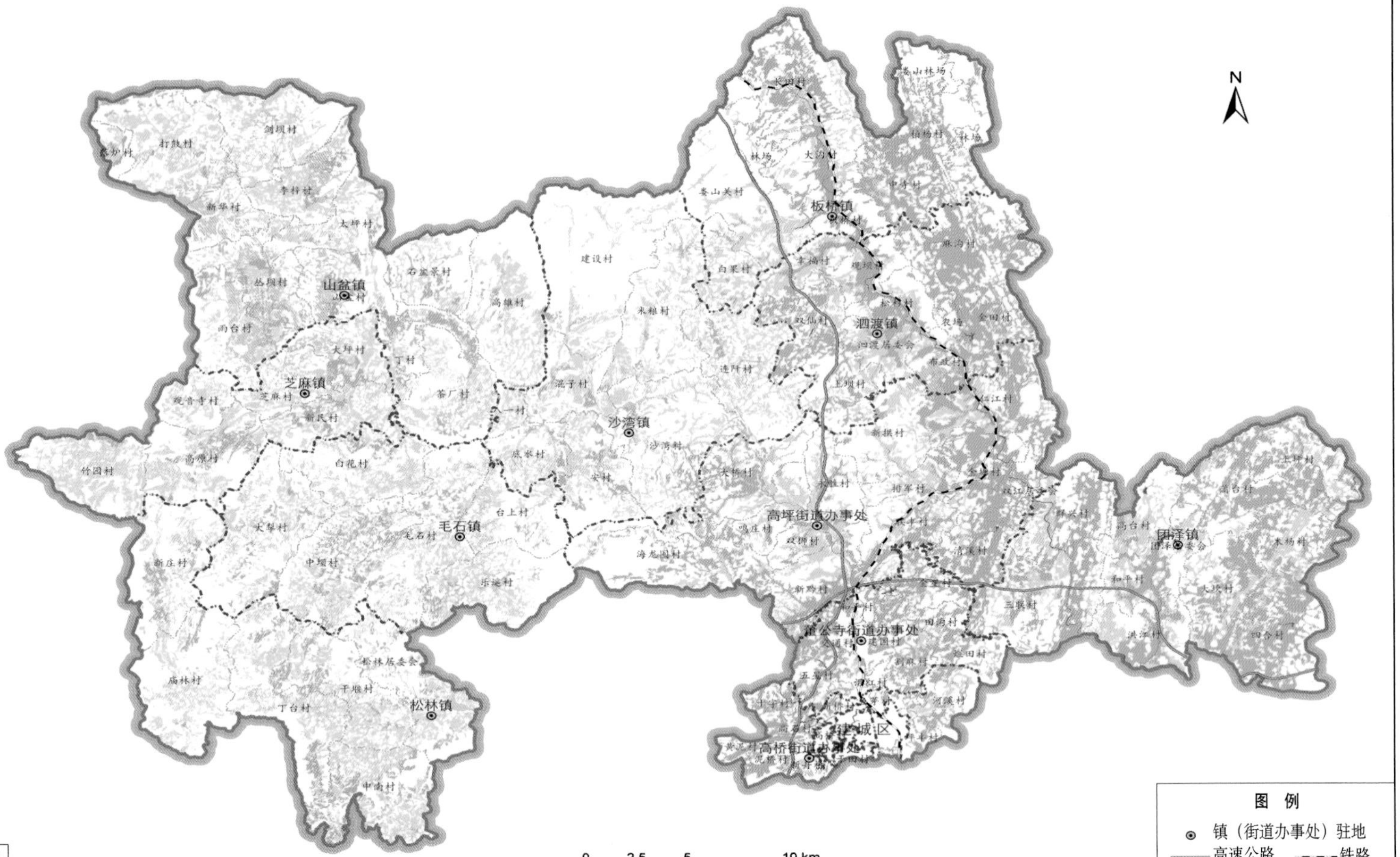
N
山盆镇
芝麻镇
毛石镇
松林镇
沙湾镇
板桥镇
泗渡镇
高坪街道办事处
董公寺街道办事处
高桥街道办事处
团泽镇
建成区
0 2.5 5 10 km
图 例
镇（街道办事处）驻地
高速公路
铁路
河流、水库
沙土
村界
壤土
镇界
黏土

质地	面积（hm^2）	比例（%）
沙土	2 794.26	6.85
壤土	20 521.12	50.28
黏土	17 495.80	42.87
合计	40 811.18	100.00

彩图6　汇川区耕地耕层质地示意图

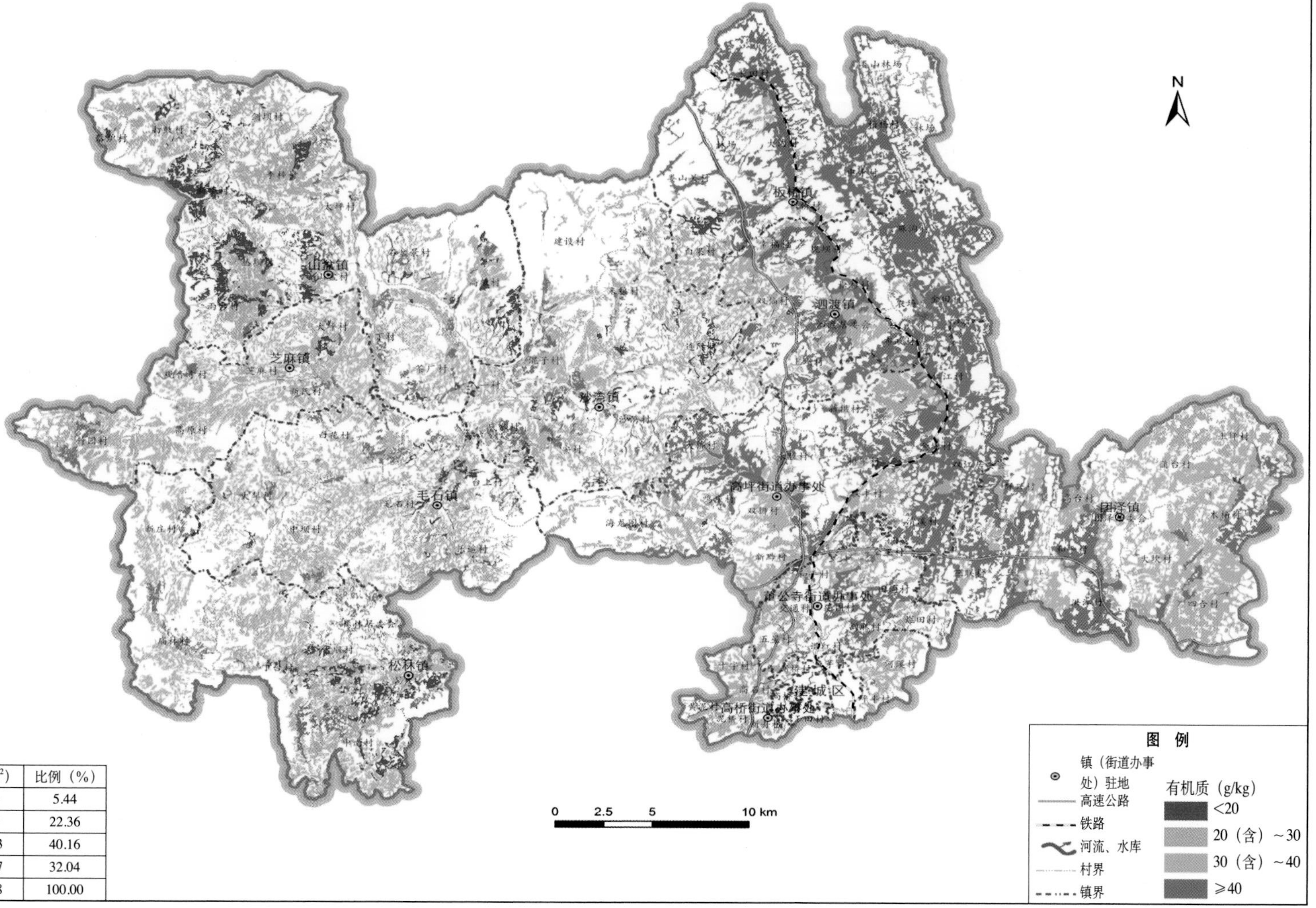
N
山盆镇
之麻镇
毛石镇
松林镇
沙湾镇
泗渡镇
板桥镇
团泽镇
高坪街道办事处
董公寺街道办事处
高桥街道办事处
建城区
0 2.5 5 10 km
图 例
镇（街道办事处）驻地
高速公路
铁路
河流、水库
村界
镇界
有机质（g/kg）
<20
20（含）~30
30（含）~40
≥40

含量范围（g/kg）	面积（hm^2）	比例（%）
<20	2 219.43	5.44
20（含）~30	9 124.55	22.36
30（含）~40	16 388.83	40.16
≥40	13 078.37	32.04
合计	40 811.18	100.00

彩图7　汇川区耕地有机质等级示意图

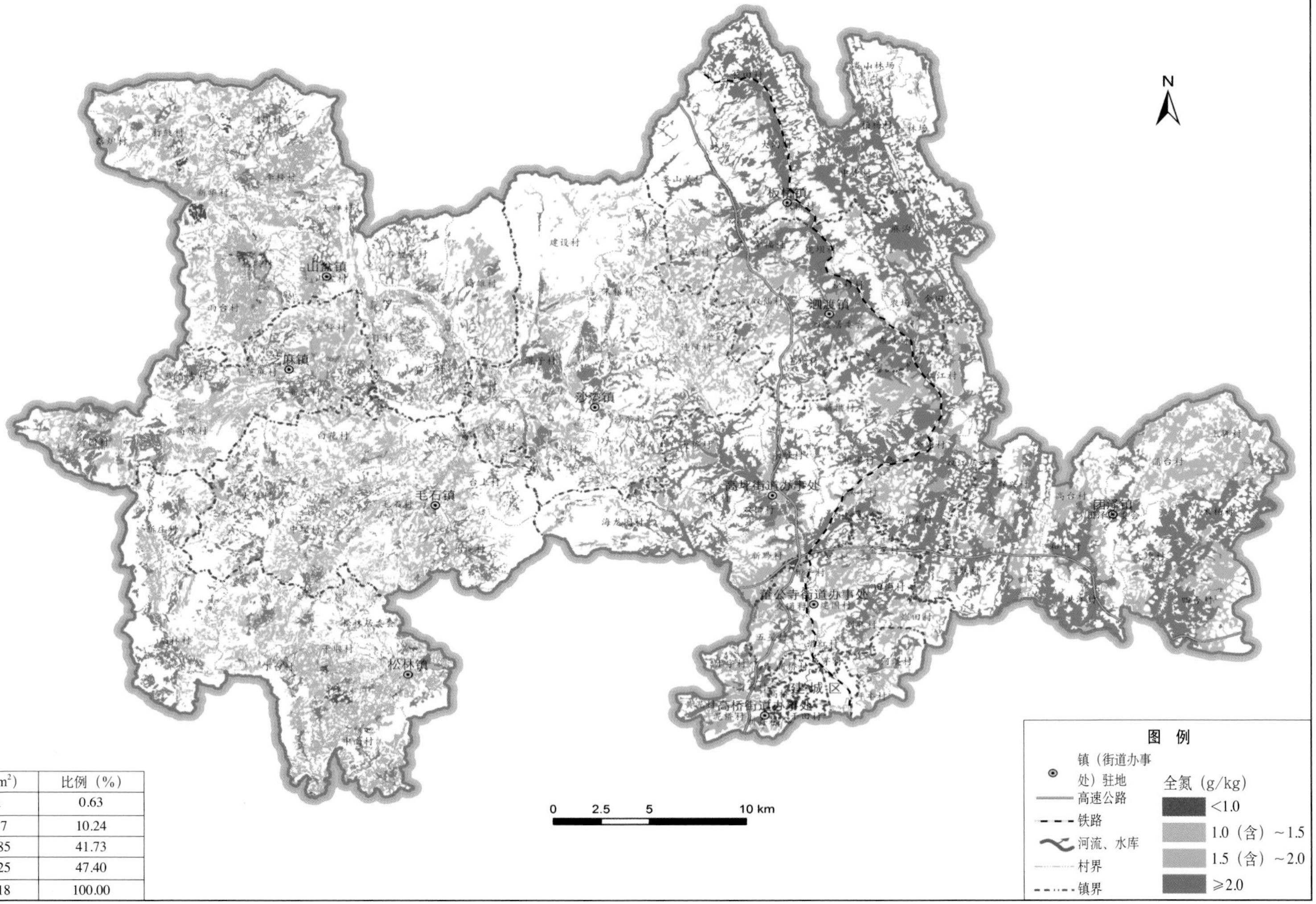

含量范围 (g/kg)	面积 (hm²)	比例 (%)
<1.0	258.51	0.63
1.0（含）～1.5	4 179.57	10.24
1.5（含）～2.0	17 028.85	41.73
≥2.0	19 344.25	47.40
合计	40 811.18	100.00

彩图8 汇川区耕地全氮等级示意图

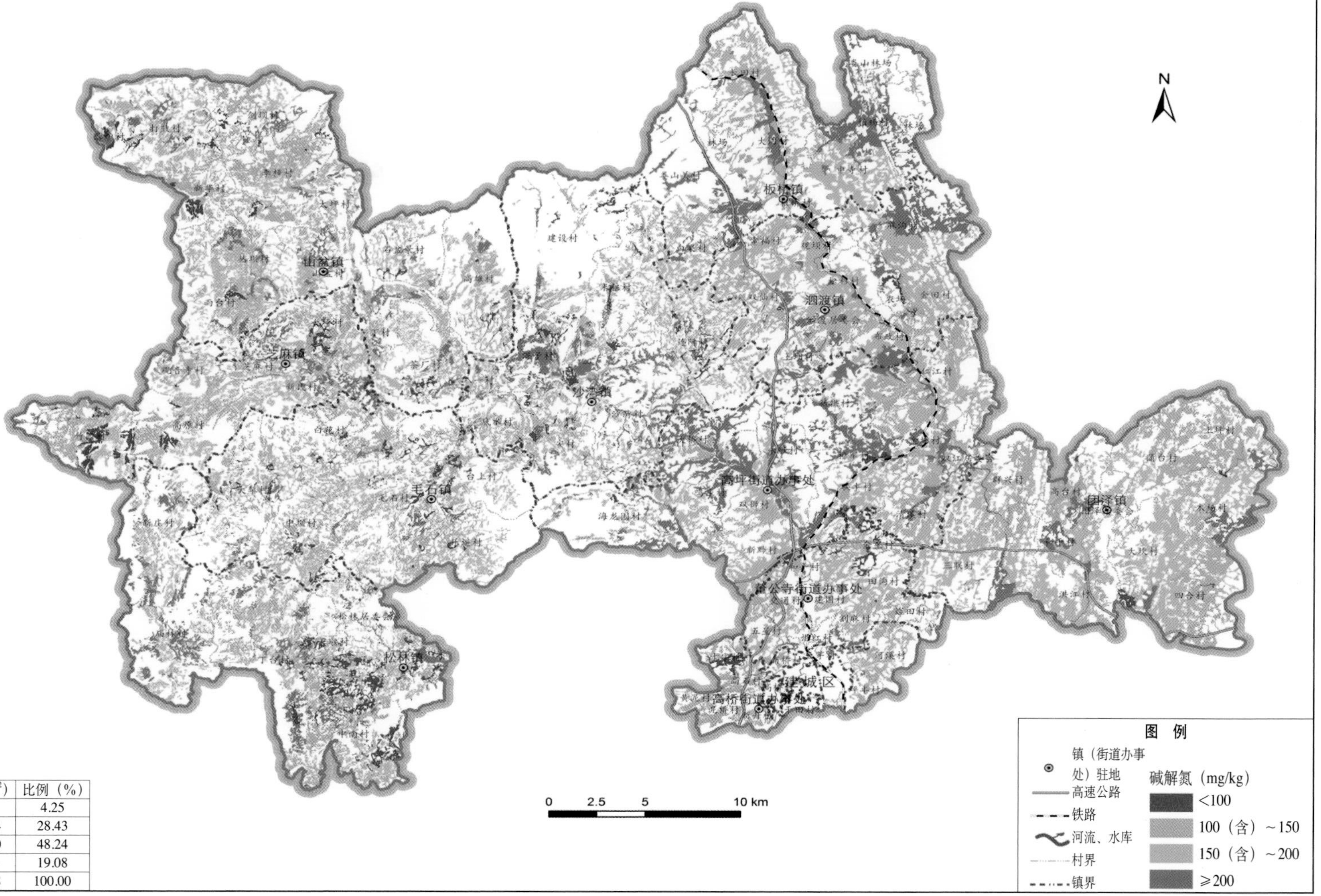

含量范围 (mg/kg)	面积 (hm²)	比例 (%)
<100	1 732.90	4.25
100 (含) ~150	11 604.14	28.43
150 (含) ~200	19 685.40	48.24
≥200	7 788.74	19.08
合计	40 811.18	100.00

彩图9　汇川区耕地碱解氮等级示意图

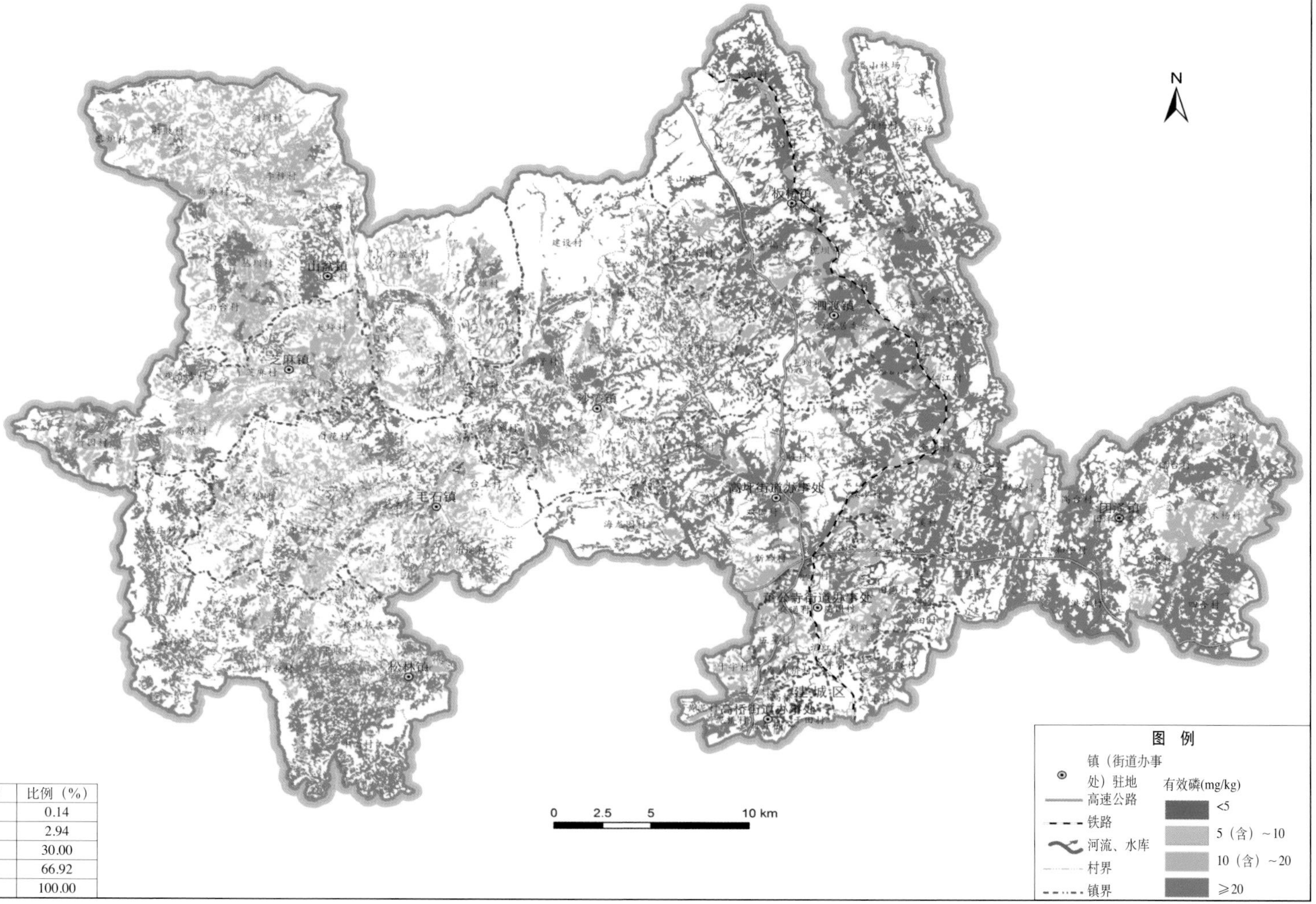

彩图10 汇川区耕地有效磷等级示意图

含量范围 (mg/kg)	面积 (hm²)	比例 (%)
<5	56.59	0.14
5 (含) ～10	1 198.98	2.94
10 (含) ～20	12 243.75	30.00
≥20	27 311.86	66.92
合计	40 811.18	100.00

图 例

◎ 镇（街道办事处）驻地
—— 高速公路
---- 铁路
⌒ 河流、水库
— 村界
······ 镇界

有效磷(mg/kg)
<5
5（含）～10
10（含）～20
≥20

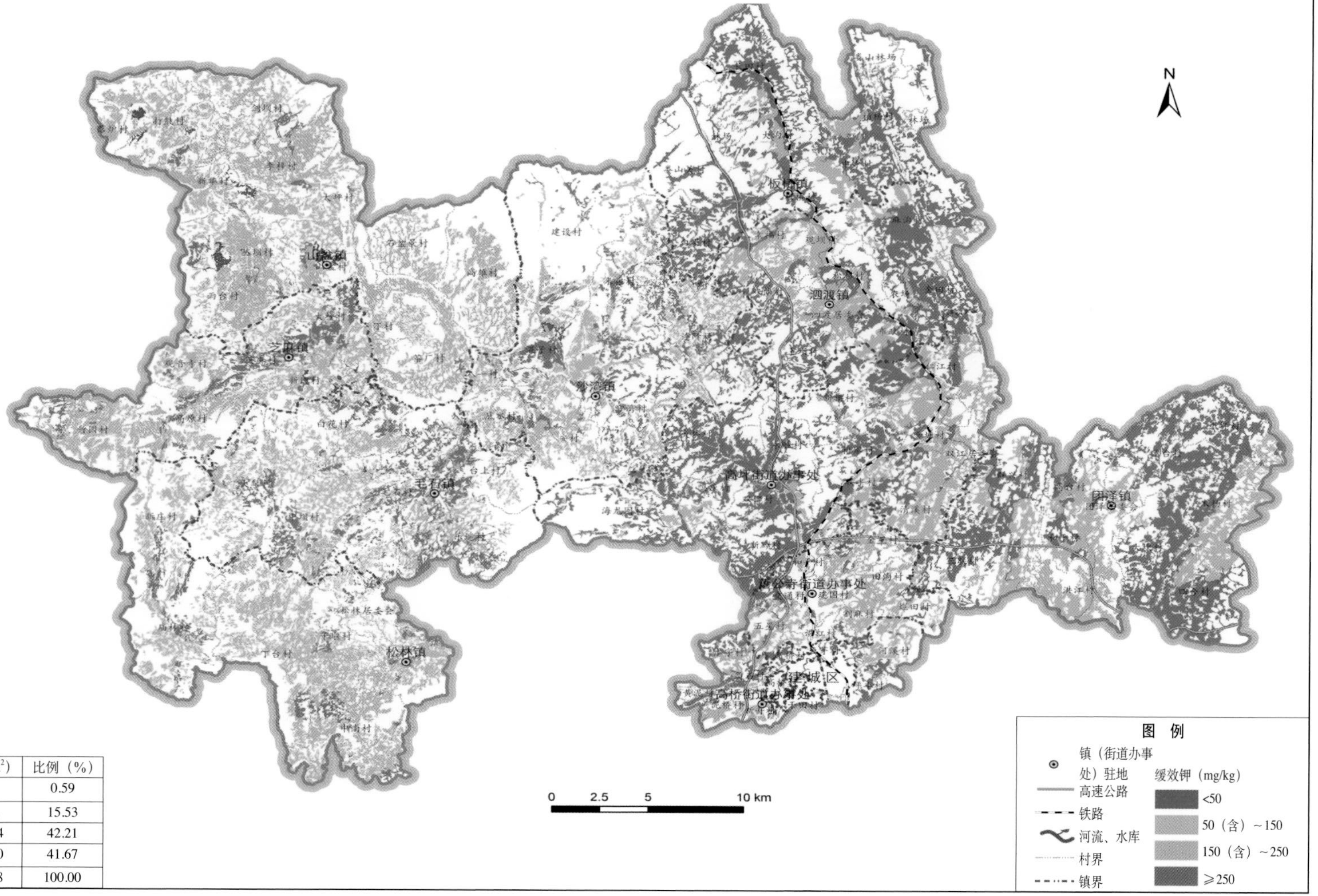

含量范围 (mg/kg)	面积 (hm²)	比例 (%)
<50	240.13	0.59
50（含）～150	6 335.71	15.53
150（含）～250	17 227.94	42.21
≥250	17 007.40	41.67
合计	40 811.18	100.00

彩图11　汇川区耕地缓效钾等级示意图

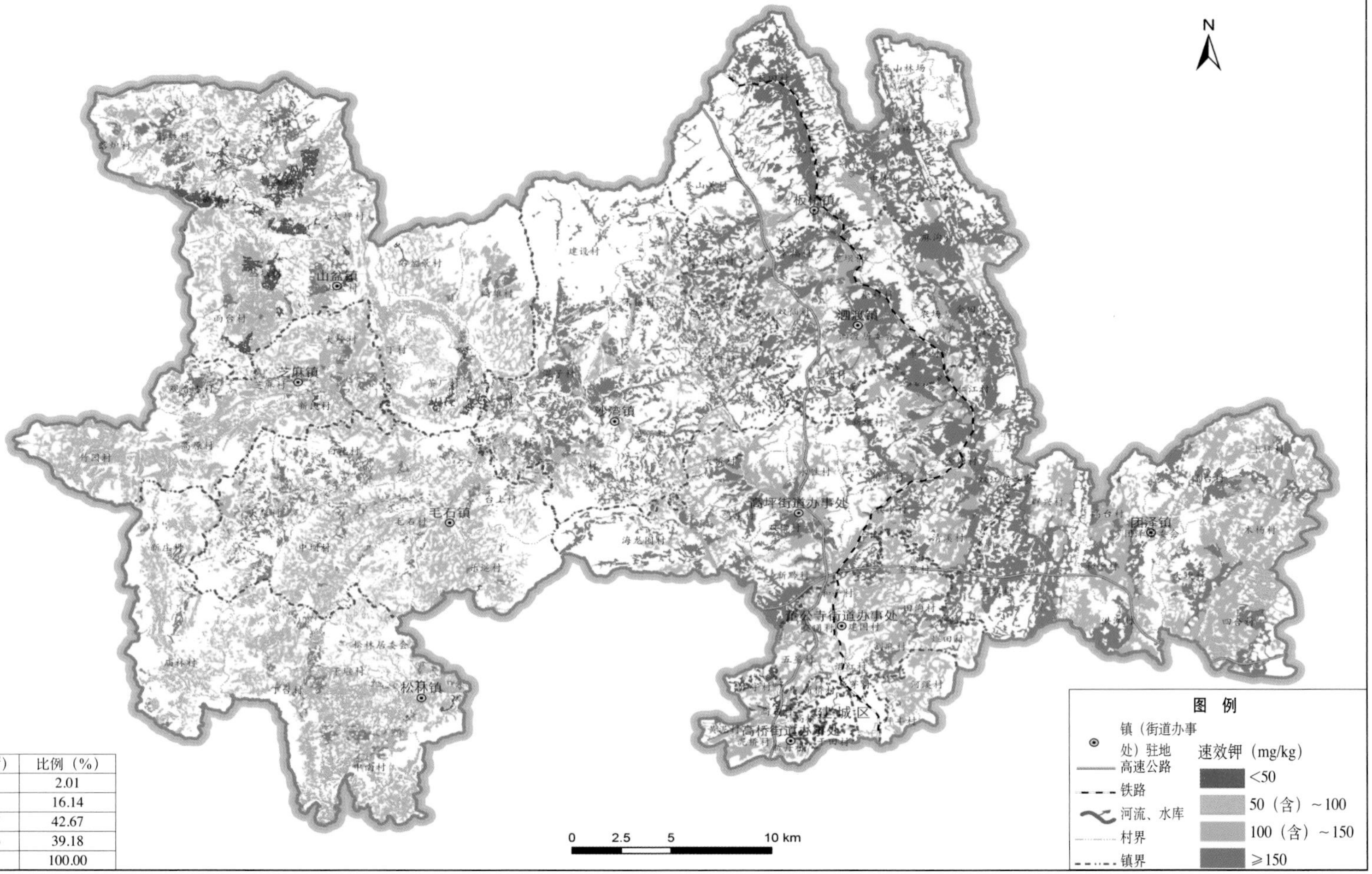
N
板桥镇
泗渡镇
沙湾镇
山盆镇
芝麻镇
毛石镇
松林镇
团泽镇
高坪街道办事处
董公寺街道办事处
高桥街道办事处
老城区
0 2.5 5 10 km
图 例
镇（街道办事处）驻地
高速公路
铁路
河流、水库
村界
镇界
速效钾（mg/kg）
<50
50（含）~100
100（含）~150
≥150

含量范围（mg/kg）	面积（hm^2）	比例（%）
<50	822.57	2.01
50（含）~100	6 585.28	16.14
100（含）~150	17 412.87	42.67
≥150	15 990.46	39.18
合计	40 811.18	100.00

彩图12　汇川区耕地速效钾等级示意图

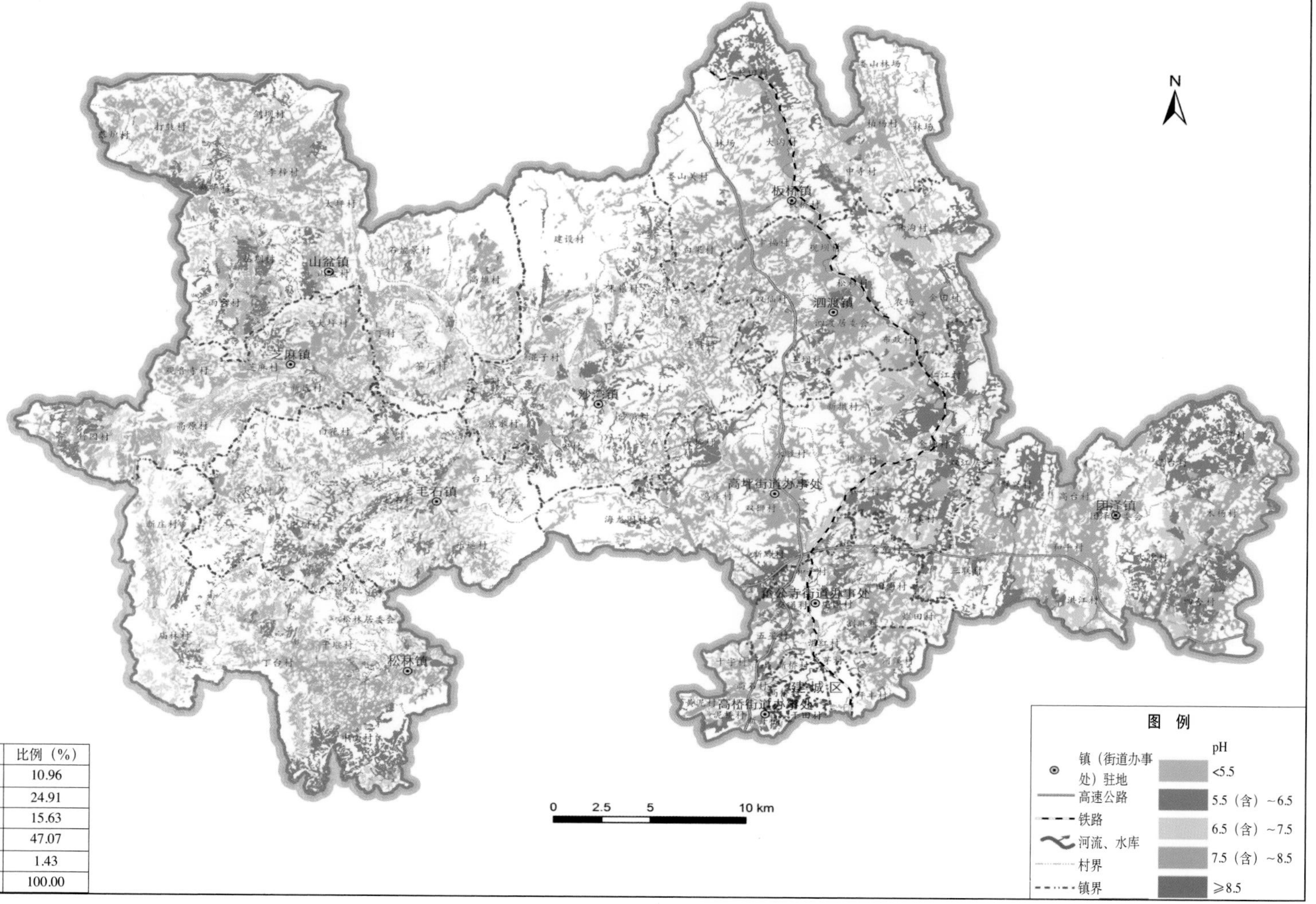

彩图13　汇川区耕地pH等级示意图

pH范围	面积 (hm²)	比例 (%)
<5.5	4 474.34	10.96
5.5 (含) ~6.5	10 163.77	24.91
6.5 (含) ~7.5	6 380.14	15.63
7.5 (含) ~8.5	19 208.15	47.07
≥8.5	584.78	1.43
合计	40 811.18	100.00

镇（街道办事处）	耕地地力调查 点位数量
毛石镇	227
山盆镇	377
芝麻镇	172
松林镇	219
沙湾镇	274
团泽镇	552
板桥镇	316
泗渡镇	358
高坪街道办事处	467
董公寺街道办事处	117
高桥街道办事处	0
建城区	0
合计	3 079

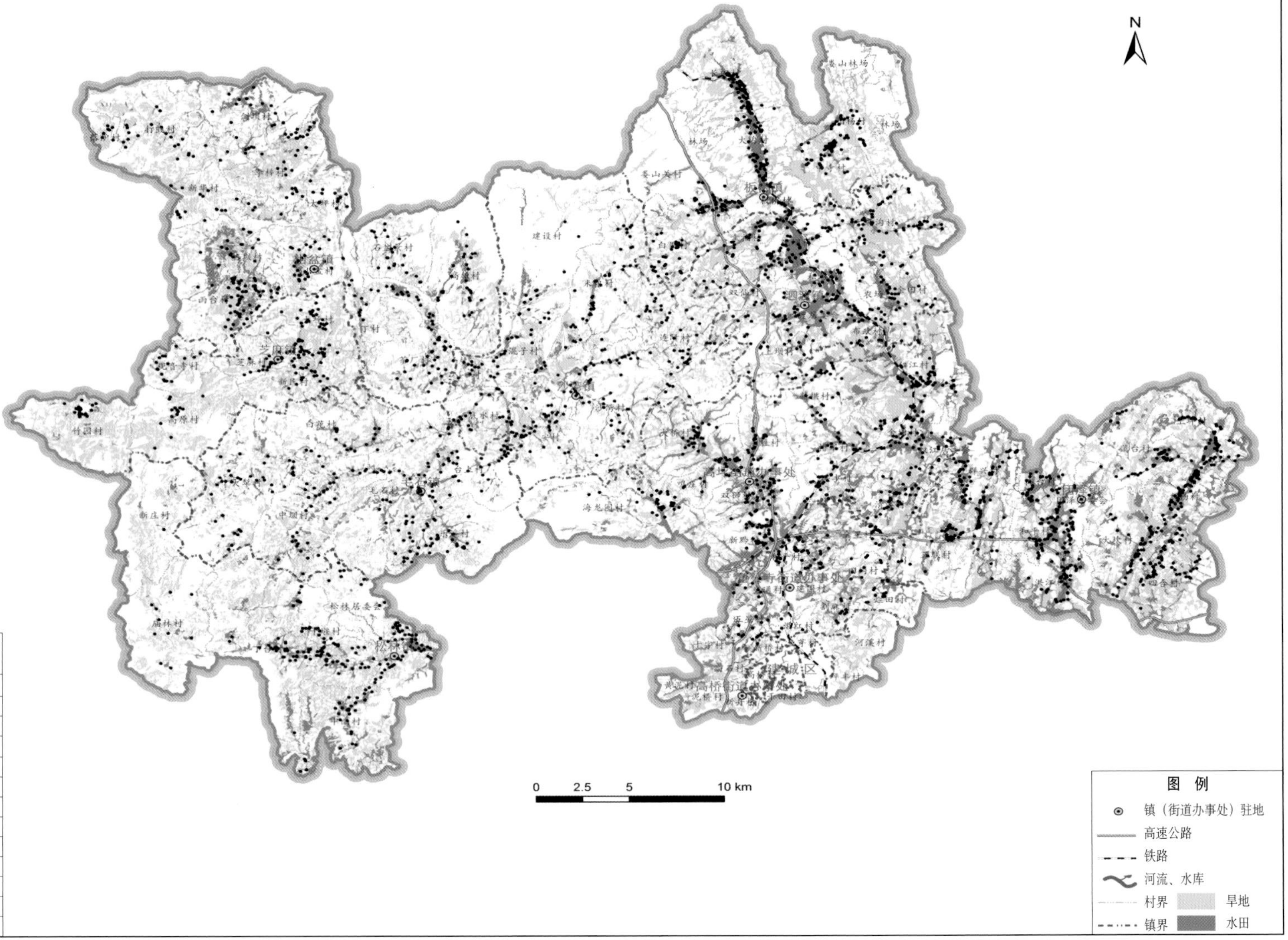

彩图14　汇川区耕地地力调查点位示意图

图例	
一级地	
二级地	
三级地	
四级地	
五级地	
六级地	
⊙	镇(街道办事处)驻地
	高速公路
---	铁路
～	河流、水库
------	村界
-·-·-	镇界

耕地等级	耕地面积（hm²）	占汇川区耕地总面积比例（%）	水田面积（hm²）	占汇川区水田面积比例（%）	旱地面积（hm²）	占汇川区旱地面积比例（%）
一级地	2 981.08	7.30	2 713.99	24.72	267.09	0.89
二级地	4 578.28	11.22	3 196.39	29.12	1 381.89	4.63
三级地	7 144.12	17.51	2 165.93	19.73	4 978.19	16.69
四级地	11 444.90	28.04	1 770.20	16.12	9 674.70	32.43
五级地	9 184.55	22.51	959.17	8.74	8 225.38	27.57
六级地	5 478.25	13.42	172.14	1.57	5 306.11	17.79
合计	40 811.18	100	10 977.82	100	29 833.36	100.00

彩图15 汇川区耕地地力等级示意图(区等级)

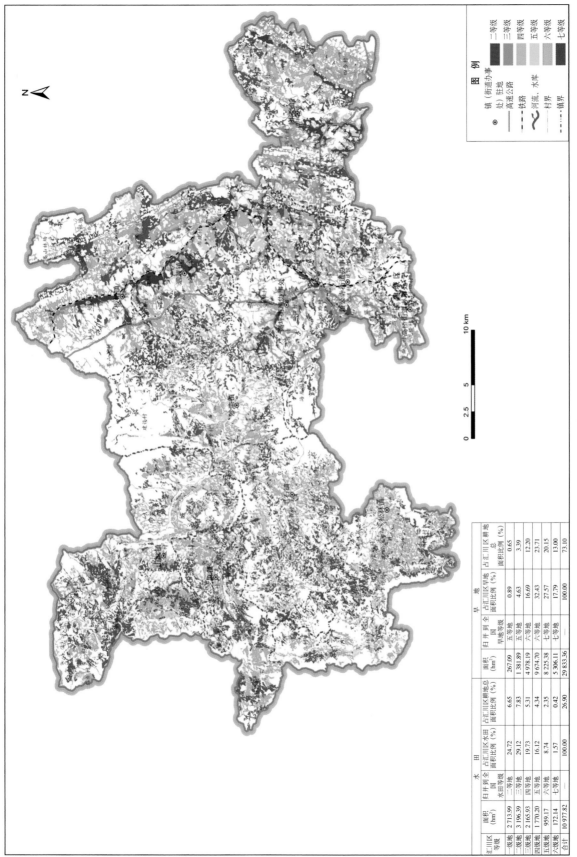

彩图16　汇川区耕地地力等级示意图(部等级)

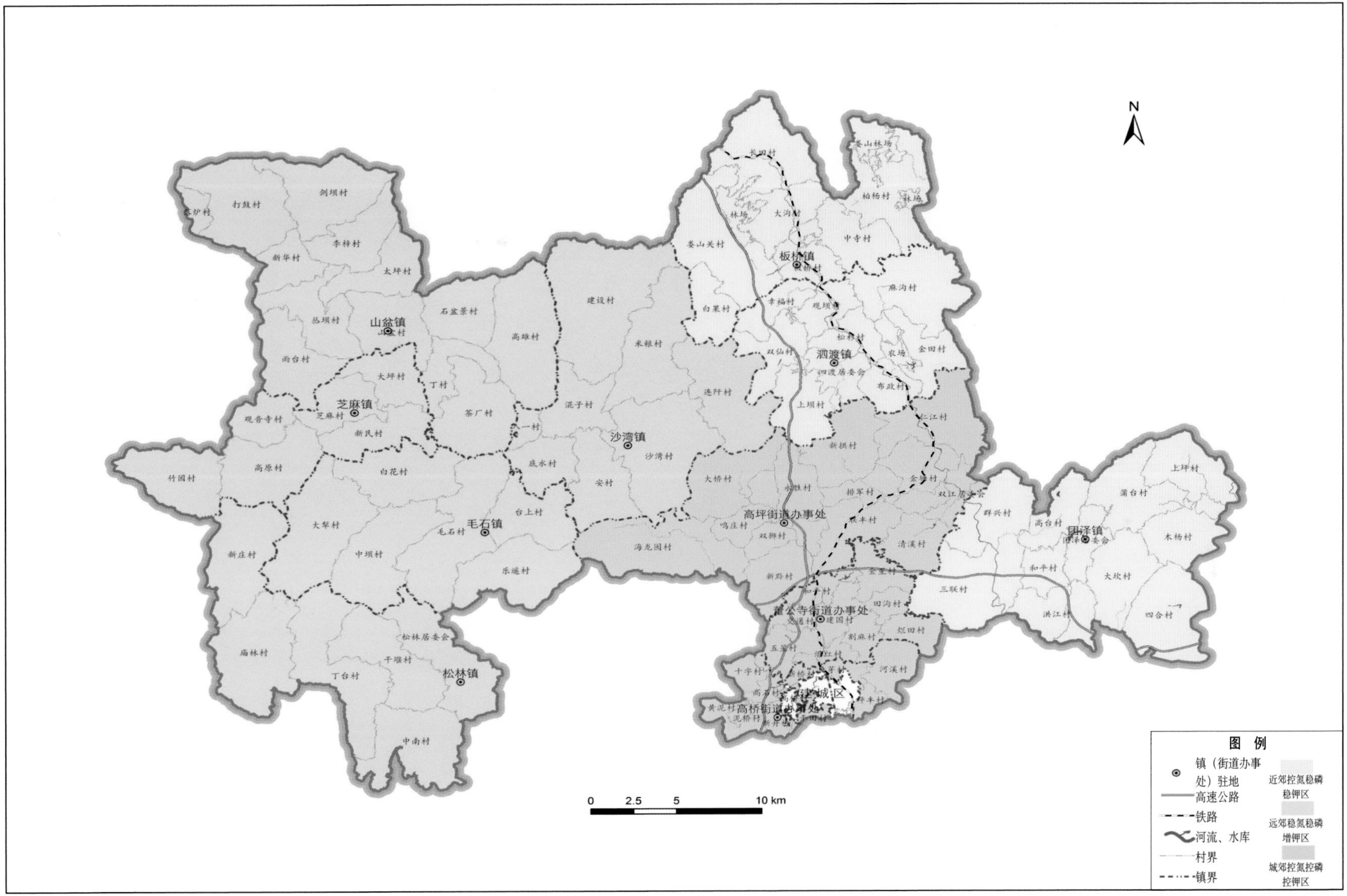

彩图17 汇川区耕地施肥分区示意图

彩图18　土壤样品采集

彩图19　土壤样品处理

彩图20　土壤样品存放

彩图21　土壤水分检测取样

彩图22　土壤水分检测

彩图23　土壤检测

彩图24 辣椒"3414"试验

彩图25 辣椒氮肥总量控制试验

彩图26 测土配方施肥培训

彩图27 项目市级检查

彩图28 项目省级检查

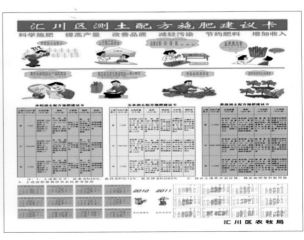

彩图29 施肥建议卡

彩图30　发放施肥建议卡

彩图31　耕地地力评价研讨

彩图32　耕地地力评价结果实地验证

彩图33　测土配方施肥农企推介会议

彩图34　参观配方肥企业

彩图35　柑橘施用有机肥

彩图36　梨树施用有机肥

彩图37　梨

彩图38　梨测产

彩图39　桃

彩图40　白菜

彩图41　白菜测产

彩图42　辣椒大棚育苗

彩图43　辣椒地膜覆盖栽培

彩图44　辣椒

彩图45　大棚番茄

彩图46　番茄

彩图47　生姜打坑栽培

彩图48　生姜长势

彩图49　豇豆

彩图50　草莓

彩图51　油菜